Introdução à Metodologia de Pesquisa

F621i   Flick, Uwe
           Introdução à metodologia de pesquisa : um guia para iniciantes /
      Uwe Flick ; tradução: Magda Lopes ; revisão técnica: Dirceu da Silva.
      – Porto Alegre : Penso, 2013.
         256 p. : il. ; 25 cm.

        ISBN 978-85-65848-08-4

        1. Método de pesquisa. I. Título.

CDU 001.891

Catalogação na publicação: Ana Paula M. Magnus – CRB 10/2052

Uwe Flick

Introdução à Metodologia de Pesquisa

UM GUIA PARA INICIANTES

Tradução:
Magda Lopes

Consultoria, supervisão e revisão técnica desta obra:
Dirceu da Silva
Doutor em Educação pela Universidade de São Paulo.
Professor da Universidade Estadual de Campinas.

2013

Obra originalmente publicada sob o título *Sozialforschung: Methoden und Anwendungen. Ein Überblick für die BA-Studiengänge*
ISBN 9783499557026

Copyright © 2009 by Rowohlt Verlag GmbH, Reinbeck bei Hamburg

Capa
Paola Manica

Preparação do original
Adriana Sthamer Gieseler

Leitura final
Priscila Zigunovas

Editora responsável por esta obra
Lívia Allgayer Freitag

Coordenadora editorial
Cláudia Bittencourt

Gerente editorial
Letícia Bispo de Lima

Projeto e editoração
Armazém Digital® Editoração Eletrônica – Roberto Carlos Moreira Vieira

Reservados todos os direitos de publicação, em língua portuguesa, à
PENSO EDITORA LTDA., uma empresa do GRUPO A EDUCAÇÃO S.A.
Av. Jerônimo de Ornelas, 670 – Santana
90040-340 – Porto Alegre, RS
Fone: (51) 3027-7000 Fax: (51) 3027-7070

É proibida a duplicação ou reprodução deste volume, no todo ou em parte, sob quaisquer formas ou por quaisquer meios (eletrônico, mecânico, gravação, fotocópia, distribuição na Web e outros), sem permissão expressa da Editora.

SÃO PAULO
Av. Embaixador Macedo Soares, 10.735 – Pavilhão 5
Cond. Espace Center – Vila Anastácio
05095-035 São Paulo SP
Fone: (11) 3665-1100 Fax: (11) 3667-1333

SAC 0800 703-3444 – www.grupoa.com.br

IMPRESSO NO BRASIL
PRINTED IN BRAZIL

Sobre o autor

Uwe Flick é formado em psicologia e sociologia. É professor de Pesquisa Qualitativa na Universidade de Ciências Aplicadas Alice Salomon em Berlim (Alemanha). Anteriormente foi Professor Adjunto na Universidade Memorial de Newfoundland em St. John's (Canadá); Professor Assistente na Universidade Livre de Berlim na disciplina de Metodologia de Pesquisa; Professor Adjunto e Professor Assistente na Universidade Técnica de Berlim na disciplina de Métodos e Avaliação Científicos; e Professor Associado e Chefe do Departamento de Sociologia Médica na Faculdade de Medicina de Hannover. Já trabalhou como Professor Visitante na London School of Economics, École des Hautes Études em Sciences Sociales em Paris (França), Universidade de Cambridge (Reino Unido), Universidade Memorial de St. John's (Canadá), Universidade de Lisboa (Portugal), Universidade de Viena (Áustria), na Itália e na Suécia, e na Faculdade de Psicologia da Massey University em Auckland (Nova Zelândia). Seus principais interesses de pesquisa são os métodos qualitativos, os temas saúde e desabrigados, problemas de sono em casas de repouso e representações sociais nos campos de saúde individual e pública.

É autor dos livros *Introdução à pesquisa qualitativa* (Artmed, 2009), *Desenho da pesquisa qualitativa* (Artmed, 2011) e *Qualidade na pesquisa qualitativa* (Artmed, 2009).

Sumário

Prefácio 9

PARTE I
Orientação 13

  1 Por que pesquisa social? 15

  2 Da ideia da pesquisa à questão da pesquisa 29

  3 Leitura e revisão da literatura 41

PARTE II
Planejamento e concepção 53

  4 Planejamento da pesquisa social: passos no processo da pesquisa 55

  5 Concepção da pesquisa social 67

  6 Decisão sobre os métodos 85

PARTE III
Trabalhando com dados 105

  7 Coleta de dados: abordagens quantitativa e qualitativa 107

  8 Análise de dados quantitativos e qualitativos 133

  9 Pesquisa *on-line*: realização de pesquisa social *on-line* 163

10 Pesquisa social integrada: combinação de diferentes abordagens de pesquisa 177

PARTE IV
Reflexão e escrita 191

11 O que é uma pesquisa? Avaliação do seu projeto de pesquisa 193

12 Questões éticas na pesquisa social 207

13 Escrita da pesquisa e uso dos resultados 221

Glossário 235
Referências 241
Índice onomástico 249
Índice remissivo 251

Prefácio

Dois importantes desenvolvimentos moldaram o contexto deste livro. Em primeiro lugar, o aumento da relevância política e prática da pesquisa social. O conhecimento de base empírica sobre questões como a lacuna entre os pobres e os ricos, as mudanças na incidência das doenças e os efeitos da desvantagem social proporcionam a base para a tomada de decisões, tanto na política quanto na prática profissional.

Em segundo lugar, o fato de um número crescente de cursos universitários incluir conteúdos introdutórios ou avançados acerca dos princípios e métodos da pesquisa social. Na maioria dos casos, isto cobre questões não somente relacionadas a como entender a pesquisa existente, mas também a como conduzir projetos de pesquisa (de qualquer escala). Às vezes esse conteúdo está incorporado em um curso ou no ensino baseado em pesquisa. Com frequência, no entanto, o projeto de pesquisa constitui uma base para a tese final (bacharelato, mestrado, doutoramento) e os estudantes podem trabalhar em suas próprias teses e planejar e conduzir seus projetos de pesquisa ao mesmo tempo.

Histórico do livro

Duas experiências básicas informaram a escrita deste livro. Em primeiro lugar, minha própria experiência na condução de pesquisa social em vários campos (incluindo saúde, estudos de jovens, mudança tecnológica, envelhecimento e sono), experiência esta que me ensinou bastante sobre os problemas que surgem na pesquisa e como lidar com eles. Em segundo lugar, vem a minha experiência em ensinar métodos de pesquisa social a estudantes e em realizar projetos de pesquisa social com eles. Esta experiência tem assumido várias formas, incluindo o ensino baseado na pesquisa, projetos para seminários e a supervisão de vários bacharéis, mestrandos e doutorandos. Esse trabalho me ajudou a descobrir quais exemplos do trabalho de outros pesquisadores são mais interessantes para o entendimento do que é pesquisa.

Objetivos do livro

Este livro destina-se a ajudar os leitores que estão embarcando em projetos de pesquisa social. Há, evidentemente, numerosos recursos sobre pesquisa social já disponíveis, incluindo alguns livros didáticos abrangentes. Entretanto, para introduzir a pesquisa social, a abrangência não é necessariamente uma virtude. Os tratamentos abrangentes tendem a ser volumosos e de difícil manejo, e podem ser opressivos na quantidade de detalhes que apresentam.

Este livro, em contraste, visa proporcionar ao leitor uma visão geral concisa, delineando as abordagens mais importantes com maior probabilidade de serem usadas nos projetos de pesquisa social e proporcionando muitas informações práticas sobre de que modo prosseguir com um projeto. Ele inclui, além disso, orientação e encaminhamento a outras fontes sobre o assunto.

☑ Visão geral do livro

A primeira parte do livro visa proporcionar uma orientação para o campo da pesquisa social. Ela se concentra em questões que entram em jogo quando uma pessoa começa a abordar um projeto de pesquisa. O Capítulo 1 apresenta uma visão geral introdutória do que é a pesquisa social, o que você pode fazer com ela – e o que não pode. O Capítulo 2 mostra como as questões de pesquisa se originam e como podem ser desenvolvidas e refinadas. Considera as questões da pesquisa no contexto tanto da pesquisa qualitativa quanto da quantitativa. Este capítulo também delineia o papel da hipótese. O Capítulo 3 mostra como encontrar a literatura de pesquisa existente e como usá-la em seu próprio projeto.

A segunda parte do livro trata do *planejamento* e da *concepção* de um projeto de pesquisa. O Capítulo 4 apresenta uma breve síntese dos principais passos envolvidos no processo de pesquisa (tanto para a pesquisa quantitativa quanto para a qualitativa). O Capítulo 5 se concentra na concepção das pesquisas quantitativa e qualitativa. Em primeiro lugar, apresenta orientação sobre como desenvolver uma proposta de pesquisa e um cronograma para o seu projeto. No passo seguinte, discute importantes concepções de pesquisa nas pesquisas quantitativa e qualitativa. A última parte trata da amostragem, ou seja, a seleção dos participantes. Nela estão descritas algumas das principais estratégias de amostragem. O Capítulo 6 delineia a seleção dos métodos e abordagens a serem usados na busca da sua própria questão de pesquisa. O foco central está nas decisões que você precisará tomar em vários estágios do processo de pesquisa.

Na terceira parte do livro, passamos à questão do *trabalho com os dados*. Os métodos de coleta de dados são o foco do Capítulo 7. Pesquisas de levantamento*, entrevistas, observação e o uso dos conjuntos de dados e documentos já existentes são todos discutidos aqui, e as questões relacionadas à mensuração e à documentação são resumidas. A análise dos dados quantitativos e qualitativos é o tópico do Capítulo 8. Este capítulo introduz a análise de conteúdo e estatísticas descritivas, assim como estudos de caso e o desenvolvimento de tipologias. O Capítulo 9 se concentra nas opções e limitações da realização da pesquisa social na internet (pesquisa *on-line*) na era da Internet 2.0. O Capítulo 10, por sua vez, discute as limitações dos vários métodos na pesquisa quantitativa e qualitativa e de cada abordagem em geral. Além disso, considera maneiras de combinar abordagens por meio de triangulação, métodos mistos e pesquisa integrada, que são apresentados como alternativas.

A quarta e última parte do livro trata das questões de *reflexão* sobre o seu projeto como um todo e da *escrita* dos seus resultados. O Capítulo 11 se concentra na avaliação de estudos empíricos na pesquisa quantitativa e qualitativa. Nele são discutidos os critérios para avaliação nas duas áreas, assim como questões de generalização. O Capítulo 12 descreve questões de ética de pesquisa nas pesquisas quantitativa e qualitativa, incluindo proteção dos dados, códigos de ética e o papel dos comitês de ética. O Capítulo 13 discute questões acerca da escrita sobre a pesquisa, descrevendo como os resultados das pesquisas qualitativas e quantitativas podem ser apresentados e, em particular, como proporcionar retorno aos participantes e como usar os resultados em contextos práticos e em debates mais amplos.

---

* N. de R.T.: Neste livro o termo em inglês *survey* foi traduzido como "pesquisa de levantamento".

✓ Características do livro

Todo capítulo se inicia com uma *lista dos objetivos*. Estes especificam o que eu espero que você aprenda com cada capítulo. Também é disponibilizado um *navegador* do projeto de pesquisa para que você possa compreender como cada capítulo se insere no todo. Para ilustrar, mostramos aqui o navegador do Capítulo 1.

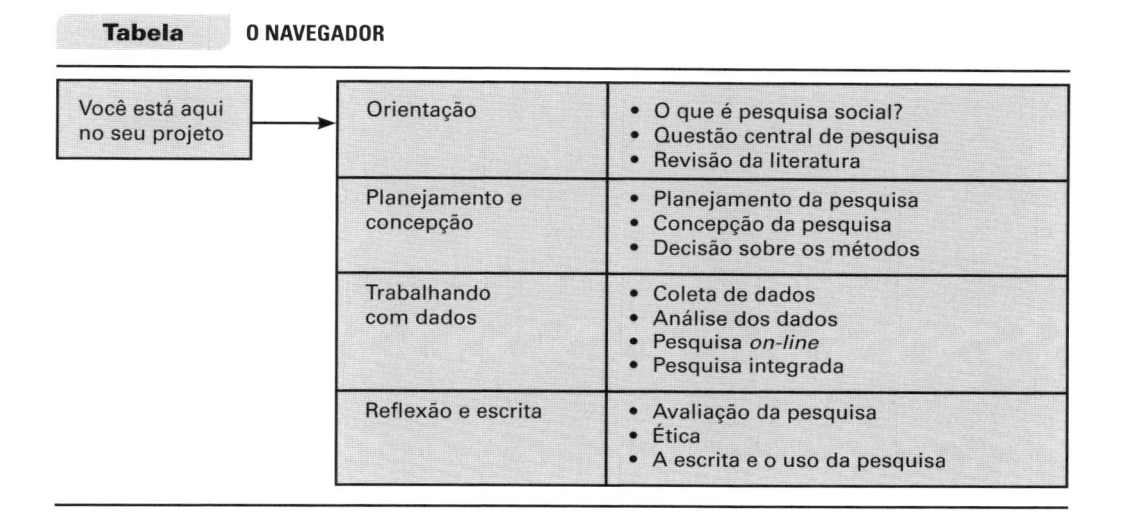

Tabela — O NAVEGADOR

Você está aqui no seu projeto		
	Orientação	• O que é pesquisa social? • Questão central de pesquisa • Revisão da literatura
	Planejamento e concepção	• Planejamento da pesquisa • Concepção da pesquisa • Decisão sobre os métodos
	Trabalhando com dados	• Coleta de dados • Análise dos dados • Pesquisa *on-line* • Pesquisa integrada
	Reflexão e escrita	• Avaliação da pesquisa • Ética • A escrita e o uso da pesquisa

Os *estudos de caso* e outros materiais são disponibilizados em todos os quadros para ilustrar as questões metodológicas. Ao final de cada capítulo, você vai encontrar uma *lista de verificação* do que você deve ter em mente enquanto planeja e conduz um projeto de pesquisa. Essas listas de verificação proporcionam uma orientação prontamente acessível à qual se pode recorrer repetidas vezes à medida que o seu projeto progride. *Pontos principais* e sugestões para *leituras adicionais* concluem cada capítulo. Um *glossário* no final do livro está incluído, explicando os termos e conceitos mais importantes usados no texto.

Espero que esta obra estimule a sua curiosidade no que se refere à realização de um projeto de pesquisa social e, orientando-o durante esse projeto, mostre que realizar um projeto de pesquisa pode ser uma experiência agradável e excitante.

Parte I
Orientação

A Parte I deste livro tem dois objetivos. Primeiro, ela busca introduzir a pesquisa social em geral. Considera o que é a pesquisa social, o que a distingue, que forma ela assume e como ela pode (e não pode) ser usada. Esses são os tópicos do Capítulo 1.

Em segundo lugar, ela busca criar uma base para o seu próprio projeto de pesquisa. Em particular, introduz as questões de pesquisa, as hipóteses e a literatura da pesquisa. O Capítulo 2 se concentra nas questões de pesquisa. Considera o que é uma questão central de pesquisa e como essas questões podem ser desenvolvidas. Este capítulo também considera hipóteses – o que elas são e como e quando são úteis.

O Capítulo 3 considera a literatura da pesquisa, delineando a natureza desta e como ela pode – e deve – informar o planejamento do seu próprio projeto de pesquisa.

Estes três capítulos juntos também introduzem um tema que percorre todo o livro: a distinção e a relação entre a pesquisa qualitativa e a quantitativa.

1
Por que pesquisa social?

VISÃO GERAL DO CAPÍTULO

O que é pesquisa social?.. 16
As tarefas da pesquisa social 17
O que você pode atingir com a pesquisa social?.. 21
Pesquisa quantitativa e qualitativa... 21
Realização de pesquisa *in loco* e realização de pesquisa *on-line*:
  novas oportunidades e desafios para a pesquisa social... 25
A pesquisa social entre a frustração e o desafio:
  por que e como a pesquisa pode ser divertida 26
Marcos no campo da pesquisa social 27

OBJETIVOS DO CAPÍTULO

Este capítulo destina-se a ajudá-lo a:

- ✓ obter um entendimento introdutório da pesquisa social;
- ✓ começar a enxergar as similaridades e diferenças entre a pesquisa qualitativa e quantitativa;
- ✓ entender (a) as tarefas da pesquisa social, (b) o que a pesquisa social pode atingir e (c) que objetivos você pode atingir por meio dela.

Tabela 1.1 NAVEGADOR PARA O CAPÍTULO 1

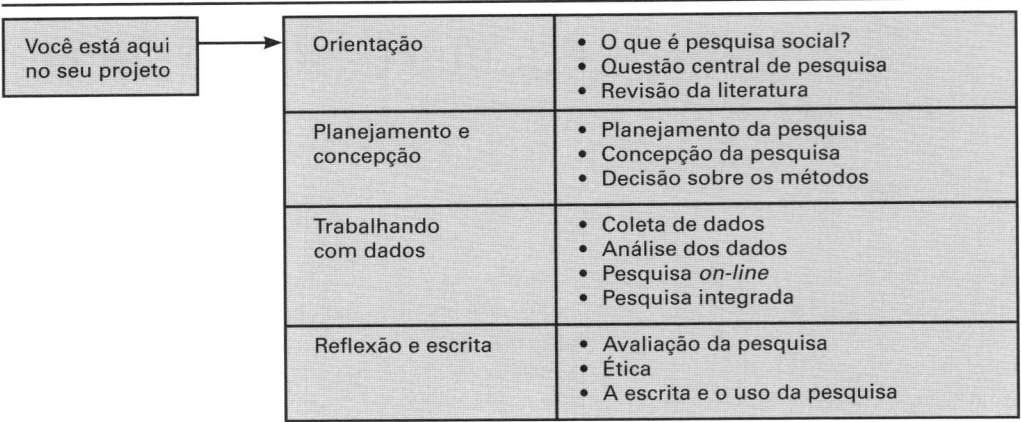

Você está aqui no seu projeto →	Orientação	• O que é pesquisa social? • Questão central de pesquisa • Revisão da literatura
	Planejamento e concepção	• Planejamento da pesquisa • Concepção da pesquisa • Decisão sobre os métodos
	Trabalhando com dados	• Coleta de dados • Análise dos dados • Pesquisa *on-line* • Pesquisa integrada
	Reflexão e escrita	• Avaliação da pesquisa • Ética • A escrita e o uso da pesquisa

☑ O que é pesquisa social?

Cada vez mais a ciência e a pesquisa – suas abordagens e resultados – informam a vida pública. Elas ajudam a constituir a base para as tomadas de decisão políticas e práticas. Isto se aplica a uma série de ciências – não apenas às ciências naturais e à medicina, mas também às ciências sociais. Nossa primeira tarefa aqui é esclarecer o que se destaca na pesquisa social.

A vida cotidiana e a ciência

Muitas das questões e dos fenômenos com os quais a pesquisa social se envolve também desempenham um papel importante na vida cotidiana. Considere, por exemplo, uma questão que é obviamente relevante para a vida cotidiana, a saúde. Para a maioria das pessoas, a saúde só se torna uma questão explícita na vida cotidiana quando problemas relacionados a ela ocorrem ou ameaçam os indivíduos. Os sintomas produzem urgência em reagir e começamos a buscar soluções, causas e explicações. Se necessário, podemos procurar um médico e talvez terminar mudando nossos hábitos e comportamentos – realizando mais exercícios, por exemplo.

Essa busca por causas e explicações, além das próprias experiências das pessoas, com frequência conduz ao desenvolvimento das teorias do cotidiano (por exemplo: "Uma maçã por dia traz saúde e alegria"). Essas teorias não são necessariamente expressadas com clareza, permanecendo com frequência implícitas. A questão de se as explicações e teorias cotidianas estão corretas ou não é em geral testada pragmaticamente: elas contribuem para a resolução de problemas e a redução dos sintomas, ou não? Se esse conhecimento permite que o problema em questão seja resolvido, ele satisfez o seu propósito, não sendo então relevante se essas explicações se aplicam a outras pessoas ou em geral. Neste contexto, o conhecimento científico (p. ex., que o fumo aumenta o risco de câncer) é com frequência obtido dos meios de comunicação.

A saúde, os problemas de saúde e a maneira como as pessoas lidam com eles também constituem questões para a pesquisa social. Mas nas ciências sociais nós assumimos uma abordagem diferente. A análise dos problemas é situada em primeiro plano e o estudo se torna mais sistemático. Isso tem como objetivo quebrar as rotinas para evitar comportamentos danosos – por exemplo, a relação entre comportamentos específicos (como o hábito de fumar) e problemas de saúde específicos (como a probabilidade de adoecer com câncer). Para atingir tal objetivo, precisamos criar uma situação isenta de pressão para agir. Por exemplo, você vai planejar um período mais longo para analisar o problema, sem a pressão de encontrar de imediato uma solução para ele. Aqui, o conhecimento não resulta da intuição, mas da investigação de teorias científicas. O desenvolvimento dessas teorias envolve um processo para a expressão e testagem explícita das relações, que é baseado no uso de métodos de pesquisa (como uma revisão sistemática da literatura ou uma pesquisa de levantamento). Para ambos os objetivos – o desenvolvimento e a testagem de teorias – são usados os métodos da pesquisa social. O conhecimento resultante é captado do exemplo concreto e também desenvolvido na direção das relações gerais. Diferentemente do que ocorre na vida cotidiana, aqui a generalização do conhecimento é mais importante do que a resolução de um problema concreto no caso isolado.

O conhecimento do cotidiano e a resolução de problemas podem evidentemente se tornar o ponto de partida para o desenvolvimento da teoria e para a pesquisa empírica. Podemos perguntar, por exemplo, que tipos de explicações cotidianas para uma determinada doença podem ser identificadas nas entrevistas com os pacientes.

A Tabela 1.2 apresenta as diferenças entre o conhecimento e as práticas do cotidiano de um lado, e a ciência e a pesquisa de outro. Isso acontece em três níveis, a saber:

1. o contexto do desenvolvimento do conhecimento;
2. as maneiras de desenvolver o conhecimento e o estado do conhecimento que é produzido; e
3. as relações mútuas entre o conhecimento do cotidiano e a ciência.

Então, o que caracteriza a pesquisa social ao lidar com essas questões? Aqui podemos enumerar várias características, e cada uma delas será explorada neste livro. São elas:

- A pesquisa social aborda as questões de uma maneira sistemática e, acima de tudo, empírica.
- Para esse propósito, você vai desenvolver questões de pesquisa (ver Capítulo 2).
- Para responder a essas questões, você vai coletar e analisar os dados.
- Você coletará e analisará esses dados usando métodos de pesquisa (ver Capítulos 7 e 8).
- Os resultados destinam-se a ser generalizados além dos exemplos (casos, amostras, etc.) que foram estudados (ver Capítulo 11).
- A partir do uso sistemático dos métodos de pesquisa e dos seus resultados, você derivará explanações e descrições do fenômeno do seu estudo.
- Para uma abordagem sistemática, às vezes, liberdade e (outros) recursos são necessários (ver Capítulo 5).

Como veremos, há diferentes maneiras de se realizar a pesquisa social. No entanto, podemos primeiro desenvolver uma definição geral preliminar da pesquisa social derivada da nossa discussão até agora (ver Quadro 1.1).

As tarefas da pesquisa social

Podemos distinguir três tarefas principais para a pesquisa social. Para isso, usamos os critérios de como podem ser usados os resultados da pesquisa social.

Tabela 1.2 CONHECIMENTO DO COTIDIANO E CIÊNCIA

	Conhecimento e práticas do cotidiano	Ciência e pesquisa
Contexto do conhecimento (produção)	Pressão para agir A resolução dos problema é a prioridade: • as rotinas não são questionadas • reflexão em casos de problemas práticos	Alívio da pressão para agir A prioridade é a análise dos problemas: • análise sistemática • as rotinas são questionadas e quebradas
Modos de conhecimento (produção)	Intuição Desenvolvimento empírico das teorias Testagem pragmática das teorias Checagem das soluções para os problemas	Uso de teorias científicas Desenvolvimento explícito de teorias Desenvolvimento de teorias direcionadas para os métodos Testagem das teorias baseada nos métodos Uso de métodos de pesquisa
Estado do conhecimento	Concreto, referente às situações particulares	Abstrato e generalização
Relação entre o conhecimento do cotidiano e a ciência	O conhecimento do cotidiano pode ser usado como ponto de partida para o desenvolvimento da teoria e da pesquisa empírica	O conhecimento do cotidiano é cada vez mais influenciado pelas teorias científicas e pelos resultados da pesquisa

Conhecimento: descrição, entendimento e explicação dos fenômenos

Uma questão central de uma pesquisa social origina-se dos interesses científicos, ou seja, a produção de conhecimento é priorizada. Quando um novo fenômeno – uma nova doença, por exemplo – surge, torna-se necessária uma descrição detalhada de suas características (sintomas, progressão, frequência, etc.). O primeiro passo pode ser uma descrição detalhada das circunstâncias nas quais ele ocorre ou uma análise

Quadro 1.1

DEFINIÇÃO DE PESQUISA SOCIAL

Pesquisa social é a análise sistemática das questões de pesquisa por meio de métodos empíricos (p. ex., perguntas, observação, análise dos dados, etc.). Seu objetivo é fazer afirmações de base empírica que possam ser generalizadas ou testar essas declarações. Várias abordagens podem ser distinguidas e também vários campos de aplicação (saúde, educação, pobreza, etc.). Diferentes objetivos podem ser buscados, variando desde uma descrição exata de um fenômeno até sua explanação ou a avaliação de uma intervenção ou instituição.

das experiências subjetivas dos pacientes. Isto vai nos ajudar a entender os contextos, efeitos e significados da doença. Mais tarde, podemos buscar explicações concretas e testar que fatores desencadeiam os sintomas ou a doença, que circunstâncias ou medicações têm influências específicas sobre o seu curso, etc. Para estes três passos – (a) descrição, (b) entendimento e (c) explanação – o interesse científico no novo conhecimento é dominante. Uma pesquisa assim contribui para a pesquisa básica nessa área. Aqui a ciência e os cientistas continuam sendo o grupo alvo para a pesquisa e seus resultados.

Pesquisa orientada para a prática: pesquisa aplicada e participativa

A pesquisa social tem sido cada vez mais conduzida em contextos práticos, como hospitais ou escolas. Aqui as questões da pesquisa se concentram nas práticas – aquelas de professores, enfermeiros ou médicos – nas instituições, ou nas condições de trabalho específicas nestas instituições – rotinas no hospital ou relações professor-aluno, por exemplo. Os resultados desse tipo de pesquisa aplicada são também produzidos de acordo com regras de análise científica. Eles devem, entretanto, se tornar relevantes para o campo da prática, e para a solução de problemas na prática.

Um caso especial é a pesquisa de ação participatória. Aqui as mudanças iniciadas pelo pesquisador no campo de estudo não surgem apenas após o final do estudo e a comunicação de seus resultados. A intenção é antes iniciar a mudança *durante* o processo da pesquisa e pelo próprio fato de o estudo estar sendo realizado. Considere, por exemplo, um estudo de assistência a migrantes. Um estudo de pesquisa de ação participatória não seria planejado meramente para descrever as rotinas cotidianas da assistência a migrantes. Em vez disso, iniciaria o processo de pesquisa imediatamente naquelas rotinas do cotidiano. E então seria dado um retorno aos participantes sobre as informações coletadas no processo da pesquisa.

Isso muda o relacionamento entre o pesquisador e o participante. Uma relação que é em geral monológica na pesquisa tradicional (p. ex., os entrevistados revelam suas opiniões, os pesquisadores escutam) torna-se dialógica (os entrevistados revelam suas opiniões, os pesquisadores escutam e fazem sugestões sobre como mudar a situação). Uma relação sujeito-objeto se transforma em uma relação entre dois sujeitos – o pesquisador e o participante. A avaliação da pesquisa e de seus resultados não está mais concentrada apenas nos critérios científicos usuais (questão a ser discutida no Capítulo 11). Em vez disso, a questão da utilidade da pesquisa e seus resultados para o participante torna-se um critério principal. A pesquisa não é mais apenas um processo de conhecimento para os pesquisadores, mas sim um processo de conhecimento, aprendizagem e mudança para os dois lados.

Base para decisões políticas e práticas

Desde meados do século XX, a pesquisa social tornou-se mais importante como uma base para as decisões nos contextos práticos e políticos. Na maioria dos países, as pesquisas de levantamento regulares em várias áreas são prática comum; relatórios sobre a saúde, sobre a pobreza e sobre a situação dos idosos, dos jovens e das crianças são produzidos, sendo com frequência comissionados pelo governo. Em muitos casos, esse monitoramento não envolve pesquisa extra, mas sim resume a pesquisa existente e os resultados no campo. Mas como mostram os estudos do Pisa (Programme for International Student Assessment [Programa Internacional de Avaliação de Alunos]) ou o estudo do HBSC (Health Behaviour in Social Context [Comportamento de Saúde no Contexto Social]) (Hurrelmann et al., 2003), em áreas como saúde, educação e juventude, estudos adicionais às vezes contribuem para a base destes relatos. No estudo do HBSC, são coletados dados representativos sobre adolescentes de 11 a 15 anos de idade na população. Ao mesmo tempo, estudos de caso com casos intencionalmente selecionados são incluídos. Quando os dados de estudos representativos não estão disponíveis ou não podem ser esperados, às vezes só os estudos de caso proporcionam a base de dados.

Em muitas áreas, as decisões sobre o estabelecimento, o prolongamento ou a continuação de serviços, programas ou instituições são baseadas nas avaliações de exemplos existentes ou programas experimentais (para a avaliação, ver Capítulo 5 e Flick, 2006). Neste caso, a pesquisa social não apenas proporciona os dados e os resultados como uma base para as decisões, mas faz também estimativas e avaliações – por exemplo, examinando se um tipo de escola é mais bem-sucedido no alcance dos seus objetivos do que outro tipo.

A Tabela 1.3 resume as tarefas e as áreas de pesquisa social delineadas, usando o contexto da saúde como exemplo.

Tabela 1.3 TAREFAS E ÁREAS DE PESQUISA DA PESQUISA SOCIAL

Área de pesquisa	Características	Objetivos	Exemplo	Os estudos se referem a
Pesquisa básica	Desenvolvimento ou testagem de teorias	Declarações gerais sem um vínculo específico com as práticas	Confiança nos relacionamentos sociais	Amostra aleatória de estudantes ou grupos não específicos
Pesquisa aplicada	Desenvolvimento ou testagem de teorias em campos práticos	Declarações referentes ao campo específico	Confiança nas relações médico-paciente	Médicos e pacientes em um campo específico
Pesquisa de ação participatória	Análise dos campos e sua mudança concomitante	Intervenção no campo em estudo	Análise e melhoria na assistência a migrantes	Pacientes com uma origem étnica específica, que são (não suficientemente) apoiados pelos serviços de cuidado domiciliar disponíveis
Avaliação	Coleta e análise dos dados como uma base para avaliação do sucesso e do fracasso de uma intervenção	Avaliação de serviços e mudanças institucionais	Melhoria das relações de confiança entre médicos e pacientes em um campo específico com melhores informações	Pacientes em um campo específico
Monitoramento da saúde	Documentação de dados relacionados à saúde	Levantamento dos desenvolvimentos e mudanças no estado de saúde da população	Frequências de doenças ocupacionais	Dados de rotina dos seguros-saúde

O que você pode atingir com a pesquisa social?

Nas áreas mencionadas, podemos usar a pesquisa social para:

- explorar questões, campos e fenômenos e proporcionar descrições iniciais;
- descobrir novas relações coletando e analisando dados;
- oferecer dados empíricos e análises como uma base para o desenvolvimento de teorias;
- testar empiricamente as teorias e os estoques de conhecimento existentes;
- documentar os efeitos das intervenções, tratamentos, programas, etc. em uma base empírica;
- proporcionar conhecimento (isto é, dados, análises e resultados) como uma base empiricamente fundamentada para tomadas de decisão políticas, administrativas e práticas.

O que a pesquisa social não é capaz de fazer e o que você pode fazer em relação a isso?

A pesquisa social tem seus limites. Por exemplo, o objetivo de desenvolver uma única grande teoria para explicar a sociedade e os fenômenos que existem dentro dela, o que também se opõe à testagem empírica, não pode ser alcançado. E não existe um método que estude todos os fenômenos relevantes. Além disso, não se pode esperar que a pesquisa social vá proporcionar soluções imediatas para problemas atuais e urgentes. Em todos os três níveis, temos que conter nossas expectativas com relação à pesquisa social e buscar objetivos mais realistas.

O que podemos ter em vista é desenvolver, e até mesmo testar empiricamente, várias teorias. Elas podem ser usadas para explicar alguns fenômenos sociais. Podemos também continuar a desenvolver uma série de métodos das ciências sociais. Os pesquisadores podem então selecionar os métodos apropriados e aplicá-los aos problemas que desejam estudar. Finalmente, a pesquisa social proporciona conhecimento sobre os detalhes e as relações que podem ser empregados para desenvolver soluções para os problemas societais.

Pesquisa quantitativa e qualitativa

Precisamos agora passar à distinção entre pesquisa qualitativa e quantitativa. Esta distinção vai se apresentar frequentemente por todo este livro. As noções de "pesquisa qualitativa" e "pesquisa quantitativa" são termos abrangentes para várias abordagens, métodos e fundamentos teóricos. Ou seja, cada um desses dois termos cobre, na verdade, uma ampla série de procedimentos, métodos e abordagens. Ainda assim, o uso desses termos é útil. Por isso, desenvolvemos aqui um sumário das duas abordagens (para mais detalhes ver Flick, 2009 e Bryman, 2008) considerando o que cada uma caracteriza.

Pesquisa quantitativa

A pesquisa quantitativa pode ser caracterizada da seguinte maneira: ao estudar um fenômeno (p. ex., estresse dos estudantes), você vai partir de um conceito (p. ex., um conceito de estresse), que você expressa de forma teórica previamente (p. ex., em um modelo de estresse que você define ou empresta da literatura). Para o estudo empírico, você vai formular uma (ou várias) hipóteses que você vai testar (p. ex., que, para os estudantes de humanidades, a universidade é mais estressante do que para os estudantes de ciências naturais). No projeto empírico, o procedimento de mensuração tem alta relevância para encontrar diferenças entre as pessoas com relação às características do seu estudo (p. ex., há estudantes com mais e menos estresse).

Na maioria dos casos, não podemos expor um conceito teórico imediatamente à mensuração. Em vez disso, temos que encontrar indicadores que permitam uma mensuração no lugar do conceito. Podemos dizer que o conceito tem de ser *operacionalizado* nestes indicadores. No nosso exemplo, você pode operacionalizar o estresse antes de uma prova usando indicadores fisiológicos (p. ex., pressão arterial mais elevada) e depois aplicar as mensurações da pressão arterial. Mais frequentemente os pesquisadores operacionalizam a pesquisa usando questões específicas (p. ex., "Antes das provas eu me sinto com frequência sob pressão") com alternativas específicas de resposta (como no exemplo da Figura 1.1).

A coleta de dados é projetada de uma maneira padronizada (p. ex., todos os participantes de um estudo podem ser entrevistados sob as mesmas circunstâncias e da mesma maneira). O ideal metodológico é o tipo de mensuração científica alcançada nas ciências naturais. Por meio da padronização da coleta dos dados e da situação da pesquisa, os critérios de confiabilidade, validade e objetividade (ver Capítulo 11) podem ser satisfeitos.

A pesquisa quantitativa está interessada em causalidades – por exemplo, em mostrar que o estresse antes de uma prova é causado pela prova e não por outras circunstâncias. Por isso, você vai criar uma situação para a sua pesquisa em que, na medida do possível, as influências de outras circunstâncias possam ser excluídas. Para esse propósito, instrumentos são testados para verificação da consistência da sua mensuração, como no caso de aplicações repetidas, por exemplo. O objetivo do estudo é atingir resultados generalizáveis: ou seja, seus resultados devem ser válidos para além da situação em que foram mensurados (os estudantes também sentem o estresse ou têm pressão sanguínea elevada antes das provas quando não estão sendo estudados para propósitos de pesquisa). Os resultados do grupo de estudantes que participou da pesquisa precisam ser transferíveis para os estudantes em geral. Para isso, você vai extrair uma amostra, escolhida segundo critérios de representatividade – o caso ideal é uma amostra aleatória (ver Capítulo 5 para isto) – da população de todos os estudantes. Isso vai significar que você pode generalizar a partir da amostra para a população em geral. Assim, os participantes isolados são relevantes não como indivíduos (como o estudante Joe Bauer experiencia estresse antes das provas?), mas sim por suas reações específicas (p. ex., fisiológicas) a alguma condição (uma prova que se aproxima), que são relevantes.

A ênfase na mensuração, assim como nas ciências naturais, está relacionada a um importante objetivo de pesquisa, a replicabilidade – isto é, a mensuração tem principalmente que poder ser repetida, e então, contanto que o objeto sob exame não tenha sido modificado, produzir os mesmos resultados. No nosso exemplo: se você mensurar repetidas vezes a pressão arterial do mesmo estudante antes do exame, os valores mensurados devem ser os mesmos – exceto se houver boas razões para uma diferença, como se a pressão arterial se eleva à medida que se aproxima o momento da prova, por exemplo.

A pesquisa quantitativa trabalha com números. Voltando ao nosso exemplo, como a mensuração produz um número específico para a pressão arterial, as alternativas para a resposta na Figura 1.1 podem ser transfor-

Figura 1.1
Alternativas para resposta na escala de Lickert.

madas em números de 1 a 5. Estes números possibilitam uma análise estatística dos dados (ver Bryman, 2008 para uma apresentação mais detalhada dessas características da pesquisa quantitativa). Kromrey (2006, p. 34) define a "estratégia da chamada pesquisa quantitativa" como "um procedimento estritamente orientado para o objetivo, que visa à 'objetividade' dos seus resultados por meio de uma padronização de todos os passos na medida do possível, e que postule uma verificabilidade intersubjetiva como a norma central para a garantia da qualidade".

Os participantes podem experienciar a situação de pesquisa da seguinte maneira: eles são relevantes como membros de um grupo específico, do qual foram selecionados aleatoriamente. São confrontados com várias questões pré-definidas, para as quais eles têm várias respostas também pré-definidas, das quais se espera que eles escolham uma. As informações que vão além dessas respostas, assim como suas próprias suposições, estados subjetivos ou perguntas e comentários sobre as questões ou o problema, não fazem parte da situação da pesquisa.

Pesquisa qualitativa

A pesquisa qualitativa estabelece para si mesma outras prioridades. Aqui, em geral, você não parte necessariamente de um modelo teórico da questão que está estudando e evita hipóteses e operacionalização. Além disso, a pesquisa qualitativa não está moldada na mensuração, como acontece nas ciências naturais. Finalmente, você não estará interessado nem na padronização da situação de pesquisa nem, tampouco, em garantir a representatividade por amostragem aleatória dos participantes.

Em vez disso, os pesquisadores qualitativos escolhem os participantes propositalmente e integram pequenos números de casos segundo sua relevância. A coleta de dados é concebida de uma maneira muito mais aberta e tem como objetivo um quadro abrangente possibilitado pela reconstrução do caso que está sendo estudado. Por isso, menos questões e respostas são definidas antecipadamente; havendo um uso maior de questões abertas. Espera-se que os participantes respondam a essas questões espontaneamente e com suas próprias palavras. Com frequência, os pesquisadores trabalham com narrativas de histórias da vida pessoal dos entrevistados.

A pesquisa qualitativa lida com as questões usando uma das três seguintes abordagens. Ela visa (a) à captação do significado subjetivo das questões a partir das perspectivas dos participantes (p. ex., o que significa para os entrevistados experienciar seus estudos universitários como um fardo?). Com frequência, (b) os significados latentes de uma situação estão em foco (p. ex., quais são os aspectos inconscientes ou os conflitos básicos que influenciam a experiência do estresse por parte do estudante?). É menos relevante estudar uma causa e o seu efeito do que descrever ou reconstruir a complexidade das situações. Em muitos casos, (c) as práticas sociais e o modo de vida e o ambiente em que vivem os participantes são descritos. O objetivo é menos testar o que é conhecido (p. ex., uma teoria ou hipótese já existente) do que descobrir novos aspectos na situação que está sendo estudada e desenvolver hipóteses ou uma teoria a partir dessas descobertas. Por isso, a situação da pesquisa não é padronizada; ao contrário, ela é projetada para ser o mais aberta possível. Alguns casos são estudados, mas estes são analisados extensivamente em sua complexidade. A generalização é um objetivo não tanto em um nível estatístico (a generalização no nível da população, por exemplo) como em um nível teórico (para uma apresentação mais detalhada destas características, ver Flick, 2009).

Os participantes de um estudo podem experienciar a situação de pesquisa da seguinte maneira: eles estão envolvidos no estudo como indivíduos, sendo deles esperado que contribuam com suas experiências e visões de suas situações particulares de vida. Há um escopo para o que eles enxergam como essencial, para abordar as questões de maneira diferente e para proporcionar diferentes tipos de respostas com diferentes níveis de detalhamento. A situação de pesquisa é concebida mais como um diálogo, em que a sondagem, novos aspectos e suas próprias estimativas encontram o seu lugar.

Diferenças entre a pesquisa quantitativa e a qualitativa

A partir das características das duas abordagens já delineadas, algumas das principais diferenças na avaliação do que está sob estudo (questão, campo e pessoas) tornaram-se evidentes. Estas estão resumidas na Tabela 1.4.

Aspectos comuns à pesquisa quantitativa e à qualitativa

Apesar das diferenças, as duas abordagens têm alguns pontos em comum. Nas duas abordagens você:

- trabalha sistematicamente usando métodos empíricos (ver Capítulos 7 e 8);
- visa à generalização das suas conclusões para outras situações que não a situação da pesquisa e para outras pessoas que não os participantes do estudo (ver Capítulo 11);
- busca algumas questões de pesquisa para as quais os métodos selecionados devem ser apropriados (ver Capítulo 2);

Tabela 1.4 DIFERENÇAS ENTRE A PESQUISA QUANTITATIVA E A QUALITATIVA

	Pesquisa quantitativa	Pesquisa qualitativa
Teoria	Como um ponto de partida a ser testado	Como um ponto final a ser desenvolvido
Seleção do caso	Orientada para a representatividade (estatística), amostragem idealmente aleatória	Intencional de acordo com a fecundidade teórica do caso
Coleta de dados	Padronizada	Aberta
Análise dos dados	Estatística	Interpretativa
Generalização	Em um sentido estatístico para a população	Em um sentido teórico

- deve responder a estas questões usando um procedimento planejado e sistemático (ver Capítulo 5);
- tem de checar o seu processo de pesquisa para aceitabilidade ética e adequabilidade (ver Capítulo 12);
- tem de tornar seu processo de pesquisa transparente (isto é, compreensível para o leitor), apresentando os resultados e os caminhos que conduziram a eles (ver Capítulo 13).

Vantagens e desvantagens

Uma vantagem da pesquisa quantitativa é que ela permite o estudo de um grande número de casos para determinados aspectos em um período relativamente curto e que seus resultados são extremamente generalizáveis. A desvantagem é que os aspectos estudados não são necessariamente os aspectos relevantes para os participantes e que o contexto dos significados ligado ao que é estudado pode não ser suficientemente levado em conta.

Uma vantagem da pesquisa qualitativa é que uma análise detalhada e exata de alguns casos pode ser produzida, e os participantes têm muito mais liberdade para determinar o que é importante para eles e para apresentá-los em seus contextos. A desvantagem é que essas análises com frequência requerem muito tempo e só é possível generalizar os resultados para as massas amplas de uma maneira muito limitada.

Sinergias e combinações

Os pontos fortes e fracos mencionados podem constituir a base para decidir qual alternativa metodológica você deve escolher para sua questão específica de pesquisa (ver Capítulo 6). É importante lembrar, porém, que é possível combinar a pesquisa qualitativa e a quantitativa (como será explorado mais detalhadamente no Capítulo 10) com o objetivo de compensar as limitações e os pontos fracos de cada abordagem e produzir sinergias entre elas.

 Realização de pesquisa *in loco* e de pesquisa *on-line*: novas oportunidades e desafios para a pesquisa social

Em torno da última década, surgiu uma nova tendência que tem ampliado consideravelmente o alcance da pesquisa social. Com o desenvolvimento da internet, tanto a abordagem qualitativa quanto a quantitativa podem agora ser usadas em novos contextos.

Tradicionalmente, as entrevistas, as pesquisas de levantamento e as observações têm sido realizadas, em sua maior parte, de forma presencial. Você marca encontros com seus participantes, reúne-se com eles em um determinado horário e local, interage com eles face a face ou lhes envia seu questionário por *e-mail* e eles o devolvem da mesma maneira. Esse tipo de pesquisa tem suas limitações. Às vezes, razões práticas tornarão esses encontros difíceis: os participantes moram longe, não estão prontos para se reunir com os pesquisadores ou são relevantes para o seu estudo como membros de uma comunidade virtual.

Estas limitações podem algumas vezes ser superadas se você decidir realizar seu estudo *on-line*. Os métodos quantitativos e qualitativos têm sido adaptados para esse tipo de pesquisa. Entrevistas por *e-mail* ou através de outros meios virtuais, pesquisas de levantamento *on-line* e etnografia virtual são agora parte do *kit* de ferramentas metodológicas dos pesquisadores sociais. Isto significa não tanto (ou, ao menos, não só) que você aplica os métodos da ciência social para o estudo (o uso) da internet, mas, principalmente, que você a usa a fim de aplicar seus métodos para responder suas questões de pesquisa. As novas formas de comunicação no contexto da Internet 2.0, em particular, proporcionam novas opções para a comunicação em e sobre a pesquisa social. Elas também facilitam a realização colaborativa da pesquisa (ver Capítulo 9 para detalhes).

☑ A pesquisa social entre a frustração e o desafio: por que e como a pesquisa pode ser divertida

Para muitos estudantes, a realização de cursos sobre métodos de pesquisa e estatística parece ser nada mais que um dever desagradável; como se você fosse obrigado a passar por isso, mesmo não sabendo por que e com que propósito. Aprender métodos pode ser exaustivo e doloroso. Se todo o empreendimento conduz a um difícil teste escrito no fim, às vezes qualquer excitação fica submersa pelo estresse causado pela prova. Aplicar métodos pode consumir tempo e ser desafiador.

Entretanto, a natureza sistemática dos procedimentos e o acesso concreto a questões práticas na pesquisa empírica nos estudos e no trabalho profissional posterior (como sociólogo, assistente social e afins) podem proporcionar novos *insights*. Você pode se dar conta de novas questões na análise de seus dados. Entrevistas, histórias de vida ou observação de um participante podem proporcionar percepções sobre as situações de vida concretas ou sobre como as instituições funcionam. Às vezes esses *insights* chegam como surpresas, o que pode

lhe dar a chance de superar seus preconceitos e perspectivas limitadas sobre a maneira como as pessoas vivem e trabalham. Além disso, você vai aprender muito sobre como se desenvolvem as histórias de vida ou sobre o que acontece no trabalho prático em instituições ou no campo.

Na maior parte dos processos de pesquisa, você vai aprender muito não apenas sobre os participantes, mas também sobre você mesmo – especialmente se você trabalha com questões como saúde, estresse na universidade, problemas existenciais em casos de discriminação social, etc. em situações concretas de vida. Em particular no contexto de estudos teoricamente ambiciosos e seus conteúdos, trabalhar com dados empíricos pode constituir não apenas uma alternativa instrutiva ou complementar para a teoria, mas também um vínculo concreto entre ela e os problemas e situações de vida cotidianos.

Trabalhar com outras pessoas pode ser uma experiência enriquecedora, e se você tiver a chance de realizar sua pesquisa em meio a um grupo de pessoas – uma equipe de pesquisa ou um grupo de estudantes – essa será uma boa saída do isolamento que os estudantes às vezes experienciam. Para muitos estudantes, o trabalho com dispositivos técnicos, computadores, programas e dados pode ser satisfatório e bastante divertido. Usar as formas de comunicação proporcionadas pela Internet 2.0 para seus propósitos de pesquisa, por exemplo, vai lhe proporcionar novas experiências de rede social e experiências práticas com o que há de mais moderno no contexto do uso de novos meios de comunicação de uma maneira profissional. E, ao final disso, você terá produtos concretos na mão: exemplos, resultados, o que eles têm em comum e como são diferentes para uma variedade de pessoas, assim por diante.

Finalmente, trabalhar em um projeto empírico requer trabalhar em uma questão de maneira sustentada. Esta é uma boa experiência, pois as experiências de muitos estudantes hoje são mais caracterizadas por um trabalho fragmentado. A pesquisa empírica em nossos campos de estudo pode ser também um teste do quanto você gosta desses campos. Se este teste terminar positivamente, isso pode tranquilizá-lo em sua decisão de se tornar, por exemplo, um assistente social ou um psicólogo.

Marcos no campo da pesquisa social

O conhecimento sobre a pesquisa social ajuda de duas maneiras. Ele pode proporcionar o ponto de partida e a base para você realizar seu próprio estudo empírico, como no contexto de uma tese ou de um trabalho profissional posterior em sociologia, educação, assistência social, etc; sendo também necessário para entender e avaliar a pesquisa existente e talvez para que você seja capaz de criar um argumento acerca desta pesquisa. Para ambos podemos formular várias perguntas norteadoras, que vão permitir uma avaliação básica da pesquisa (no planejamento do seu próprio estudo ou na leitura de estudos de outros pesquisadores). Essas estão explicitadas no Quadro 1.2.

Essas perguntas norteadoras podem ser formuladas independentemente da metodologia específica escolhida e podem ser aplicadas a várias alternativas metodológicas. Elas são relevantes tanto para os estudos qualitativos quanto para os quantitativos e podem ser usadas para avaliar um estudo de caso e também para uma pesquisa de levantamento representativa da população de um país. Oferecem uma estrutura para as observações e também para as entrevistas, ou para o uso dos dados e documentos existentes (ver Capítulo 7 para mais detalhes a respeito).

Quadro 1.2
PERGUNTAS NORTEADORAS PARA UMA ORIENTAÇÃO NO CAMPO DA PESQUISA SOCIAL

1. O que é estudado exatamente?
   - Qual é o tema e qual é a questão central de pesquisa do estudo?
2. Como é garantido que a pesquisa realmente investigue o que supostamente deve ser estudado?
   - Como o estudo é planejado, que concepção é aplicada ou construída e como possíveis problemas são evitados?
3. O que está representado no que é estudado?
   - Que reivindicações de generalização são feitas e como elas são satisfeitas?
4. A execução do estudo é eticamente íntegra e teoricamente fundamentada?
   - Como os participantes são protegidos de qualquer uso inadequado dos dados que se referem a eles?
   - Qual é a perspectiva teórica do estudo?
5. Que reivindicações metodológicas são feitas e satisfeitas?
   - Que critérios são aplicados?
6. A apresentação dos resultados e as maneiras com que eles foram produzidos tornam transparente para o leitor como os resultados se deram e como os pesquisadores procederam?
   - O estudo é transparente e consistente em sua apresentação?
7. O procedimento escolhido é convincente?
   - A concepção e os métodos são apropriados para a questão que está sendo estudada?
8. O estudo atinge o grau de generalização que foi esperado?

Pontos principais

- A pesquisa social é mais sistemática em sua abordagem do que o conhecimento do cotidiano.
- A pesquisa social pode ter várias tarefas: pode ser concentrada no conhecimento, na prática e na consultoria.
- A pesquisa quantitativa e a pesquisa qualitativa oferecem abordagens diferentes. Cada uma tem seus pontos fortes e suas limitações quanto ao que pode ser estudado.
- A pesquisa quantitativa e a pesquisa qualitativa podem complementar uma à outra.
- Ambas podem ser aplicadas *in loco* e *on-line*.
- Podemos identificar características comuns entre as várias abordagens possíveis.

 ### Leituras adicionais

O primeiro e o último textos listados a seguir proporcionam mais detalhes acerca da pesquisa quantitativa, além de incluírem alguns capítulos sobre métodos qualitativos. O segundo e o terceiro livros apresentam mais *insights* sobre a variedade dos métodos da pesquisa qualitativa.

Bryman, A. (2008) *Social Research Methods*, 3. ed. Oxford: Oxford University Press.

Flick, U. (2009) *Introdução à Pesquisa Qualitativa*, 3. ed. Porto Alegre: Artmed.

Flick U., Kardorff, E. v. e Steinke, I. (eds.) (2004) *A Companion to Qualitative Research*. London: Sage.

Neuman, W.L. (2000) *Social Research Methods: Qualitative and Quantitative Approaches*, 4. ed. Boston: Allyn and Bacon.

Da ideia da pesquisa à questão da pesquisa

VISÃO GERAL DO CAPÍTULO

Pontos de partida para a pesquisa 30
Origens das questões de pesquisa 32
Características das questões de pesquisa 33
Boas questões de pesquisa, más questões de pesquisa 35
O uso de hipóteses 36
Lista de verificação para a formulação das questões de pesquisa 38

OBJETIVOS DO CAPÍTULO

Este capítulo destina-se a ajudá-lo a:

- ✓ reconhecer os pontos de partida para a pesquisa social;
- ✓ compreender de onde vêm as questões de pesquisa;
- ✓ entender como as questões de pesquisa diferem entre a pesquisa qualitativa e a quantitativa;
- ✓ entender o uso de hipóteses.

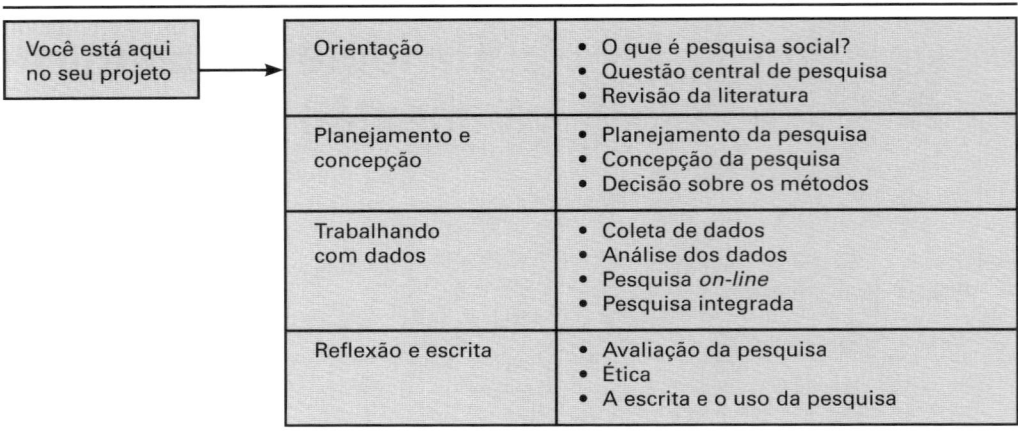

Tabela 2.1 NAVEGADOR PARA O CAPÍTULO 2

Você está aqui no seu projeto →	Orientação	• O que é pesquisa social? • Questão central de pesquisa • Revisão da literatura
	Planejamento e concepção	• Planejamento da pesquisa • Concepção da pesquisa • Decisão sobre os métodos
	Trabalhando com dados	• Coleta de dados • Análise dos dados • Pesquisa *on-line* • Pesquisa integrada
	Reflexão e escrita	• Avaliação da pesquisa • Ética • A escrita e o uso da pesquisa

Este capítulo busca mostrar como as questões de pesquisa para os estudos empíricos emergem dos interesses gerais e das origens pessoais e sociais do pesquisador. Para este propósito, vamos nos voltar primeiro a alguns exemplos.

 Pontos de partida para a pesquisa

A literatura da história da pesquisa social relata muitos exemplos de como as ideias para pesquisa emergiram e foram desenvolvidas em questões de pesquisa. Por exemplo, Marie Jahoda (1995; ver também Fleck, 2004, p. 59) descreveu as origens do seu estudo com Paul Lazarsfeld e Hans Zeisel em *Marienthal: The Sociology of an Unemployed Community* (Jahoda et al., 1933/1971). O impulso para o estudo veio no final da década de 1920 de Otto Bauer, líder do Partido Social Democrático austríaco. O pano de fundo do estudo incluía a Grande Depressão de 1929, além dos interesses políticos e a orientação dos pesquisadores. Como resultado, os pesquisadores desenvolveram a ideia de estudar como uma comunidade se modifica em resposta ao desemprego em massa. A partir desta ideia geral eles formularam questões de pesquisa relacionadas à atitude da população em relação a esse problema e às suas consequências sociais.

Outro exemplo, desta vez da década de 1950, é proporcionado pelo estudo de Hollingshead e Redlich (1958) sobre classe social e doença mental. Seu estudo originou-se da observação geral de que "os americanos preferem evitar os dois fatos estudados neste livro: classe social e doença mental" (1958, p. 3). Sendo este o ponto de partida, eles prosseguiram para explorar as possíveis conexões entre classe social e doença mental (e o seu tratamento). Por exemplo, as pessoas com um *status quo* social baixo podem estar mais em risco de se tornar mentalmente doentes e sua chance de receber um bom tratamento para a sua doença pode ser mais baixa em comparação às pessoas com um *status quo* social mais elevado. Do seu interesse geral, os autores desenvolveram duas questões de pesquisa: "(1) A doença mental está relacionada à classe em nossa sociedade? (2) A posição de um paciente psiquiátrico no sistema de *status quo* afeta a maneira como ele é tratado de sua doença?" (1958, p. 10).

Eles então elaboraram, a partir destas duas questões, cinco hipóteses de trabalho (1958, p. 11):

1. A prevalência de doença mental tratada está significativamente relacionada a uma posição individual na estrutura de classes.
2. Os tipos de transtornos psiquiátricos estão significativamente conectados à estrutura de classes.
3. O tipo de tratamento psiquiátrico administrado pelos psiquiatras está associado à posição do paciente na estrutura de classes.
4. Os fatores sociais e psicodinâmicos no desenvolvimento de transtornos psiquiátricos estão correlacionados com uma posição do indivíduo na estrutura de classes.
5. A mobilidade na estrutura de classes está associada ao desenvolvimento de dificuldades psiquiátricas.

Para testar estas hipóteses, Hollingshead e Redlich conduziram um estudo comunitário em uma cidade com 24 mil habitantes. Eles incluíram todos os pacientes psiquiátricos diagnosticados em um certo período, usando um questionário sobre a sua doença e o seu *status quo* social. Também entrevistaram profissionais de saúde.

Um exemplo contrastante, também de meados do século XX, é proporcionado por um estudo realizado por Glaser e Strauss (1965). Seguindo sua própria experiência de suas mães morrendo em hospitais, eles desenvolveram a ideia de estudar a "consciência da morte". Os autores (1965, p. 286-7) descreveram em alguns detalhes como estas experiências estimularam seu interesse nos processos de comunicação com e sobre as pessoas que estão morrendo e o que mais tarde descreveram como "contextos da consciência". Aqui o pano de fundo para o desenvolvimento da ideia, do interesse e da questão de pesquisa foi muito pessoal – as experiências autobiográficas recentes dos pesquisadores.

E – para apresentar mais um exemplo – Hochschild (1983, p. ix) descreveu como suas experiências iniciais quando criança na casa de sua família e na vida social vieram a se tornar a fonte do seu posterior "interesse em como as pessoas lidam com as emoções". Seus pais trabalhavam para o Serviço de Relações Exteriores dos Estados Unidos, o que proporcionou a Hochschild oportunidades de ver e interpretar as diferentes formas de sorrisos – e seus significados – produzidos por diplomatas de diferentes origens culturais. Ele aprendeu com essas experiências que as expressões emocionais, como sorrisos e apertos de mão, transmitiam mensagens em vários níveis – de pessoa para pessoa e também entre os países que elas representavam. Isto conduziu, muito mais tarde, ao seu interesse específico em pesquisa:

> Eu queria descobrir o que nos afeta. E então decidi explorar a ideia de que a emoção funciona nas pessoas como um mensageiro de si, um agente que nos dá um relato imediato sobre a conexão entre o que estamos vendo e o que esperávamos ver e nos diz o que achamos estar prontos para fazer a respeito. (1983, p. x)

Desse interesse ela desenvolveu um estudo (*The Managed Heart*) sobre dois tipos de trabalhadores em contato constante com o público (comissários de bordo e cobradores), mostrando como o trabalho funcionava para induzir ou reprimir emoções quando estes estavam em contato com seus clientes.

Se compararmos os exemplos anteriores, podemos ver que eles mostram diversas fontes para o desenvolvimento de interesses de pesquisa, ideias e subsequentes questões de pesquisa. Eles variam de experiências muito pessoais (Glaser e Strauss) a experiências e circunstâncias sociais (Hochschild), passando por observações sociais

(Hollingshead e Redlich), até problemas societais e comissionamento político (Jahoda et al.). Em cada caso, surgiu uma curiosidade geral, a que os pesquisadores deram seguimento e subsequentemente formularam em termos concretos.

A pesquisa, então, pode assumir vários pontos de partida. Em particular:

- Os problemas de pesquisa são com frequência descobertos na vida cotidiana. Por exemplo, no cotidiano de uma instituição, alguém pode descobrir que, digamos, os tempos de espera emergem em situações específicas. Para descobrir o que determina os tempos de espera e, talvez, como eles podem ser reduzidos, pode ser realizada uma pesquisa sistemática.
- Em segundo lugar, pode haver uma carência de dados e percepções empíricas sobre um problema específico – por exemplo, a situação de saúde dos jovens na Alemanha – ou sobre um subgrupo específico – por exemplo, adolescentes que vivem na rua.
- Uma terceira fonte para a identificação de um problema de pesquisa pode ser a literatura. Por exemplo, pode ter sido desenvolvida uma teoria que requeira ser empiricamente testada. Ou ainda a análise da literatura existente pode revelar a existência de lacunas no conhecimento sobre um problema. A pesquisa empírica pode ser concebida para fechar essas lacunas.
- Em quarto lugar, os problemas de pesquisa podem se desenvolver a partir de estudos anteriores que tenham produzido novas questões ou deixado algumas outras sem resposta.

☑ Origens das questões de pesquisa

Podemos ilustrar o desenvolvimento das questões de pesquisa usando dois exemplos recentes. Eles dizem respeito ao comportamento de saúde e à saúde dos adolescentes que vivem na rua.

O estudo do Health Behavior in Social Context (HBSC) da Organização Mundial da Saúde (OMS)

No estudo do HBSC, foram entrevistadas crianças e adolescentes de 36 países, usando-se um questionário padronizado que abordava seu *status quo* e comportamento de saúde. Esta pesquisa foi conduzida a fim de produzir um relato de saúde para a geração jovem e, desse modo, contribuir para uma melhoria na prevenção de doenças e na promoção da saúde para este grupo etário. Na Alemanha, por exemplo, essa pesquisa de levantamento tem sido realizada repetidas vezes desde 1993 – mais recentemente em 2006 (ver Hurrelmann et al., 2003; Richter et al., 2008). Hurrelmann e colaboradores descreveram da seguinte maneira os objetivos deste estudo:

> Nesta pesquisa de levantamento da saúde de jovens, várias questões deverão ser respondidas: questões descritivas sobre a saúde física, mental e social, e sobre o comportamento de saúde. O que está em foco é a questão de até que ponto estilos de vida relevantes para a saúde estão vinculados à saúde subjetiva; e até que ponto os fatores de risco e proteção pessoais e sociais podem ser identificados para a prevenção dos problemas de saúde juntamente com a sua representação subjetiva nos aspectos físicos e mentais. (2003, p. 2)

Para esse estudo realizado na Alemanha, adolescentes de 11, 13 e 15 anos foram entrevistados nas escolas. Para o estudo internacional, foi extraída uma amostra representativa (ver Capítulo 5), compreendendo cerca de 23 mil adolescentes em diferentes áreas da Alemanha. Para o estudo alemão, uma subamostra de 5.650 adolescentes foi extraída aleatoriamente do número inicial. Foi solicitado a esta amostra que respondesse a um questionário sobre sua saúde subjetiva, riscos de acidentes e violência, o uso de substâncias (tabaco, drogas e álcool), alimentação, atividade física, amigos, familiares e a escola. A questão de pesquisa para esse estudo resultou do interesse em desenvolver uma visão geral representativa da situação de saúde e do comportamento de saúde relevante dos adolescentes na Alemanha e em comparação com outros países.

Saúde na rua: adolescentes sem-teto

Uma abordagem diferente a um tópico similar é proporcionada por nosso segundo exemplo. O estudo que acabamos de discutir apresentou uma boa visão geral da situação de saúde do jovem médio na Alemanha e em outros países. Entretanto, esse estudo amplo não pode se concentrar em subgrupos particulares (principalmente os muito pequenos). As razões disso são o uso de amostragem aleatória e também o fato de que o acesso aos participantes foi por via das escolas. Os adolescentes que vivem na rua, que raramente frequentam a escola – se é que a frequentam – não foram representados nessa amostra. Para analisar a situação específica e o comportamento e conhecimento de saúde deste grupo, uma abordagem diferente era necessária. Por isso, em nosso segundo exemplo (ver Flick e Röhnsch, 2007; 2008), os adolescentes foram selecionados intencionalmente em locais e pontos de encontro de adolescentes sem-teto e lhes foi solicitado que participassem da entrevista. Os participantes tinham idades entre 14 e 20 anos e não tinham moradia fixa. Para obtermos um entendimento mais abrangente do seu conhecimento e comportamento de saúde sob as condições da "rua", não apenas os entrevistamos, mas também os acompanhamos através das fases de suas vidas cotidianas, utilizando observação participante. Os tópicos das entrevistas foram similares aos do nosso primeiro exemplo anterior, com questões adicionais sobre a situação específica de viver na rua e sobre como os participantes começaram a viver nesta situação.

Na primeira parte do estudo, a amostragem e as entrevistas não se concentraram na doença. A segunda parte do estudo se concentrou na situação dos adolescentes sem-teto cronicamente doentes. Além de entrevistar adolescentes com várias doenças crônicas (desde asma a doenças de pele e hepatite), conduzimos entrevistas com médicos e assistentes sociais para obter suas opiniões sobre a situação do serviço para esse grupo-alvo.

Nos dois exemplos anteriores, foram estudadas as situações de saúde e sociais dos adolescentes – quer dos jovens na Alemanha em geral ou de um subgrupo específico com condições de vida particularmente estressantes. Em ambos os casos, os resultados devem ser úteis para ajudar a prevenir problemas de saúde nos grupos alvo e melhorar a concepção de serviços para eles.

Características das questões de pesquisa

As questões de pesquisa podem ser encaradas de diferentes ângulos. De um ponto de vista externo, devem tratar de um tema socialmente relevante. Em nossos exemplos, os temas são a situação de saúde e a ajuda aos jovens – e em particular os déficits em ambos. Há problemas de saúde particularmente fortes ou frequentes e lacunas de serviço para subgrupos particulares ou para os adolescentes em geral?

A resposta a essas questões deve conduzir a algum tipo de progresso – proporcionando, por exemplo, novos *insights* ou sugestões para como resolver o problema que está sendo estudado. Por isso, a documentação das mudanças na situação de saúde em estudos repetidos pode avançar o desenvolvimento do conhecimento (como na pesquisa de levantamento de saúde dos jovens). Se você está estudando um tema que até agora só tem sido analisado em termos gerais, poderá resultar de um estudo deste tema progresso com um subgrupo específico (como no nosso segundo exemplo).

Visto mais do ponto de vista interno, isto é, da própria ciência, as questões de pesquisa devem ter uma base teórica, sendo incorporadas em uma perspectiva de pesquisa específica. Na pesquisa de levantamento de saúde dos jovens, por exemplo, a base foi proporcionada por um modelo dos vínculos entre as estruturas sociais, a posição social dos indivíduos nessas estruturas e os ambientes sociais e materiais em que eles vivem, além de fatores comportamentais e fisiológicos. Esses vínculos influenciam a probabilidade de sofrerem de doenças e danos físicos, com suas respectivas consequências sociais (ver Richter et al., 2008, p. 14). A partir deste modelo teórico foram derivadas as questões concretas de pesquisa do projeto e depois os itens do questionário. No exemplo dos adolescentes sem-teto, a base teórica foi proporcionada pela abordagem das representações sociais (ver Flick, 1998a; 1998b). A suposição fundamental desta abordagem é que, dependendo das condições de contexto social nos diferentes grupos sociais, são desenvolvidos formas e conteúdos específicos de conhecimento que ocorrem ao longo das práticas de grupo específicas. Outra suposição é que os tópicos têm conteúdos e significados específicos para cada grupo e seus membros. Estas suposições formaram a base para o desenvolvimento das questões gerais da pesquisa, que se concentraram na experiência vivida do desabrigo e no significado da saúde nessa condição, além das questões específicas das entrevistas.

As questões de pesquisa também devem ser adequadas ao estudo mediante métodos da pesquisa social. Elas devem ser formuladas de tal maneira que você possa aplicar um ou mais dos métodos disponíveis para respondê-las – se necessário após adaptar ou modificar uma delas. (Esse ponto será examinado mais detalhadamente nos Capítulos 7 e 8.) Por exemplo, as questões de pesquisa do seu levantamento de saúde dos jovens devem ser investigadas usando-se o método do questionário. No segundo exemplo, as questões de pesquisa são estudadas usando-se dois métodos, entrevistas (episódicas e especializadas) e observação participante.

Qualidades importantes das questões de pesquisa são sua especificidade e seu foco. Ou seja, você deve formular suas questões de pesquisa de tal forma que elas sejam (a) claras e (b) dirigidas para o objetivo, para facilitar as decisões exatas a serem tomadas com relação a quem ou o que deve ser investigado. Observe que as questões de pesquisa não definem apenas exatamente o que estudar e como, mas também que aspectos de uma questão podem ainda não ter sido considerados. Isto não significa que um estudo não possa insistir em várias subquestões; significa apenas que o seu estudo não está sobrecarregado com excessivas questões de pesquisa.

Em geral, várias possíveis questões básicas de pesquisa na pesquisa social podem ser distinguidas, especialmente:

1. De que tipo ela é?
2. Qual é a sua estrutura?
3. Qual é a sua frequência?
4. Quais são as suas causas?
5. Quais são os seus processos?
6. Quais são as suas consequências?
7. Quais são as estratégias das pessoas?

Essas questões de pesquisa podem ser estudadas em vários níveis (tais como conhecimento, práticas, situações ou instituições) e para diferentes unidades (p. ex., pessoas, grupos ou comunidades). Falando de modo geral, podemos diferenciar entre questões de pesquisa orientadas para a descrição de estados e aquelas que descrevem processos. No primeiro caso, você deve descrever um determinado estado: que tipos de conhecimento sobre uma questão existem em uma população? Com que frequência cada tipo de conhecimento pode ser identificado? Já no segundo caso, o objetivo é descrever como algo se desenvolve ou se modifica: como surgiu este estado? Que causas ou estratégias conduziram a ele? Como este estado é mantido – por meio de que estrutura? Quais são as causas de uma mudança desse tipo? Que processos de desenvolvimento podem ser observados? Quais são as consequências de uma mudança assim? Que estratégias são aplicadas na promoção de mudança?

Podemos aplicar estes dois tipos importantes de questões de pesquisa – isto é, aquelas relacionadas aos estados e aquelas relacionadas aos processos – a uma variedade de unidades de estudo (ver Flick, 2009, p. 101-2; Lofland e Lofland, 1984). Por exemplo:

8. Significados
9. Práticas
10. Episódios
11. Encontros
12. Papéis
13. Relacionamentos
14. Grupos
15. Organizações
16. Estilos de vida

Podemos agora começar a diferenciação entre pesquisa quantitativa e qualitativa em relação às listas anteriores. A primeira está mais interessada nas frequências (e distribuições) dos fenômenos e nas razões para eles, enquanto a última se concentra mais nos significados vinculados a alguns fenômenos ou nos processos que revelam como as pessoas lidam com eles. No caso dos projetos de pesquisa discutidos, a pesquisa de levantamento de saúde dos jovens pergunta pelas frequências (item 3 da primeira lista) e pelas estruturas (2) ao lidar com a saúde em um grupo específico (14 – aqui adolescentes). O segundo exemplo se concentra nos significados (8) e práticas (9) no nível das estratégias dos participantes (7) com um foco nos tipos (1) de significados e nas práticas dos adolescentes.

Boas questões de pesquisa, más questões de pesquisa

Evidentemente, você precisa não apenas de uma questão de pesquisa, mas sim de uma boa questão. Aqui vamos considerar o que tende a distinguir as boas questões de pesquisa das más.

Boas questões

O que caracteriza uma boa questão de pesquisa? Antes de tudo, ela deve ser uma questão atual. Por exemplo, "A situação de vida dos imigrantes do Leste Europeu" não é uma questão de pesquisa, mas sim uma área de interesse. "O que caracteriza a situação de vida dos imigrantes do Leste Europeu?" é uma questão, mas é demasiado ampla e não específica para orientar um projeto de pesquisa. Ela lida com uma variedade de subgrupos implicitamente – e supõe que os imigrantes, digamos, da Polônia e da Rússia estejam na mesma situação. Além disso, o termo "situação de vida" é demasiado amplo; seria melhor se concentrar em um aspecto específico da situação de vida – por exemplo, os problemas de saúde e o uso dos serviços profissionais. Um bom exemplo pode então ser: "O que caracteriza os problemas de saúde e o uso dos serviços profissionais dos imigrantes da Rússia?".

Há três tipos principais de questões de pesquisa:

1. as questões exploratórias, que se concentram em uma dada situação ou em uma mudança, por exemplo: "A situação de saúde dos adolescentes sem-teto mudou nos últimos 10 anos?";
2. as questões descritivas, que têm como objetivo a descrição de uma determinada situação, estado ou processo, por exemplo: "Os adolescentes sem-teto vêm de famílias desestruturadas?" ou "Como os adolescentes se tornaram sem-teto?";
3. e as questões explanatórias, que se concentram em uma relação. Isto significa que se investiga mais que apenas um estado de coisas (vai-se além, fazendo uma pergunta como "O que caracteriza...?").

Além disso, um fator ou uma influência é examinado em relação àquela situação. Por exemplo: "A carência de serviços de saúde especializados em número suficiente é uma causa importante de problemas médicos mais sérios entre os adolescentes sem-teto?".

Más questões de pesquisa

Neuman (2000, p. 144) caracterizou o que ele chama de "más questões de pesquisa". Ele identifica cinco tipos dessas questões:

1. questões que não podem ser empiricamente testadas ou são questões não científicas, como por exemplo, "Os adolescentes devem viver na rua?";
2. declarações que incluem tópicos gerais, mas não uma questão de pesquisa, por exemplo, "O tratamento de abuso de droga e álcool dos adolescentes sem-teto";
3. declarações que incluem um conjunto de variáveis, mas não questões propriamente ditas, por exemplo, "Os sem-teto e a saúde";
4. questões que são vagas ou ambiciosas demais, por exemplo, "Como podemos evitar o desabrigo entre os adolescentes?";
5. questões que ainda necessitam ser mais específicas, como "A situação de saúde dos adolescentes sem-teto piorou?".

Como estes exemplos podem mostrar, é importante ter uma questão de pesquisa que seja realmente uma questão – não uma declaração – que possa ser respondida. Ela deve ser tão focada e específica quanto possível, em vez de vaga e não específica. Todos os elementos de uma questão de pesquisa devem ser claramente explicitados, em vez de permanecerem amplos e repletos de suposições implícitas. Testar sua questão de pesquisa antes de realizar o seu estudo vai refletir em como poderão ser as possíveis respostas a essa questão.

✓ O uso de hipóteses

Quanto mais explícita e focada for a sua questão de pesquisa, mais fácil será desenvolver uma hipótese a partir dela. Uma hipótese formula uma relação, que por sua vez será testada empiricamente. (Vimos exemplos de hipóteses no estudo de caso prévio, acerca da relação classe social e doença mental, de Hollingshead e Redlich.) Tais relações podem ser, por exemplo, declarações, assumindo a forma de "se, então" ou "quanto mais de um, mais do outro". O primeiro tipo de relação é encontrado em uma hipótese como: "Se os adolescentes vêm de uma classe social inferior, seu risco de contrair algumas doenças é muito mais elevado." A segunda forma de relação é ilustrada pela seguinte hipótese: "Quanto mais baixa a classe social de que vêm os adolescentes, mais frequentemente eles serão vítimas de determinadas doenças".

As hipóteses devem esclarecer:

- para que área elas são válidas (elas são supostamente válidas sempre e em qualquer lugar ou apenas sob algumas condições locais e temporais específicas?);
- para que área de objetos ou indivíduos elas se aplicam (p. ex., à humanidade como um todo, ou apenas aos homens, ou apenas às mulheres com menos de 30 anos de idade, etc.);
- se elas se aplicam a todos os objetos ou indivíduos nesta área;
- a que questões elas se aplicam, isto é, as características dos indivíduos na área do objeto.

O exemplo de primeira hipótese de Hollingshead e Redlich (1958, p. 10) ajuda a ilustrar essas características. Sua hipótese foi: "A prevalência de doença mental tratada está significativamente relacionada à posição de um indivíduo na estrutura de classes". Os dois temas são "classe social" e "risco de doença". Eles não delimitaram a sua hipótese às condições locais ou temporais específicas, mas supuseram que ela deve ser válida para todas as pessoas em uma situação social específica (classe social).

Além disso, as hipóteses devem ser claramente formuladas no que se refere aos conceitos que utilizam. No nosso exemplo, tem de ser especificado o que é considerado como "doença mental" (p. ex., que diagnósticos são utilizados para identificar esta característica). Também deve ser identificado o que "tratado" significa (p. ex., designando apenas pessoas que estão em tratamento com medicações ou também aquelas que recebem consultas?). Finalmente, deve ser definida a expressão "posição na estrutura de classe".

As hipóteses também devem estar incorporadas a uma estrutura teórica. Os autores no nosso exemplo referem-se a vários outros estudos e trabalhos teóricos em que a estrutura de classes da América na década de 1950 foi definida, fazendo o mesmo para "doença mental".

As hipóteses devem ser específicas, isto é, todas as previsões incluídas devem ser explicitadas. No nosso exemplo, os autores não buscaram uma relação geral entre doença e situação social; concentraram-se, em vez disso, especificamente na doença mental e na posição em uma hierarquia de cinco classes sociais, cuidadosamente identificadas e definidas de antemão.

As hipóteses devem ser formuladas em relação aos métodos disponíveis e ter vínculos empíricos com eles (como e com que métodos elas podem ser testadas?). No nosso exemplo, foi formulada a hipótese de que os instrumentos diagnósticos podem ser utilizados para identificar a situação de doença dos participantes e que as pesquisas de levantamento domésticas devem ser usadas para identificar sua posição na estrutura social de classes.

Assim como as questões de pesquisa que caracterizam a pesquisa quantitativa podem ser distinguidas daquelas que caracterizam a qualitativa, uma distinção entre estes dois tipos de pesquisa pode ser feita em termos do papel das hipóteses. A pesquisa quantitativa deve sempre iniciar a partir de uma hipótese, sendo que os seus procedimentos são normalmente orientados para a testagem das hipóteses previamente formuladas. Isso significa que você deve buscar peças empíricas de evidência, que permitam que as hipóteses sejam confirmadas ou negadas.

Enquanto a pesquisa quantitativa parte de hipóteses, estas desempenham um papel menor na pesquisa qualitativa. Neste tipo de pesquisa, o objetivo não é testar uma hipótese formulada previamente. Em alguns casos, no processo de pesquisa, pode ser formulado o trabalho com hipóteses. Por exemplo, as primeiras observações das diferenças entre adolescentes homens e mulheres que vivem na rua na reação a um sintoma de doenças de pele podem conduzir a uma hipótese de trabalho de que as reações à doença neste contexto estão ligadas ao gênero. Essa hipótese de trabalho vai proporcionar uma orientação para a qual você buscará evidências ou contra-exemplos. Mas o objetivo não será testar esta hipótese da maneira que se faria em um estudo quantitativo. Na pesquisa qualitativa, o uso da palavra "hipótese" está mais ligado à maneira como você usaria este termo na vida cotidiana do que com os princípios de testagem de hipóteses na pesquisa quantitativa mencionados.

Cada forma de pesquisa social deve partir de uma questão de pesquisa clara. Tipos diferentes de questões de pesquisa sugerem um ou outro procedimento metodológico ou podem apenas ser respondidas com o uso de métodos específicos. As hipóteses desempenham vários papéis: na pesquisa quantitativa elas constituem um ponto de partida indispensável; na pesquisa qualitativa, algumas vezes uma ferramenta heurística.

☑ Lista de verificação para a formulação das questões de pesquisa

O Quadro 2.1 lista os pontos que você deve considerar quando for formular sua questão (ou questões) de pesquisa. Você pode usar estas perguntas norteadoras tanto para planejar seu próprio estudo quanto para avaliar os estudos existentes realizados por outros pesquisadores.

Quadro 2.1

LISTA DE VERIFICAÇÃO PARA A FORMULAÇÃO DAS QUESTÕES DE PESQUISA

1. Seu estudo tem uma questão de pesquisa formulada claramente?
2. Você deve ter conhecimento sobre a origem de suas questões de pesquisa e o que você quer atingir com elas.
   - O seu interesse no conteúdo da questão da pesquisa é a sua principal motivação?
   - Ou responder a questão da pesquisa é mais um meio para atingir um fim, como a obtenção de um diploma acadêmico?
3. Quantas questões de pesquisa tem o seu estudo?
   - Elas são demasiadas?
   - Qual é a principal questão?
4. Sua questão de pesquisa pode ser respondida?
   - Como poderia ser a resposta?
5. Sua questão de pesquisa pode ser respondida empiricamente?
   - Quem pode proporcionar *insights* para isso?
   - Você pode atingir estas pessoas?
   - Onde você pode encontrá-las?
   - Que situações podem lhe proporcionar *insights* para responder às suas questões de pesquisa? Estas situações são acessíveis?

(continua)

Quadro 2.1

LISTA DE VERIFICAÇÃO PARA A FORMULAÇÃO DAS QUESTÕES DE PESQUISA (cont.)

6. Até que ponto a sua questão de pesquisa está claramente formulada?
7. Quais são as consequências metodológicas da questão de pesquisa?
   - Que recursos são necessários (p. ex., quanto tempo é necessário)?
8. Se necessário para o tipo de estudo que você escolheu, você formulou hipóteses?
   - Elas estão formuladas claramente, de maneira bem definida e passível de ser testada?
9. Elas podem ser testadas? Por quais métodos?

Pontos principais

- ✓ As questões de pesquisa podem ser desenvolvidas a partir de problemas práticos, podem estar enraizadas na origem pessoal do pesquisador ou podem surgir de problemas sociais.
- ✓ As questões de pesquisa podem ter como objetivo resultados representativos ou ligados a subgrupos específicos da sociedade.
- ✓ As questões de pesquisa devem estar teoricamente incorporadas e prontas para serem empiricamente estudadas. Acima de tudo, devem ser específicas e focadas.
- ✓ A pesquisa quantitativa é baseada em hipóteses, que serão empiricamente testadas. Quando a pesquisa qualitativa usa hipóteses, ela será baseada em uma concepção diferente de hipóteses, como, por exemplo, hipóteses de trabalho.

☑ Leituras adicionais

O primeiro e o último textos listados a seguir apresentam mais detalhes sobre as questões de pesquisa na pesquisa padronizada; enquanto as outras três referências discutem este assunto no que se refere aos estudos qualitativos.

Bryman, A. (2008) *Social Research Methods*, 3. ed. Oxford: Oxford University Press.

Flick, U. (2011) *Desenho da Pesquisa Qualitativa*. Porto Alegre: Artmed. Capítulo 1.

Flick U. (2009) *Introdução à Pesquisa Qualitativa*, 3. ed. Porto Alegre: Artmed. Capítulo 9.

Lofland, J. e Lofland, L.H. (1984) *Analyzing Social Settings*, 2. ed. London: Sage.

Neuman, W.L. (2000) *Social Research Methods: Qualitative and Quantitative Approaches*, 4. ed. Boston: Allyn and Bacon.

3
Leitura e revisão da literatura

VISÃO GERAL DO CAPÍTULO

O escopo de uma revisão da literatura 42
O que queremos dizer por "literatura"? 42
Encontrando a literatura 44
Áreas da literatura 45
Leitura de estudos empíricos 46
Uso da literatura 46
Documentação e referências 47
O plágio e como evitá-lo 49
Lista de verificação para encontrar, avaliar e rever a literatura 50

OBJETIVOS DO CAPÍTULO

Este capítulo destina-se a ajudá-lo a:

- ✓ dar-se conta da relevância da literatura existente para planejar seu próprio projeto de pesquisa;
- ✓ reconhecer que você deve estar familiarizado com a literatura metodológica e com os achados de pesquisa em sua área de pesquisa social;
- ✓ entender como encontrar a literatura relevante para seu projeto de pesquisa.

Tabela 3.1	NAVEGADOR PARA O CAPÍTULO 3	
Você está aqui no seu projeto →	Orientação	• O que é pesquisa social? • Questão central de pesquisa • Revisão da literatura
	Planejamento e concepção	• Planejamento da pesquisa • Concepção da pesquisa • Decisão sobre os métodos
	Trabalhando com dados	• Coleta de dados • Análise dos dados • Pesquisa *on-line* • Pesquisa integrada
	Reflexão e escrita	• Avaliação da pesquisa • Ética • A escrita e o uso da pesquisa

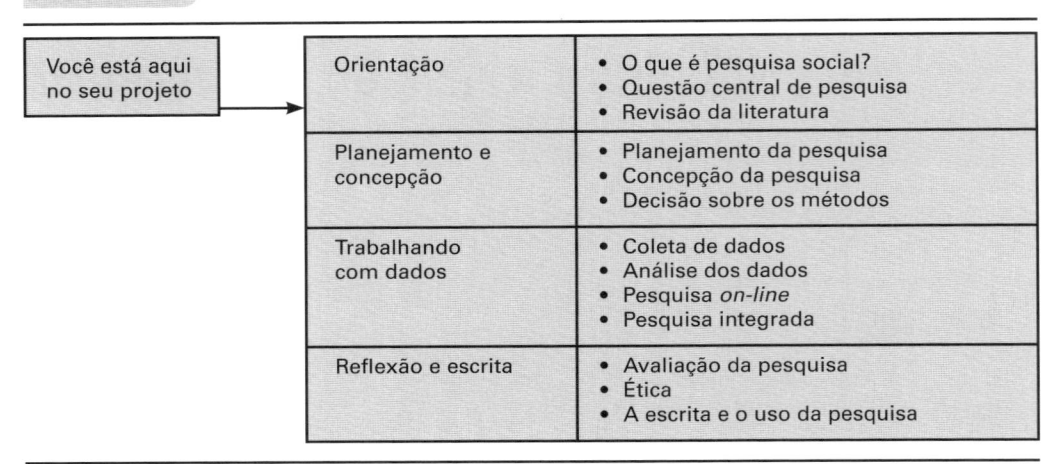

☑ O escopo de uma revisão da literatura

De forma geral, você deve começar sua pesquisa lendo. Você deve procurar, encontrar e ler o que já foi publicado acerca do seu tema, do campo de sua pesquisa e dos métodos que você quer aplicar em seu estudo. (Os métodos de pesquisa serão discutidos em detalhes nos Capítulos 6-10).

Também é útil ler para entender os princípios básicos da pesquisa social (discutidos no Capítulo 1) e o processo geral em que eles são aplicados (discutido no Capítulo 4).

É claro que você não pode ler tudo o que foi dito até agora sobre a pesquisa social. Felizmente, isso não é necessário! Entretanto, deve encontrar o que for relevante para realizar um projeto de pesquisa sobre o tema e a questão de pesquisa escolhidos.

Às vezes, você pode se deparar com a noção de que um estudo qualitativo não precisa ser baseado no conhecimento da literatura teórica ou empírica existente. Entretanto, esta noção é baseada em uma concepção ultrapassada do que significa desenvolver uma teoria a partir de dados empíricos. Há hoje um consenso tanto entre os pesquisadores qualitativos quanto entre os quantitativos de que você deve estar familiarizado com o campo onde transita e no qual deseja progredir; o encontro de novos *insights* precisa estar baseado no conhecimento já disponível.

☑ O que queremos dizer por "literatura"?

Tipos de literatura

Quando você começa a pesquisar o tema que escolheu, pode buscar e encontrar diferentes tipos de literatura e evidências. Em primeiro lugar, você pode encontrar artigos na imprensa. Jornais e revistas podem de tempos em tempos levantar esse tema, talvez para sensacionalizá-lo. Este tipo de literatura vai ajudar a lhe mostrar que tipo de atenção o público dá ao seu tema e talvez a sua relevância no discurso público. Entretanto, deve-se tomar cuidado para não tratar essas publicações como se fossem literatura científica.

Fontes primárias e secundárias

Você deve tomar cuidado para distinguir entre diferentes tipos de fontes. Há fontes primárias e fontes secundárias. Um exemplo aqui pode ilustrar esta distinção. As autobiografias são escritas pelos autores sobre si próprios. Já as biografias são escritas por um autor sobre uma pessoa, às vezes sem conhecê-la pessoalmente (p. ex., se é um personagem histórico). Se transferimos esta distinção para a literatura científica, uma monografia sobre uma teoria é uma fonte primária. O mesmo acontece em relação a um artigo ou livro descrevendo os resultados empíricos de um estudo, quando ele foi escrito pelos pesquisadores que realizaram o estudo. Um livro didático que resume as várias teorias em um campo ou apresenta uma visão geral da pesquisa em outro é uma fonte secundária. Considere também um terceiro exemplo para esclarecer esta distinção: documentos originais como atestados de óbito são fontes primárias, enquanto estatísticas oficiais resumindo as causas de morte em suas frequências e distribuições em grupos são fontes secundárias. A diferença está em o quão imediato é o acesso ao fato relatado: as fontes primárias são mais imediatas, enquanto nas fontes secundárias em geral várias fontes primárias foram resumidas, condensadas, elaboradas ou reformuladas por outros.

Obras originais e revisões

Entre os artigos científicos, podemos distinguir entre artigos que relatam resultados de uma pesquisa pela primeira vez (p. ex., Flick e Röhnsch, 2007, que relatam achados de nossas entrevistas com adolescentes sem-teto) e artigos de revisão (p. ex., Kelly e Caputo, 2007, que examinam vários estudos e apresentam uma visão geral da saúde e dos jovens sem-teto no Canadá). Similarmente, podemos distinguir entre as publicações originais sobre uma teoria e os livros didáticos que as sumarizam em um determinado campo de estudo.

Entre os artigos de revisão, podemos também distinguir entre revisões narrativas e sistemáticas. Uma revisão narrativa apresenta um relato da literatura no sentido de uma visão geral (como em Kelly e Caputo, 2007), incluindo tipos de literatura diferentes (pesquisa, relatórios do governo, etc.). Uma revisão sistemática tem um foco mais direcionado aos documentos de pesquisa, que foram selecionados segundo critérios específicos e têm um foco mais estreito em um aspecto de um tema geral. Um exemplo de uma revisão sistemática é o trabalho de Burra e colaboradores (2009), em que uma série definida de bancos de dados foi pesquisada em busca de artigos que satisfizessem vários critérios pré-definidos para avaliar estudos de adultos sem-teto e o funcionamento cognitivo. O método de busca (e a escolha dos bancos de dados, dos critérios, dos períodos de publicação, etc.) é especificado para tornar a revisão sistemática, replicável e passível de ser avaliada em si mesma.

Uma forma alternativa de resumir os estudos é a metanálise. Mais uma vez a pesquisa existente é examinada, mas aqui o foco está no efeito de uma variável específica e em como esta pode ser identificada nos estudos sob análise. Coldwell e Bender (2007), por exemplo, conduziram uma metanálise de estudos sobre a eficácia de um tratamento específico para pessoas sem-teto com doença mental severa.

Literatura cinzenta

Além do que é publicado sobre seu tema específico nos livros e jornais científicos, por exemplo, você deve buscar a literatura "cinzenta", como relatos ou reflexões sobre a prática de profissionais a respeito do seu trabalho com este grupo-alvo. Estas podem ser reflexões em forma de ensaio e algumas vezes de relatos empíricos baseados nos números de clientes, diagnósticos, resultados de tratamentos, etc. A literatura cinzenta é definida como "a literatura – com frequência de natureza científica ou técnica – que não está disponível mediante as fontes bibliográficas usuais, como bancos de dados ou índices. Ela pode estar tanto impressa quanto, cada vez mais, em formatos eletrônicos" (University Library, 2009). Exemplos disso são relatórios técnicos, pré-impressões, documentos de pesquisa, documentos do governo ou atas de conferências. Este tipo de literatura vai, com frequência, lhe proporcionar um acesso mais imediato à pesquisa ou aos debates em andamento, assim como às maneiras institucionais de documentar e tratar os problemas sociais. Por isso, a literatura cinzenta pode ser uma valiosa fonte de primeira mão para o seu estudo.

✓ Encontrando a literatura

De uma maneira geral, depende do seu tópico o lugar onde você deve procurar e em que vai encontrar literatura relevante. Se quer descobrir se sua biblioteca de uso habitual tem a literatura que você está procurando, pode simplesmente ir até ela e checar o seu catálogo. Isto pode consumir tempo e ser frustrante se o livro desejado não estiver disponível em seu estoque. Se você quer descobrir que biblioteca tem o livro (ou revista) que você está buscando, pode acessar o OPAC (Online Public Access Catalog [Catálogo de Acesso Público *On-line*]) da biblioteca via internet. Por isso, você deve ir até a página de uma ou mais bibliotecas. Como alternativa, pode usar um *link* para várias bibliotecas ao mesmo tempo. Exemplos disso são http://copac.ac.uk para 24 das principais bibliotecas universitárias e para a British Library, ou www.bibliothek.kit.edu/cms/website-durchsuchen.php* para a maioria das bibliotecas universitárias alemãs e também para muitas no Reino Unido e nos Estados Unidos. Lá você pode encontrar uma visão geral exaustiva dos livros ou das informações existentes para completar suas listas de referência. Muitos livros estão atualmente disponíveis como *e-books*, que você pode obter via sua biblioteca, mesmo de casa ou do seu trabalho.

Para os artigos de revistas, você pode usar mecanismos de busca como wok.mimas.ac.uk. Este vai levá-lo até o Social Sciences Citation Index de Thomson Reuters (também acessível por meio de http://thomsonreuters.com), no qual você pode buscar por autores, títulos, palavras-chave, etc. Outros bancos de dados eletrônicos que você pode usar se adequados ao seu tema incluem, por exemplo, o PubMed e o MEDLINE. O PubMed compreende mais de 20 milhões de citações da literatura biomédica do MEDLINE, revistas de ciências naturais e livros *on-line*. As citações podem incluir *links* para o conteúdo de texto completo do PubMed Central e para os *websites* das editoras (http://www.ncbi.nlm.nih.gov/pubmed). Estes são bancos de dados que documentam as publicações em revistas no campo da saúde e da medicina. "Athens" é um sistema de acesso desenvolvido pela Eduserv que simplifica o acesso aos recursos eletrônicos assinados por sua organização. A Eduserv é um grupo de serviços de TI profissional não lucrativo (https://auth.athensams.net/my/). Se você quiser ler todo o artigo, pode precisar comprar o direito de baixá-lo da editora da revista ou do livro. Cada vez mais artigos estão disponíveis *on-line* e gratuitamente em repositórios de acesso aberto (p. ex., o Social

---

* N. de R.T.: No Brasil, pode-se acessar diversos *sites* de revistas e os *sites* da CAPES (www.capes.gov.br) e do CNPq (www.cnpq.br) para se obter literatura científica de qualidade.

Science Open Access Repository em http://www.ssoar.info/); "*open access*" (acesso aberto) significa que todos podem usar esta literatura sem pagar pelo acesso.

Você também pode usar os serviços de publicação *on-line* organizados por editoras. Em online.sagepub.com, você pode buscar todas as revistas publicadas por esta editora, ler resumos e conseguir as datas de referência exatas gratuitamente. Se quiser ler o artigo inteiro, vai precisar assinar o serviço ou a revista ou comprar o artigo diretamente da página (ou verificar se a sua biblioteca assinou a publicação em questão).

É claro que um primeiro passo para encontrar o seu caminho na literatura pode ser o uso de um mecanismo de busca da internet, como o Google, o Google Acadêmico, o Intute ou o AltaVista. No entanto, este é apenas um primeiro passo, e certamente não deve ser o único.

☑ Áreas da literatura

Você vai precisar rever a literatura em várias áreas, em especial:

- literatura teórica sobre o tópico do seu estudo;
- literatura metodológica sobre como realizar sua pesquisa e como utilizar os métodos que você escolheu;
- literatura empírica sobre pesquisas anteriores no campo do seu estudo ou em campos similares;
- literatura teórica e empírica para ajudar a contextualizar, comparar e generalizar seus achados.

Vamos examinar estas áreas uma a uma.

Revisão da literatura teórica

A literatura teórica é a que engloba as obras sobre os conceitos, definições e teorias usadas em seu campo de investigação. Rever a literatura teórica da sua área de pesquisa deverá ajudá-lo a responder questões como:

- O que já é conhecido sobre esta questão em particular ou sobre a área em geral?
- Quais são as teorias usadas e discutidas nesta área?
- Quais conceitos são usados ou debatidos?
- Quais são os debates teóricos ou metodológicos e as controvérsias neste campo?
- Quais questões continuam abertas?
- O que ainda não foi estudado?

Aqui você deve sintetizar a discussão, os conceitos e as teorias utilizados no campo que você estuda. O ponto de chegada deve ser que fique claro quais destes integram seu interesse de pesquisa, o seu estudo e a sua formulação.

Podemos distinguir várias formas de teorias. Há aquelas que conceituam o seu tema – como as teorias do desabrigo em nosso exemplo – e aquelas que definem a perspectiva da sua pesquisa, como as representações sociais (ver Flick 1998a). Estas últimas postulam que há diferentes formas de conhecimento sobre um tema ligadas a diferentes origens sociais e que estas diferenças são um ponto de partida para analisar o próprio tema.

Revisão da literatura metodológica

Antes de decidir sobre um método específico para o seu estudo, você deve ler a literatura metodológica relevante. Se você quiser usar, digamos, grupos focais (*focus group*, discutidos no Capítulo 7) em um estudo qualitativo, deve obter uma visão geral detalhada do estado atual da pesquisa qualitativa – lendo, por exemplo, um livro didático ou uma introdução ao campo. Em seguida, você deve identificar as publicações relevantes sobre o método escolhido lendo uma publicação especializada, alguns capítulos a respeito dele e exemplos anteriores de pesquisas que o utilizaram. Isto vai lhe permitir escolher seu método(s) específico com uma apreciação das alternativas existentes. Também vai prepará-lo para os passos mais técnicos do planejamento do uso do método e ajudá-lo a evitar as ciladas mencionadas na literatura. Esse entendimento vai ajudá-lo a compor um relato detalhado e conciso de por que e como você usou o método em seu estudo, quando escrever posteriormente o seu relato.

Em geral, examinar a literatura metodológica de sua área de pesquisa deve ajudá-lo a responder questões como:

- Quais são as tradições, alternativas ou controvérsias metodológicas aqui?
- Há alguma maneira contraditória de usar os métodos que você possa considerar um ponto de partida?

Revisão da literatura empírica

No próximo passo, você deve examinar e resumir a pesquisa empírica que tem sido realizada em seu campo de interesse. Isto deve lhe permitir contextualizar sua abordagem e, mais tarde, suas descobertas, vendo ambos em perspectiva.

A revisão da literatura empírica na sua área de pesquisa deve ajudá-lo a responder perguntas como:

- Quais são os métodos usados ou debatidos aqui?
- Há alguns resultados e achados contraditórios que você possa considerar um ponto de partida?

☑ Leitura de estudos empíricos

Quando você estiver lendo os estudos existentes, é importante ser capaz de avaliá-los criticamente – tanto no que se refere aos seus métodos quanto aos seus resultados. Você deve considerar, em particular, até que ponto o estudo atingiu seus objetivos e até que ponto satisfaz os padrões metodológicos apropriados na coleta e análise dos dados. A lista de verificação no Quadro 3.1 destina-se a ajudá-lo a fazer avaliações críticas da literatura que você lê.

☑ Uso da literatura

Modos de argumentação

Há várias maneiras de usar a literatura que você encontrou. Em primeiro lugar, devemos distinguir entre, de um lado, listar a literatura e, de outro, examiná-la ou analisá-la. Simplesmente listar o que você encontrou e onde não será muito útil. Uma revisão ou uma análise da literatura serão mais produtivas, ordenando o material e produzindo uma avaliação crítica dele, o que envolve a seleção da literatura e a ponderação sobre ela.

Os resultados da sua análise podem incluir uma síntese da extensão da literatura na qual você se baseou e algumas conclusões. Estas conclusões devem conduzir os leitores aos seus próprios questão e plano de pesquisa, proporcionando uma justificativa para ambos.

Na maioria dos casos, não será necessário apresentar um relato completo do que foi publicado em uma área. Em vez disso, você deve incluir o que é relevante para o seu projeto, para justificá-lo e para planejá-lo.

Às vezes é difícil decidir quando parar de trabalhar com a literatura. Uma sugestão aqui é continuar a ler e talvez resumir o que você for lendo de novo enquanto está realizando o projeto. De qualquer forma, você terá que voltar à literatura quando for discutir suas próprias conclusões. Outra su-

Quadro 3.1

MARCOS PARA A AVALIAÇÃO DOS ESTUDOS EMPÍRICOS EXISTENTES

1. Os pesquisadores ou autores definiram claramente o objetivo e o propósito do seu estudo e por que eles o conduziram?
2. Qual é a questão de pesquisa do estudo?
3. O autor examinou, integrou e resumiu a literatura básica relevante?
4. Em que perspectiva teórica o estudo está baseado? Ela está explicitamente formulada?
5. Que concepção foi aplicada no estudo? Ela se ajusta à questão de pesquisa que foi formulada?
6. Que forma de amostragem foi aplicada? Ela foi adequada aos objetivos e à questão da pesquisa?
7. Que métodos de coleta de dados foram aplicados?
8. Até que ponto as questões éticas foram levadas em conta (p. ex., consentimento informado e proteção dos dados)?
9. Que métodos foram aplicados para analisar os dados? Está claro como eles foram usados e talvez modificados?
10. Os métodos de coleta e análise dos dados se ajustam quando usados em conjunto?
11. Que abordagens e critérios os pesquisadores aplicaram para avaliar suas próprias maneiras de proceder?
12. Os resultados foram discutidos e classificados mediante referência a estudos anteriores e à literatura teórica sobre o tema do estudo?
13. O estudo define sua área de validade e seus limites? Os temas de generalização foram tratados?

---

gestão é que você estabeleça seu plano de pesquisa depois de examinar a literatura e então, a partir do momento em que iniciar o seu trabalho empírico, tentar não deixar sua atenção ser desviada pela nova literatura e não revisar seu projeto continuamente.

Uma definição concisa do conteúdo de uma revisão da literatura é apresentada por Hart:

> A seleção de documentos disponíveis (tanto publicados quanto não publicados) sobre o tópico, que contenham informações, ideias e evidências escritas a partir de um determinado ponto de vista para satisfazer alguns objetivos ou expressar algumas opiniões acerca da natureza do tópico e como ele deve ser investigado, além da avaliação efetiva destes documentos em relação à pesquisa que está sendo proposta. (1998, p. 13)

Você deve demonstrar na maneira como apresenta a literatura usada em seu estudo que você conduziu uma busca atenta e qualificada na literatura existente. A sua revisão da literatura também deve evidenciar que você tem um bom domínio da área temática e que entende o tema, dos métodos que usa e que está informado sobre o que há de mais atual na pesquisa em seu campo.

✓ Documentação e referências

É importante desenvolver uma maneira de documentar o que você leu – tanto no que se refere às fontes quanto ao conteúdo. Para este último, você deve fazer anotações dos principais tópicos de um artigo ou livro que leu, derivando da sua leitura algumas palavras-chave que poderá usar para buscas adicionais. Você deve sempre recorrer à lista de referências do que leu como uma inspiração para leituras adicionais. Você pode fazer suas anotações eletronicamente, escrevendo-as em um arquivo com seu processador de texto, por exemplo, ou usando ferramentas de *software* comercial como o Microsoft OneNote (www.office.microsoft,com/en-us/onenote) ou o "serviço gratuito para o manejo e a descoberta de referências acadêmicas" chamado "citeulike" (http://www.citeulike.org). Ferramentas como estas lhe permitem armazenar seus resultados e anotações de busca incluindo as fontes de suas informações. Como alternativa, você pode fazer suas anotações à mão em fichas. Certifique-se de anotar a fonte de qualquer informação que você tenha considerado digna de ser anotada, para que possa voltar ao artigo original e recuperar o contexto de um argumento ou conceito.

Você também precisa decidir sobre um sistema de referenciação da literatura usada em seu texto e na sua lista de referências. Você pode, por exemplo, usar o caminho que eu usei para fazer referência a outras fontes neste livro e a lista de referências ao final dele como um modelo para sua própria organização desta questão. Isto significa fazer referência às obras de outros autores *no texto*, como nos exemplos que se seguem:

1. Como afirma Allmark (2002), ...
2. Uma avaliação desse tipo normalmente considera três aspectos: "qualidade científica, o bem-estar dos participantes e..." (Allmark, 2002, p. 9).
3. Gaiser e Schreiner (2009, p. 14) listaram várias questões...
4. Flick et al. (2010, p. 755) declaram que...

De modo geral, isto significa que você se refere às obras de outros autores usando o formato de nome do autor, seguido pelo ano da publicação entre parênteses (como no exemplo 1). Quando você usar uma citação direta dos autores (suas próprias palavras), terá que acrescentar o número de página (como no exemplo 2). Quando se referir a um trabalho de dois autores, mencione os nomes de ambos ligados por "e", o ano da publicação e o número da página (como no exemplo 3). Caso se refira a um trabalho com três ou mais autores, mencione o nome do primeiro autor e acrescente "et al.", o ano e o número da página (como no exemplo 4).

Na *lista de referências* ao final do seu trabalho, você deverá mencionar o material que usou da seguinte maneira[*]:

1. *Livro.* **Nome(s) e iniciais do autor(s), ano entre parênteses, título do livro em itálico, local da publicação, editora.**
   Geiser, T.J. e Schreiner, A.E. (2009) *A Guide to Conducting Online Research.* London: Sage.
2. *Capítulo de livro.* **Nome(s) e iniciais do autor(s), ano entre parênteses, título do capítulo, "in" inicial e nome do editor, "(ed.)", título do livro em itálico, local de publicação, editora, primeiro e último números de páginas do capítulo.**
   Harré, T. (1998) "The Epistemology of Social Representations", in U. Flick (ed.), *Psychology of the Social: Representations in Knowledge and Language.* Cambridge: Cambridge University Press, pp. 129-37.
3. *Artigo de revista.* **Nome(s) e iniciais do autor(s), ano entre parênteses, título do artigo, nome da revista em itálico, número do volume, primeiro e último números de páginas do artigo.**
   Allmark, P. (2002) "The Ethics of Research with Children", *Nurse Researcher*, 10: 7-19.
   Flick, U., Garms-Homolová, V. e Röhnsch, G. (2010) "When they Sleep, they

---

[*] N. de R.T.: Os exemplos estão no padrão APA. Para exemplos do padrão ABNT, consultar manuais disponibilizados pelas universidades.

Sleep": Daytome Activities and Sleep Disorders in Nursing Homes", *Journal of Health Psychology*, 15: 755-64.
4. **Fonte da internet. Nome(s) e iniciais do autor(s), ano entre parênteses, título do artigo, título do artigo em itálico, número do volume, link/URL, data em que você acessou a fonte.**
Bampton, R. e Cowton, C.J. (2002). "The E-Interview", *Forum Qualitative Social Research*, 3 (2), www.qualitative-research.net/fqs/fqs-eng.htm (acessado em 22 de fevereiro de 2005).

Como alternativa, você pode usar notas de rodapé para as referências. O formato a ser usado dependerá das preferências – das suas próprias e das do seu supervisor ou orientador. O ponto importante aqui é que você deve trabalhar sistematicamente: todo artigo de revista deve ser referenciado no mesmo formato e cada livro citado consistentemente.

Você também pode usar um *software* bibliográfico como o EndNote (www.endnote.com) ou ProCite (www.procite.com) para administrar sua literatura. Você vai demorar algum tempo para aprender a usar o *software*, e deve começar a usá-lo no início do seu trabalho e continuar a usá-lo quando examinar a literatura.

☑ O plágio e como evitá-lo

Nos últimos anos, o tópico do plágio tem atraído atenção crescente nos meios de comunicação e nas universidades. Esta é uma questão séria, particularmente porque se tornou tecnicamente muito mais fácil copiar e usar o trabalho de outras pessoas.

O que é plágio?

Plágio significa que você simplesmente usou formulações de outros autores sem lhes prestar reconhecimento por isso e tornar evidente que você as captou deles. Há três formas principais de plágio (ver Neville, 2010, p. 29):

1. copiar o trabalho de outra pessoa (isto é, ideias e/ou formulações) sem citar os autores;
2. misturar seus próprios argumentos com as ideias e palavras de outras pessoas sem se referir a elas; e
3. parafrasear as formulações de outros autores sem se referir a elas, fingindo que o trabalho é seu.

Plágio involuntário

O plágio pode ocorrer por várias razões (ver Birbaum e Goscillo, 2009). O mais óbvio deles é aquele em que as pessoas intencionam usar as ideias e/ou formulações de outra pessoa, fingindo serem suas próprias. Neste caso, elas teriam consciência do seu plágio. Isto também pode ser visto como uma fraude intencional. Entretanto, pode haver outras razões – por exemplo, alguém que não saiba o que é plágio, que esteja inseguro de como citar corretamente sua fonte ou que seja descuidado no uso dos materiais de outras pessoas. Isto é referido como "plágio involuntário", que no fim terá as mesmas consequências do plágio intencional.

Por que você deve evitar o plágio

Em geral, o plágio ofende as regras da boa prática no trabalho científico e é ilegal. O uso do *software* de detecção de plágio é mais frequente, tendo hoje a finalidade de identificar o uso das formulações de outros autores sem citá-los explicitamente. Quando é detectado, o estudante ou o pesquisador vai enfrentar consequências muito sérias, como ser reprovado em sua tese ou ser afastado de sua universidade.

Como evitar o plágio

Há várias maneiras de evitar o plágio (incluindo o involuntário). A primeira é prestar atenção suficiente para incluir uma lista completa de todas as referências que você usou ao escrever sua tese. A segunda é ser muito criterioso na citação quando usar as palavras de outras pessoas. Assim, você deve colocar todas as palavras dos outros autores que você usou entre aspas. Você também deve usar reticências (elipse) quando deixa algumas palavras fora de uma citação, e deve indicar quando acrescenta uma palavra colocando-a entre parênteses: por exemplo, "a pesquisa social... [é] valiosa". Se você parafraseia uma sentença de outro autor, de forma que o mesmo conteúdo e ideias estão ainda na base das suas formulações, sem mencionar o autor e a fonte original, isto ainda constitui plágio. Se você traz uma citação de um texto em que outro texto já foi citado, deve notificar esta citação secundária: por exemplo, "(Autor 2, citado por Autor 1, p. 182-93)". Ambos devem aparecer nas referências.

Para evitar o plágio, você deve usar seus próprios pensamentos e formulações como a base da sua tese, documentar cuidadosamente suas fontes e fazer anotações de onde você encontrou e leu algo. Finalmente, você deve usar mais que uma fonte para desenvolver seus argumentos. (Para maiores detalhes, ver a síntese destes temas apresentada por Birnbaum e Goscillo, 2009.)

☑ Lista de verificação para encontrar, avaliar e rever a literatura

Ao compor uma revisão da literatura para um projeto empírico na pesquisa social, você deve considerar as questões apresentadas na lista de verificação mostrada no Quadro 3.2.

Quadro 3.2

LISTA DE VERIFICAÇÃO PARA O USO DA LITERATURA NA PESQUISA SOCIAL

1. Sua revisão da literatura está atualizada?
2. Sua revisão da literatura está conectada com o tema do seu estudo?
3. Sua revisão da literatura e sua escrita sobre ela são sistemáticas?
4. Ela cobre as teorias, os conceitos e as definições mais importantes?
5. Ela é baseada nos estudos mais importantes em seu campo de pesquisa e sobre o seu tema?
6. Você documentou como e onde buscou a literatura?
7. Sua questão e concepção de pesquisa resultam da sua revisão da literatura?
8. São consistentes com ela?
9. Você tem lidado com cuidado com as citações e as fontes?
10. Você resumiu ou sintetizou a literatura que encontrou?
11. Você tomou o cuidado de evitar o plágio?

Pontos principais

✓ Na pesquisa social, a busca e a análise da literatura existente são os passos mais importantes.
✓ Há vários pontos no processo da pesquisa em que o uso da literatura pode ser útil e necessário.
✓ Ao planejar a pesquisa, analisar os materiais e escrever sobre seus achados você deve fazer uso da literatura existente sobre (a) outras pesquisas, (b) teorias e (c) os métodos que você usa no seu estudo.

✓ Leituras adicionais

O primeiro livro listado a seguir apresenta uma visão geral abrangente de como realizar uma busca de literatura para a sua pesquisa, a que fontes recorrer e como proceder. O segundo proporciona uma síntese abrangente de como fazer uma revisão da literatura para o seu estudo, que armadilhas evitar e como escrever sobre o que você encontra. O terceiro explica como usar as referências e evitar o plágio, enquanto o último proporciona informações sobre formas da literatura cinzenta e como utilizá-la.

Hart, C. (2001) *Doing a Literature Search*. London: Sage.

Hart, C. (1998) *Doing a Literature Review*. London: Sage.

Neville, C. (2010) *Complete Guide to Referencing and Avoiding Plagiarism*. Maidenhead: Open University Press.

University Library (2009) "Gray Literature", California State University, Long Beach, www.csulb.edu/library/subj/gray_literature/(Acessed 17 August 2010).

Parte II
Planejamento e concepção

A Parte I deste livro foi destinada a ajudar a orientá-lo na realização do seu projeto de pesquisa. A Parte II, por sua vez, o guiará pelos passos fundamentais nas fases iniciais do projeto em si, seja ele qualitativo ou quantitativo. O Capítulo 4 oferece-lhe uma visão geral dos principais passos do processo de pesquisa, que constituem a base para o planejamento do seu projeto de pesquisa – tema do Capítulo 5. O primeiro passo prático para dar forma aos seus planos é escrever uma proposta e conceber um cronograma. Para este passo, será útil saber mais sobre que concepções e que formas de amostragem são usadas na pesquisa social, além das implicações destas no seu projeto.

Seu plano de projeto vai se tornar mais concreto quando você decidir que métodos deseja aplicar. O Capítulo 6 esboça as decisões que você precisa tomar no processo de pesquisa quando escolher o seu método, a forma de amostragem ou o tipo de pesquisa. Isto deve conduzi-lo ao estágio reflexivo, o meio caminho do processo, em que você considera mais uma vez as implicações do seu plano de pesquisa antes de começar efetivamente a aplicar métodos concretos e a trabalhar com dados.

4

Planejamento da pesquisa social: passos no processo da pesquisa

VISÃO GERAL DO CAPÍTULO

Visão geral do processo da pesquisa 56
O processo da pesquisa na pesquisa quantitativa 56
O processo da pesquisa na pesquisa qualitativa não padronizada 61
O processo da pesquisa social: comparação entre a
　pesquisa quantitativa e a pesquisa qualitativa 63
Lista de verificação para o planejamento de um estudo empírico 63

OBJETIVOS DO CAPÍTULO

Este capítulo destina-se a ajudá-lo a:

✓ desenvolver uma visão geral do processo da pesquisa social;
✓ apreciar, do ponto de vista do planejamento, o que a pesquisa qualitativa e a quantitativa têm em comum e no que elas diferem;
✓ desenvolver um entendimento de que passos no processo de pesquisa você precisa considerar ao planejar o seu projeto.

Tabela 4.1	NAVEGADOR PARA O CAPÍTULO 4	
Você está aqui no seu projeto →	Orientação	• O que é pesquisa social? • Questão central de pesquisa • Revisão da literatura
	Planejamento e concepção	• Planejamento da pesquisa • Concepção da pesquisa • Decisão sobre os métodos
	Trabalhando com dados	• Coleta de dados • Análise dos dados • Pesquisa *on-line* • Pesquisa integrada
	Reflexão e escrita	• Avaliação da pesquisa • Ética • A escrita e o uso da pesquisa

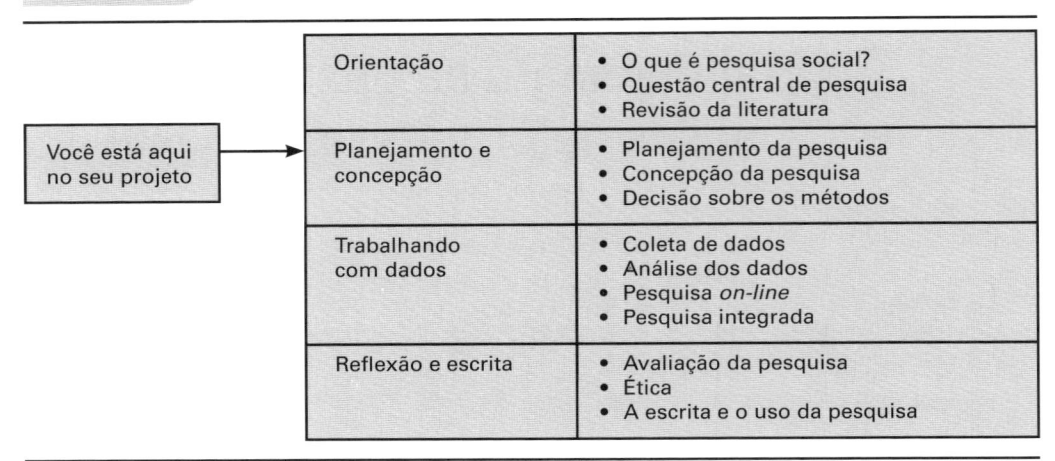

Visão geral do processo da pesquisa

Na pesquisa quantitativa, o processo da pesquisa é planejado principalmente de uma maneira linear: um passo segue o outro, em uma sequência. Na pesquisa qualitativa, o processo é menos linear: alguns destes passos são mais intimamente interligados, enquanto outros são omitidos ou estão localizados em um estágio diferente do processo. Este capítulo proporciona um esboço dos processos de pesquisa para as duas abordagens.

O processo da pesquisa na pesquisa quantitativa

Alguns dos processos esboçados neste capítulo são muito abstratos. Para entendê-los, um caso concreto pode ser útil. Imagine, como exemplo, que os membros de um hospital perceberam que, em suas rotinas cotidianas, os tempos de espera são muito longos. Para analisar quando e sob que con-

dições ocorrem os atrasos, a fim de encontrar uma possível solução para o problema, a instituição pode seguir dois caminhos: ou encomenda a um pesquisador de fora (como um sociólogo ou um psicólogo) um estudo sistemático das situações em que os tempos de espera são produzidos; ou alguém da equipe é encarregado dessa tarefa.

Passo 1: seleção de um problema de pesquisa

Cada projeto de pesquisa se inicia com a identificação e a seleção de um problema de pesquisa. Como vimos no Capítulo 2, as fontes potenciais dos problemas de pesquisa são diversas. Em nosso exemplo aqui, a motivação para a pesquisa é um problema prático.

Passo 2: busca sistemática da literatura

Como o passo seguinte, a revisão sistemática da literatura é requerida. Esta deve cobrir três áreas:

- as teorias sobre o tema ou a literatura teoricamente relevante (ver Capítulo 3);
- outros estudos sobre este tema ou sobre temas similares;

- visões gerais da literatura relevante sobre os métodos de pesquisa em geral ou sobre métodos específicos (ver Capítulo 6).

No nosso exemplo, os pesquisadores devem buscar modelos teóricos relacionados a como emergem os tempos de espera e a como funcionam as rotinas em instituições deste tipo. Eles devem também se concentrar nos estudos empíricos sobre a organização dos processos em hospitais e empresas de serviço similares.

Passo 3: formulação da questão da pesquisa

Não basta identificar um problema de pesquisa. Para virtualmente todos os problemas de pesquisa, pode-se estudar várias questões de pesquisa – mas não todas ao mesmo tempo. Por isso, os próximos passos são: decidir sobre uma questão de pesquisa específica; formulá-la em detalhes; e, acima de tudo, delimitar o seu foco.

No nosso exemplo, a questão da pesquisa pode ser ou "Quando esperar que os tempos de espera ocorram com muita frequência?" ou "O que caracteriza as situações em que ocorrem os tempos de espera?" Dependendo das questões da pesquisa, será (mais) apropriado o uso da pesquisa qualitativa ou quantitativa, ou de um método qualitativo ou quantitativo específico (ver Capítulo 2).

Passo 4: formulação de uma hipótese

Na pesquisa padronizada, o próximo passo é formular uma hipótese. No nosso exemplo, uma hipótese poderia ser "Esperar que os tempos de espera ocorram mais frequentemente depois do fim de semana em comparação com os outros dias da semana." Uma hipótese formula uma conexão assim de maneira que esta possa ser testada (ver Capítulo 2).

Passo 5: operacionalização

Para testar uma hipótese, você tem primeiro de operacionalizá-la. Isto significa que você a transforma em entidades que possam ser mensuradas ou observadas, ou em questões que possam ser respondidas. No nosso exemplo, você deve operacionalizar o termo "tempo de espera" e definir mais concretamente como medi-lo. Quanto tempo (p. ex., mais de 10 minutos) é considerado como tempo de espera? Quando se deve começar a mensurar um tempo de espera? Ao mesmo tempo, para nossa hipótese, devemos definir o que significa "depois do fim de semana" (p. ex., o espaço de tempo entre as 9h e as 12h às segundas-feiras).

Passo 6: desenvolvimento de um plano de projeto ou concepção de pesquisa

O próximo passo é desenvolver um plano de projeto e uma concepção de pesquisa para o seu estudo. Primeiro, você escolhe uma das concepções usuais, definindo em seguida como padronizar e controlar os processos em seu estudo para que possa interpretar quaisquer relações que encontre de maneira não ambígua. No nosso exemplo, você poderia testar nossa hipótese primeiro comparando os tempos de espera no início da semana com os que ocorrem em dias como quinta e sexta-feira (ver Capítulo 5).

Passo 7: amostragem

No próximo passo, você precisa definir que grupos, casos ou campos devem ser integrados ao seu estudo. Estas decisões de selecionar unidades empíricas são tomadas aplicando-se procedimentos de amostragem. No nosso exemplo, você pode considerar um período de quatro semanas e incluir todas as alas de um hospital às segundas e quintas-feiras. Para definir em que alas você coletará os dados nos dois dias, poderá usar um procedimento aleatório (ver Capítulo 5).

Passo 8: escolha dos métodos apropriados

Em seguida, você precisa escolher os métodos apropriados para coletar e analisar os dados. Aqui você tem três alternativas básicas:

- primeiro, você pode selecionar um dos métodos existentes. Por exemplo, você pode usar um questionário que esteja sendo aplicado com sucesso por outros pesquisadores;
- com frequência, você terá que modificar um método existente. Por exemplo, você pode pular algumas questões do questionário ou acrescentar novas;
- se isso não for suficiente para o estudo que está planejando, a terceira opção é desenvolver seu próprio método, como um novo questionário ou uma nova metodologia, criando algo como uma nova forma de entrevista (ver Capítulo 7).

No nosso exemplo, as observações nas alas selecionadas proporcionariam mensurações de tempo relacionadas ao quanto os pacientes esperam após a admissão ao hospital para o início da avaliação ou do tratamento em cada ala. Ao mesmo tempo, você pode entrevistar membros da equipe na ala usando um questionário que lide com a frequência em que esses tempos de espera ocorrem segundo a sua experiência e o que eles enxergam como razões para isso (ver Capítulo 8).

Passo 9: acesso ao local da pesquisa

Uma vez que você tenha terminado o planejamento do seu estudo no que se refere ao nível metodológico, o próximo passo – especialmente se está conduzindo uma pesquisa aplicada – é encontrar um local em que você possa realizar o estudo. Quatro tarefas normalmente têm de ser realizadas aqui. Primeiro, se for esperado que a sua pesquisa tenha lugar em uma instituição, você tem de organizar o acesso a ela como um todo. Segundo, você deve ter acesso aos indivíduos na instituição que devem participar do estudo. Em terceiro lugar, você deve esclarecer as questões de permissão. Em quarto, as questões de como proteger os participantes de qualquer uso inadequado dos dados e do anonimato devem ser respondidas.

Considere novamente o nosso exemplo. Você tem primeiro que encontrar e selecionar os hospitais apropriados (isto é, aqueles que são relevantes para a questão da pesquisa). Em cada hospital, é necessária a concordância do diretor (e talvez do conselho dos representantes) antes que você possa ter acesso às alas e aos seus administradores. Uma vez que eles tenham concordado em participar do estudo, você deve convencer os membros individuais da instituição a também participarem dele – de acordo com a amostra pretendida (p. ex., sua amostra deve incluir não apenas os estagiários, mas também médicos e enfermeiras experientes, talvez até mesmo em posições de liderança). No que diz respeito à proteção dos dados, você deve esclarecer como impedir a identificação de determinados participantes de dentro e de fora da instituição. Por exemplo, você pode desenvolver um sistema de apelidos ou desenvolver uma forma diferente de anonimização. Finalmente, deve ser definido quem tem ou não o direito de acesso aos dados e de que forma.

Passo 10: coleta de dados

Depois do término dessas preparações metodológicas, você está pronto para começar a coletar seus dados. Você pode, basicamente, escolher entre três alternativas principais (ver Capítulo 7): realizar uma pesquisa de levantamento de uma maneira ou de outra (p. ex., com um questionário); realizar observações (no nosso exemplo, com uma mensuração dos tempos de espera); ou, ainda, analisar os documentos existentes (no nosso exemplo, a documentação das rotinas de tratamento pode ser analisada para os tempos de espera, que podem ser encontrados ou reconstruídos a partir desses documentos).

Passo 11: documentação dos dados

Antes de poder analisar seus dados, você tem que decidir como documentá-los. Uma pesquisa de levantamento pode ser completada pelos participantes ou, alternativamente, pelo pesquisador, baseando-se nas respostas dos participantes. A forma da documentação terá influência nos conteúdos e na qualidade dos dados. Por isso, deverá ser idêntica para todos os participantes.

O próximo passo será editar os dados. Tome o exemplo dos questionários. Em primeiro lugar, eles precisam ser inseridos em seu banco de dados. Questionários com frequência incluem questões com respostas abertas, nas quais os respondentes podem escrever suas respostas com suas próprias palavras. Estas respostas terão de ser codificadas. Isto significa que elas terão de ser resumidas em alguns tipos de respostas e que a cada um destes tipos será atribuído um número. Esta elaboração dos dados tem influência em sua qualidade e deve ser realizada de maneira idêntica para cada caso (cada questionário, cada observação). Isto possibilita a padronização dos dados e dos procedimentos (ver Capítulo 7).

Passo 12: análise dos dados

A análise dos dados constitui um passo importante em qualquer projeto. Nos estudos padronizados, a codificação dos dados é essencial. Isto requer preencher as respostas em categorias previamente definidas ou atribuídas a valores numéricos (como as alternativas de responder de 1 a 5, na Figura 1.1). Se você não conseguiu definir as categorias antecipadamente, os dados (declarações, observações) têm agora que ser categorizados. Isto significa que declarações idênticas ou similares são resumidas em uma categoria. Isto conduz ao desenvolvimento de um sistema de categorias (ver Capítulo 8 para mais detalhes).

Em um estudo quantitativo, a codificação e a categorização são seguidos por uma análise estatística. No nosso exemplo, você pode se referir à extensão média dos tempos de espera no dia da semana em que foram medidos ou diferenciá-los com relação às alas em que esta mensuração ocorreu. As respostas nos questionários são analisadas por suas frequências e distribuição em diferentes grupos profissionais, por exemplo.

Passo 13: interpretação dos resultados

Nem toda análise estatística produz resultados significativos. A forma de interpretar quaisquer relações encontradas nos dados se torna, portanto, muito importante. Observe que quando uma análise estatística mostra que alguns eventos ocorrem concomitantemente ou que se relacionam em suas frequências ou intensidades, isto não proporciona qualquer explicação para o porquê de isto acontecer e o que significa em termos concretos. Se você mostra no nosso exemplo que os tempos de espera nas segundas-feiras são muito mais prolongados do que nas quintas-feiras, este resultado não proporciona qualquer explicação para o motivo disto. Se as estimativas dos tempos de espera diferem entre as enfermeiras e os médicos, precisamos encontrar uma explicação para esta divergência (ver Capítulo 8).

Passo 14: discussão dos achados e de suas interpretações

A análise e a interpretação dos dados e dos resultados são acompanhados pela discussão deles. Isto significa que os achados estão ligados à literatura existente sobre o tema (ou à metodologia usada) e a outros estudos importantes. Nosso estudo pode encontrar algo novo? Ele confirmou o que já era conhecido ou surgiram contradições com relação aos resultados já existentes? O que significa se não puderam ser comprovadas as hipóteses de que os tempos de espera ocorrem mais frequentemente ou são mais estendidos depois dos fins de semana, e se este resultado é diferente daquele encontrado em outros estudos? Como as percepções dos membros da equipe sobre o problema aqui encontrado diferem dos resultados de pesquisas de levantamento similares realizadas por outros pesquisadores? No contexto dessa discussão, você continuará buscando explicações para o que foi encontrado em seus dados.

Passo 15: avaliação e generalização

De um ponto de vista metodológico, esta etapa é particularmente relevante. Você vai avaliar criticamente seus resultados e os métodos que a eles conduziram, o que significa checar sua confiabilidade e sua validade (ver Capítulo 11 para mais detalhes). Ao mesmo tempo, você deve checar que tipo de generalização os resultados justificam, perguntando: eles podem ser transferidos para outros campos, para outras amostras, para uma população específica (p. ex., todas as enfermeiras, todas as alas, todos os hospitais; ou todos os hospitais, médicos, etc., de um tipo específico)? Um elemento importante aqui é tornar transparente quais são os limites dos resultados obtidos: o que não pode ser encontrado ou confirmado, que limites são estabelecidos para a possibilidade de transferência para outras instituições, por exemplo (ver Capítulo 11).

Passo 16: apresentação dos resultados e do estudo

O fato de os resultados de um estudo serem reconhecidos depende principalmente da maneira como estes são apresentados. Isto significa primeiro resumir o estudo e seus principais resultados e depois escrever (um relatório, um artigo, um livro, etc.) sobre isso. Com frequência, também é necessário escolher as informações importantes – deixando de fora o que é menos importante –, devido aos limites de espaço e da capacidade de leitura das potenciais audiências. Ao apresentar os resultados e os processos, é também importante que você consiga tornar o processo do estudo transparente para os leitores e, assim, lhes permitir avaliá-lo e aos seus resultados (ver Capítulo 13).

Passo 17: o uso dos resultados

Nos campos de pesquisa aplicados – como a saúde – surge a questão de como utilizar os resultados. Isto significa formular implicações ou recomendações. Por exemplo, como você pode desenvolver sugestões para mudar as rotinas na ala por meio da análise dos tempos de espera na vida cotidiana dela? O uso dos resultados também pode significar aplicá-los em contextos práticos – por exemplo, que um modelo teórico específico (usado no estudo) seja aplicado em algumas alas. Finalmente, "usar" pode significar testar os resultados em contraposição às condições no trabalho prático e assim avaliá-los criticamente.

Passo 18: desenvolvimento de novas questões de pesquisa

Um resultado importante de um estudo empírico é a formulação de novas questões ou hipóteses de pesquisa para analisar as questões que permaneceram sem resposta, de forma que a pesquisa no campo possa progredir.

Passo 19: um novo estudo

As novas questões de pesquisa podem então conduzir a um novo estudo.

Sumário

Estes passos do processo de pesquisa implementados na pesquisa padronizada podem ser vistos como um processo linear, pois eles normalmente acompanham um ao outro. Na prática, no entanto, o processo é com frequência mais recursivo: você vai descobrir que com frequência precisa voltar atrás e revisar um passo quando se torna evidente que uma decisão anterior não funciona na prática. A Tabela 4.2 resume os passos do processo da pesquisa na pesquisa padronizada. Você pode usar este esboço do processo para planejar seu estudo empírico tanto na pesquisa padronizada quanto na quantitativa. Ele também pode ser útil como uma estrutura para a leitura e a avaliação dos estudos empíricos existentes.

☑ O processo da pesquisa na pesquisa qualitativa não padronizada

Como já vimos, o processo da condução de pesquisa padronizada pode ser fragmentado em uma sequência linear de passos conceituais, metodológicos e empíricos. Os passos isolados podem ser apresentados e aplicados um após o outro e são em maior ou menor grau independentes um do outro. Na pesquisa qualitativa, estas fases podem também ser importantes, mas são mais proximamente conectadas. Estas conexões estão ilustradas na discussão que se segue; e os números dos passos estão especificados na Tabela 4.3.

Passos 1-6: seleção de um problema de pesquisa, busca da literatura, da questão da pesquisa e do acesso

Alguns dos passos do processo esboçados para a pesquisa padronizada se aplicam também à pesquisa não padronizada. Em particular, você vai ter que escolher um problema de pesquisa, formular uma questão para esta, realizar uma busca sistemática na literatura e obter acesso ao local da pesquisa antes de poder coletar e analisar os dados. Se considerarmos novamente o nosso exemplo, você também vai formular uma questão de pesquisa se estiver realizando um estudo qualitativo: por exemplo, o que é característico de situações em que ocorrem tempos de espera (ver exemplo dado). Você

Tabela 4.2 PASSOS DO PROCESSO NA PESQUISA PADRONIZADA

1. Seleção de um problema de pesquisa
2. Busca sistemática da literatura
3. Formulação da questão central da pesquisa
4. Formulação de uma hipótese
5. Operacionalização
6. Desenvolvimento de um plano de projeto ou concepção da pesquisa
7. Amostragem
8. Escolha dos métodos apropriados
9. Acesso ao local da pesquisa
10. Coleta de dados
11. Documentação dos dados
12. Análise dos dados
13. Interpretação dos resultados
14. Discussão dos achados e de suas interpretações
15. Avaliação e generalização
16. Apresentação dos resultados e do estudo
17. O uso dos resultados
18. Desenvolvimento de novas questões de pesquisa
19. Um novo estudo

vai examinar a literatura e buscar permissão para ter acesso ao campo. Você não vai, no entanto, formular uma hipótese a ser testada.

Passo 7: amostragem, coleta, documentação e análise dos dados

Na pesquisa qualitativa, as partes remanescentes do processo da pesquisa tendem a estar mais inter-relacionadas do que na pesquisa padronizada. Glaser e Strauss (1967) desenvolveram esta concepção do processo da pesquisa em sua abordagem da teoria fundamentada* (ver também Strauss e Corbin 1990 e Strauss 1987). O objetivo da teoria fundamentada dentro da pesquisa qualitativa a torna muito diferente da pesquisa padronizada. O objetivo é realizar pesquisa empírica para usar os dados e suas análises a fim de desenvolver uma teoria acerca da questão em estudo. Assim, a teoria não é um ponto de partida para a pesquisa, mas sim o resultado intencional do estudo.

Isso tem consequências para o planejamento e para os passos no processo da pesquisa. A abordagem da teoria fundamentada prioriza os dados e o campo em estudo em vez das suposições teóricas, ou seja, as teorias são menos aplicadas ao tema em estudo. Em vez disso, elas são "descobertas" e formuladas no trabalho com o campo e os dados empíricos a serem nele encontrados. As pessoas a serem estudadas são selecionadas segundo a sua relevância para o tópico da pesquisa. Elas não são selecionadas aleatoriamente para construir uma amostra estatisticamente representativa de uma população geral. O objetivo não é reduzir a complexidade fragmentando-a em variáveis, mas sim aumentar a complexidade incluindo o contexto. Os métodos também têm que ser apropriados ao tema que está sendo estudado e ser escolhidos de acordo com ele. Esta abordagem se concentra fortemente na interpretação dos dados, não importando como foram coletados. Aqui, a questão de que método usar para coletar os dados torna-se menos importante. As decisões sobre os dados a serem integrados e os métodos a serem usados para isto baseiam-se no estado da teoria em desenvolvimento após a análise dos dados já disponíveis naquele momento (ver Capítulo 8).

Na documentação dos dados, o registro é normalmente o primeiro passo. As entrevistas, por exemplo, são gravadas em fita, gravadores de *mp3* ou vídeo. Nas observações, as anotações de campo ou protocolos são escritos, algumas vezes baseados em gravações em vídeo. Para as entrevistas, a transcrição – isto é, compor um texto escrito a partir do que foi registrado acusticamente – é o próximo passo (ver Capítulo 7).

Na pesquisa qualitativa, a interpretação pode envolver a análise das declarações da entrevista, eventos ou ações documentados nas anotações de campo feitas a partir das observações. Aqui você também buscará explicações: por que algumas declarações ocorrem em contextos específicos juntamente com outras declarações, ou por que elas ocorrem com mais frequência em determinadas condições (ver Capítulo 8).

No nosso exemplo, os pesquisadores começariam com observações não muito estruturadas em uma ala e conversariam com os membros (equipe, pacientes, pessoal administrativo, etc.) com o grau de formalidade mais adequado a cada caso. Depois de analisarem seus primeiros dados, eles vão selecionar e incluir outra ala, continuar as observações e as conversas nesta e analisar os materiais resultantes. Eles vão continuar a incluir mais casos e fazer comparações entre todos os casos até então incluídos.

Passos 8-13: discussão, generalização, uso dos resultados e novas questões da pesquisa

Assim como na pesquisa padronizada, a coleta e análise dos dados (ver Capítulos 7 e 8)

---

* N. de R.T.: Neste livro, o termo *grounded theory* foi traduzido como "teoria fundamentada".

conduzirão a uma discussão dos resultados e à sua validade e confiabilidade (ver Capítulo 11). No entanto, a generalização aqui se refere menos a uma maneira estatística do que a uma maneira teórica. Apresentar e usar os resultados e desenvolver novas questões da pesquisa também serão os passos finais aqui.

☑ O processo da pesquisa social: comparação entre a pesquisa quantitativa e a pesquisa qualitativa

A pesquisa qualitativa é compatível apenas até certo ponto com a lógica tradicional e linear da pesquisa empírica (quantitativa ou padronizada). A interligação dos passos empíricos segundo o modelo de Glaser e Strauss (1967) tende a ser mais apropriada ao caráter da pesquisa qualitativa, que é mais orientada para a exploração e descoberta do que é novo. A Figura 4.1 resume as diferenças entre as duas abordagens. Na pesquisa quantitativa, você tem um processo linear (passo a passo) que parte da teoria e termina com a sua validação, baseada em sua testagem. A amostragem é em geral terminada antes do início da coleta dos dados – o que significa, por exemplo, que você fixou a estrutura da sua amostragem antes de enviar um questionário. Só faz sentido começar a interpretar os dados – por exemplo, uma análise estatística – quando a coleta dos dados for concluída (ver Capítulos 7 e 8). Por isso, estes passos podem ser vistos como formando uma sequência e você vai trabalhar com eles, um após o outro, como representado na parte superior da Figura 4.1.

Na pesquisa qualitativa, estes passos são mais interligados. As decisões sobre a amostragem são tomadas durante a coleta de dados, e a interpretação dos dados deve ser iniciada imediatamente com os primeiros dados – por exemplo, a primeira entrevista. A partir da análise destes dados, você pode chegar a novas decisões, como quem entrevistar em seguida (por isso, neste exemplo, o processo da amostragem continua). Você também vai começar imediatamente a comparar seus dados – por exemplo, a segunda com a primeira entrevista, e assim por diante. O objetivo aqui é desenvolver uma teoria a partir do material empírico e da análise, em que o ponto de partida foram as suposições preliminares sobre a questão que você quer estudar. Este processo está representado na parte inferior da Figura 4.1.

Apesar desta interligação de alguns passos essenciais no processo da pesquisa, você pode também ver o processo de pesquisa qualitativo ou não padronizado como até certo ponto formando uma sequência de decisões (ver Flick, 2009). Estas decisões se referem à seleção do(s) método(s) específico(s) de coleta e análise dos dados a ser(em) aplicado(s), ao procedimento de amostragem usado no estudo concreto (ver em seguida) e às maneiras de documentar e apresentar os resultados.

Neste capítulo, a Tabela 4.3 justapõe de maneira comparativa os conceitos do processo de pesquisa da pesquisa padronizada e não padronizada. Isto indica as principais diferenças entre os processos de ambas. Estas envolvem principalmente o grau de padronização dos procedimentos, proporcionando uma base para o planejamento dos passos do seu próprio projeto e para o desenvolvimento de uma concepção adequada para o seu estudo (ver Capítulo 5 para mais detalhes).

☑ Lista de verificação para o planejamento de um estudo empírico

Para planejar o seu próprio projeto empírico, você deve levar em conta os aspectos

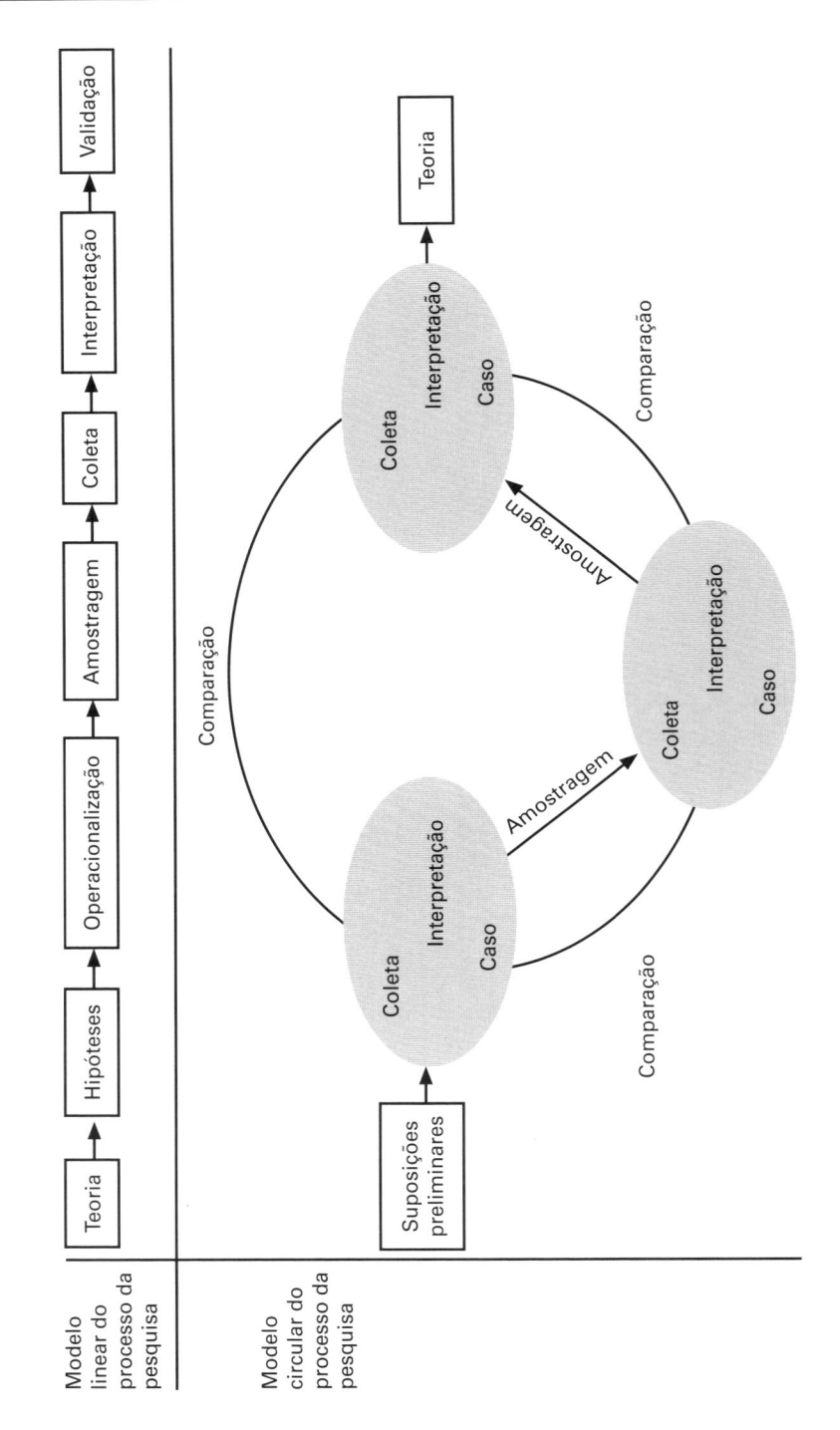

Figura 4.1
Modelos de processo da pesquisa padronizada e não padronizada (Flick, 2009, p. 95).

mostrados no Quadro 4.1 e encontrar respostas para as questões que surgem. Esta lista de verificação pode ajudá-lo a planejar seu próprio estudo, mas você pode também usá-lo para avaliar os estudos existentes de outros pesquisadores.

Tabela 4.3 PASSOS DO PROCESSO NA PESQUISA PADRONIZADA E NÃO PADRONIZADA

Pesquisa padronizada	Pesquisa não padronizada
1. Seleção de um problema de pesquisa	1. Seleção de um problema de pesquisa
2. Busca sistemática da literatura	2. Busca sistemática na literatura
3. Formulação da questão da pesquisa	3. Formulação da questão da pesquisa
4. Formulação de uma hipótese	4. Desenvolvimento de um plano do projeto ou concepção da pesquisa
5. Operacionalização	5. Selecionar os métodos apropriados
6. Desenvolvimento de um plano do projeto ou concepção da pesquisa	6. Acesso ao local da pesquisa
7. Amostragem	7. Amostragem, coleta de dados, documentação dos dados, análise dos dados, comparação, amostragem, coleta de dados, documentação dos dados, análise dos dados, comparação...
8. Seleção dos métodos apropriados	
9. Acesso ao local da pesquisa	
10. Coleta dos dados	
11. Documentação dos dados	
12. Análise dos dados	
13. Interpretação dos resultados	
14. Discussão dos achados e suas interpretações	8. Discussão dos achados e suas interpretações
15. Avaliação e generalização	9. Avaliação e generalização
16. Apresentação dos resultados e do estudo	10. Apresentação dos resultados e do estudo
17. Uso dos resultados	11. Uso dos resultados
18. Desenvolvimento de novas questões de pesquisa	12. Desenvolvimento de novas questões de pesquisa
19. Um novo estudo	13. Um novo estudo

Quadro 4.1

LISTA DE VERIFICAÇÃO PARA O PLANEJAMENTO DE UM ESTUDO EMPÍRICO

1. Estar consciente de quais passos no processo da pesquisa são apropriados para o tipo de estudo que você planeja.
2. Buscar estabelecer se o conhecimento e a pesquisa existentes sobre o seu tema são suficientes para planejar e realizar um estudo padronizado em que você testará hipóteses.
3. Ou buscar esclarecer se o conhecimento empírico e teórico sobre a questão do seu estudo é tão limitado ou tem tantas lacunas que faria mais sentido planejar e realizar um estudo qualitativo não padronizado.
4. Checar os procedimentos em seu plano com relação à sua conveniência. O plano metodológico do seu estudo se ajusta (a) aos objetivos do seu estudo, (b) à sua base teórica e (c) ao estado da arte da pesquisa?
5. Este tipo de processo de pesquisa será compatível com o tema que você quer estudar e com o campo em que você pretende realizar sua pesquisa?

Pontos principais

- Os estudos quantitativos e qualitativos seguem alguns passos similares e alguns passos diferentes no processo da pesquisa.
- A pesquisa quantitativa é planejada em um processo linear.
- Na pesquisa qualitativa, em muitos casos os passos no processo da pesquisa estarão interligados.
- Captar com firmeza os passos que compreendem o processo da pesquisa em cada caso vai lhe proporcionar uma base para planejar seu próprio estudo.

Leituras adicionais

No primeiro e no último livros, são discutidas visões gerais do planejamento da pesquisa social em uma abordagem quantitativa, enquanto os outros dois estão focados neste tema no que se refere aos estudos qualitativos.

Bryman, A. (2008) *Social Research Methods*, 3. ed. Oxford: Oxford University Press.

Flick U. (2004) "Design and Process in Qualitative Research", in U. Flick, E.v. Kardorff e I. Steinke (eds), *A Companion to Qualitative Research*. London: Sage. P. 146-152.

Flick U. (2009) *Introdução à Pesquisa Qualitativa*, 3. ed. Porto Alegre, Artmed. Capítulo 9.

Neuman, W.L. (2000) *Social Research Methods: Qualitative and Quantitative Approaches*, 4.ed. Boston: Allyn and Bacon.

5
Concepção da pesquisa social

VISÃO GERAL DO CAPÍTULO

Escrita de uma proposta para um projeto de pesquisa 68
Desenvolvimento de um cronograma 69
Concepção de um estudo.. 70
Amostragem 77
Avaliação... 82
Lista de verificação para a concepção de um estudo empírico 83

OBJETIVOS DO CAPÍTULO

Este capítulo destina-se a ajudá-lo a:

- ✓ entender como e por que escrever uma proposta e desenvolver um cronograma;
- ✓ desenvolver uma visão geral das mais importantes concepções de pesquisa;
- ✓ entender os procedimentos para selecionar os participantes do estudo;
- ✓ apreciar as características especiais da pesquisa avaliativa.

| Tabela 5.1 | NAVEGADOR PARA O CAPÍTULO 5 |

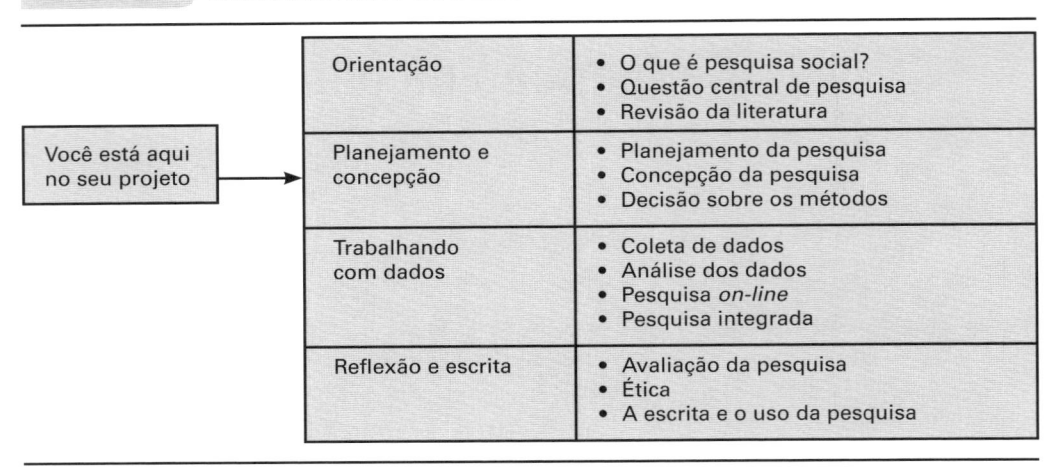

	Orientação	• O que é pesquisa social? • Questão central de pesquisa • Revisão da literatura
Você está aqui no seu projeto →	Planejamento e concepção	• Planejamento da pesquisa • Concepção da pesquisa • Decisão sobre os métodos
	Trabalhando com dados	• Coleta de dados • Análise dos dados • Pesquisa *on-line* • Pesquisa integrada
	Reflexão e escrita	• Avaliação da pesquisa • Ética • A escrita e o uso da pesquisa

O Capítulo 4 apresentou um esboço do processo da pesquisa. Agora vamos usar este esboço para apresentar uma base para o planejamento da pesquisa.

☑ Escrita de uma proposta para um projeto de pesquisa

O planejamento da pesquisa social torna-se mais concreto quando você está preparando a tese final em um programa universitário. Na maioria dos casos, você vai precisar de uma proposta para inscrever a sua tese e também para se candidatar a uma bolsa de estudos. Se isto não for requerido, a escrita de uma proposta pode ainda ser um passo importante e útil para planejar o seu projeto e para estimar se ele é realista sob condições como tempo disponível e habilidades que você possui. Uma proposta para um projeto empírico deve incluir tópicos e subitens, como segue (ver Tabela 5.2).

Na introdução, você deve esboçar brevemente a base do seu projeto (por que você pretende realizá-lo) e a relevância do tópico. Na descrição do problema da pesquisa, você deve resumir o estágio de evolução da pesquisa e da literatura e derivar seu próprio interesse na pesquisa a partir das lacunas que se tornam evidentes neste sumário. A ênfase que você vai colocar em cada um dos pontos vai depender do tipo de estudo que você planeja. Para um estudo quantitativo, a revisão da literatura será mais extensiva do que seria para um estudo qualitativo. O propósito do estudo e o objetivo da sua realização devem ser brevemente descritos. Um ponto importante em qualquer proposta é a questão central da pesquisa (ver Capítulo 2) que, se possível e necessário, poderá ser dividida em questões principais e subquestões.

A necessidade de formular ou não uma hipótese vai depender do tipo de pesquisa que você pretende fazer. Para um estudo quantitativo, este passo deve ser sempre incluído. Em qualquer dos casos, você precisa descrever os procedimentos metodológicos que pretende aplicar. Com relação à pesquisa qualitativa, você deve apresentar uma justificativa curta de por que usará métodos qualitativos e trabalhará com este método específico. Na pesquisa quantitativa, tal justificativa com frequência não é considerada necessária. Já a estratégia da pesquisa – uma abordagem exploratória, de testagem da hipótese ou avaliativa – deve ser também descrita. Na proposta você deve esboçar a concepção da pesquisa (ver em seguida) em seus principais aspectos: que amostra será incluída, qual será o seu tamanho, em que perspectiva comparativa ela é baseada? No passo seguinte, sua proposta deve incluir uma descrição e justificativa breves dos métodos que você pretende usar para coletar seus dados (ver Capítulos 6 e 7), para analisá-los (ver Capítulos 6 e 8) e como você vai avaliar a qualidade do seu estudo (ver Capítulo 11). Em muitos contextos, há a exigência de que uma proposta cubra as questões éticas (proteção dos dados, não maleficência, consentimento informado, etc.: ver Capítulo 12) e demonstre como os pesquisadores pretendem levá-las em conta ao realizar o seu projeto.

Neste contexto, você deve considerar que resultados espera do seu estudo e qual será sua relevância à luz de resultados anteriores e questões práticas (ver Capítulos 1 e 13). Você vai elaborar em mais detalhes o estado da pesquisa ao escrever a sua tese ou o relatório final dela. Não obstante, eu recomendaria enfaticamente que você obtivesse uma primeira visão geral da literatura enquanto estiver planejando o seu projeto, de forma a garantir que não adote uma questão de pesquisa que já tenha sido respondida antes em extensão suficiente. Finalmente, você deve discutir brevemente as condições práticas da realização do seu estudo. Para este propósito, será conveniente desenvolver um cronograma (ver em seguida) e delinear sua própria experiência com a pesquisa. Ao final dela, deverá ser acrescentada uma lista de referências preliminar.

Explicar claramente os tópicos listados na Tabela 5.2 é útil para o desenvolvimento do seu projeto de pesquisa (e a tese nele baseada) e deve aumentar a probabilidade de você realizar um trabalho bem-sucedido.

Desenvolvimento de um cronograma

Um cronograma para o seu projeto deve esboçar tanto os passos requeridos no processo da pesquisa (ver Capítulo 4) quanto o tempo estimado para cada um deles. Você também pode indicar marcos, indicando os resultados que devem ser esperados a cada passo completado. No Quadro 5.1, você vai encontrar um exemplo de um cronograma para um estudo qualitativo usando entrevistas e observação de participantes (este foi extraído do nosso estudo sobre conceitos de saúde de adolescentes sem-teto – ver Flick e Röhnsch, 2007). Tal cronograma pode ter duas funções. Em uma proposta para se candidatar a um financiamento estudantil, ela deve demonstrar quanto tempo será necessário e para o quê, a fim de convencer a agência de financiamento de que a bolsa de estudos que você pede é justificada. Ao conceber a pesquisa (ver a seguir), o cronograma vai ajudá-lo a se orientar no planejamento do projeto.

Para a realização do trabalho de pesquisa (e, anteriormente, a proposta) deve-se ter em mente as seguintes diretrizes:

- você deve tentar tornar a concepção da sua pesquisa e os métodos a serem utilizados o mais explícitos, claros e detalhados quanto for possível;
- as questões de pesquisa e a relevância dos procedimentos planejados e dos dados e resultados esperados para respondê-los também devem ser o mais explícitas e claras possíveis;
- o estudo e os resultados e implicações esperados devem ser situados em seus contextos acadêmicos e práticos;

> **Tabela 5.2** MODELO PARA UMA ESTRUTURA DA PROPOSTA
>
> 1. Introdução
> 2. Problema central da pesquisa
>   a) Literatura existente
>   b) Lacunas na pesquisa existente
>   c) Interesse da pesquisa
> 3. Propósito do estudo
> 4. Questões da pesquisa
> 5. Métodos e procedimentos
>   a) Características da pesquisa qualitativa e por que ela é apropriada neste caso
>   b) Estratégia da pesquisa
>   c) Concepção da pesquisa
>   i) Amostragem
>   ii) Comparação
>   iii) Número esperado de participantes, casos, locais, documentos
>   d) Métodos de coleta de dados
>   e) Métodos de análise dos dados
>   f) Questões de qualidade
> 6. Questões éticas
> 7. Resultados esperados
> 8. Significância, relevância, implicações práticas do estudo
> 9. Conclusões preliminares, pesquisas anteriores, experiência do(s) pesquisador(es)
> 10. Sua própria experiência com a realização de pesquisa social
> 11. Cronograma, orçamento proposto
> 12. Referências

- a ética e os procedimentos devem estar o mais refletidos quanto for possível;
- os métodos devem ser explicitados não apenas no como (do seu uso) mas também no porquê (de sua escolha);
- garantir que os planos, os cronogramas, as experiências e competências existentes, além dos métodos e os recursos a serem usados, estejam todos ajustados a um programa sólido para sua pesquisa.

✓ Concepção de um estudo

Um conceito fundamental no planejamento da pesquisa é a sua concepção, que Ragin define da seguinte maneira:

> A concepção da pesquisa é um plano para a coleta e a análise de evidências que irá possibilitar ao investigador responder quaisquer questões que ele tenha colocado. A concepção de uma investigação aborda quase todos os aspectos da pesquisa, desde os menores detalhes da coleta de dados até a seleção das técnicas de análise destes. (1994, p. 191)

Quando você constrói ou usa uma concepção de pesquisa específica, os objetivos são, em primeiro lugar, possibilitar a resposta à questão da pesquisa e controlar os procedimentos. "Controle" aqui se refere aos meios de manter as condições do estudo constantes, de forma que as diferenças nas respostas de dois participantes possam estar enraizadas em suas próprias diferenças (em suas atitudes, por exemplo) e não resultem do fato de os participantes terem sido indagados de maneiras diferentes. Isto, por sua vez, requer que você mantenha constantes as condições do estudo e defina seus procedimentos de amostragem (quem foi selecionado e por quê: ver em seguida).

Quadro 5.1

CRONOGRAMA PARA UM PROJETO DE PESQUISA (FLICK E RÖHNSCH, 2007)

Passo do trabalho	Mês do projeto
Pesquisa da literatura	1–5 (marco no mês 5)
Desenvolvimento de instrumentos e pré-teste	3–5
Trabalho de campo: encontro dos participantes e coleta de dados (p. ex., entrevistas)	5–10
Transcrição	6–11
Trabalho de campo: observação participante	7–13
Escrita dos protocolos da observação	8–14
Análise das entrevistas	10–17 (marco no mês 17)
Análise dos protocolos da observação	13–18
Vinculação dos resultados com a literatura	16–21
Relatório final e publicações	18–24 (marco no mês 24)

📖 Marcos

Na pesquisa quantitativa, outro objetivo das concepções de pesquisa é o controle das variáveis externas. Isto se refere a fatores que não fazem parte das relações que são estudadas, mas influenciam o fenômeno em estudo. Se você estuda os efeitos de uma medicação no curso de uma determinada doença, deve se certificar de que outros fatores (p. ex., características específicas de alguns pacientes ou a alimentação durante o tratamento) não influenciem o curso da doença. Uma maneira de controlar essas variáveis externas é usar amostras homogêneas (ver a seguir). Por isso, você vai selecionar pacientes que sejam bastante similares em suas características (p. ex., homens de 50-55 anos com profissões específicas). A desvantagem dessa amostra tão homogênea é que você só poderá generalizar os resultados para pessoas que também preencham os critérios da amostra (homens de 50-55 anos com profissões específicas). É mais consistente extrair uma amostra aleatória (ver a seguir). A desvantagem aqui é que a amostra vai precisar ser mais considerável caso se queira representar nela características específicas (de subgrupos de pessoas).

Uma segunda maneira de controlar as influências externas é usar métodos consistentes para a coleta de dados. Isto significa que os dados são coletados de todos os participantes da mesma maneira, de forma a garantir que as diferenças nos resultados venham das diferenças nas atitudes dos participantes e não das diferenças na situação da coleta dos dados. Algumas das concepções mais comuns na pesquisa empírica serão apresentadas a seguir.

Concepções da pesquisa na pesquisa padronizada

Concepções dos grupos-controle

Vamos começar com um exemplo. Na prática de um hospital, pôde ser observado que, em pacientes que recebiam determinada medicação, os sintomas foram reduzidos e desapareceram ao final do tratamento. Isto indica que ocorreu cura. Para descobrir se a melhora do estado dos pacientes é causada pela medicação em estudo, são com frequência aplicadas concepções dos grupos-controle. Nessa concepção, o medicamento é rotulado como a variável independente. A melhora que ele produz no estado do paciente é a variável dependente. Observe que o termo variável "dependente" refere-se à variável que é causada ou modificada por outra (a variável independente). No nosso exemplo, a cura depende do recebimento da medicação. Por isso a medicação é rotulada de independente, pois não é influenciada pela outra variável neste lugar; a cura não tem efeito sobre a medicação.

Para descobrir se existe realmente uma relação desse tipo – que a cura depende da medicação (e não de alguma outra coisa) – você vai aplicar uma concepção de grupo-controle. Dois grupos de pacientes são selecionados; os membros destes grupos são comparáveis em características como diagnósticos, idade e gênero. O grupo de intervenção recebe o medicamento que está sendo estudado. O grupo-controle não recebe o medicamento ou recebe um placebo (comprimido sem substância e efeitos). Após o final do tratamento no primeiro grupo, você pode comparar os dois grupos para ver se nele o tratamento foi mais bem-sucedido do que no grupo-controle. Se no fim os dois grupos exibem as mesmas mudanças, o efeito não pode ser atribuído à medicação (ver Figura 5.1).

Concepções experimentais

A concepção de grupo-controle também constitui a base da pesquisa experimental. Para continuar o nosso exemplo aqui, o objetivo é menos descobrir os efeitos de um medicamento do que testar os efeitos de tomá-lo. Os experimentos consistem em atos direcionados para o objetivo sobre os grupos experimentais para analisar os efeitos destes atos. Uma concepção experimental inclui pelo menos dois grupos experimentais, aos quais os participantes são aleatoriamente alocados. A variável independente é manipulada pelo pesquisador (Diekmann, 2007, p. 337).

Em um estudo experimental, em contraste com uma concepção de grupo-controle, a medicação (variável independente) é dada ou modificada para propósitos de pesquisa. Para se ter certeza de que um efeito observado (de cura, p. ex. – variável dependente) não vem de o paciente saber que "eu estou sendo tratado", já que os participantes não são informados se fazem parte do grupo que recebe a medicação ou do

	Variável independente		Variável dependente
Grupo de intervenção (experimental)	Medicação	————?————▶	Cura
Grupo-controle	Sem medicação	————?————▶	Cura

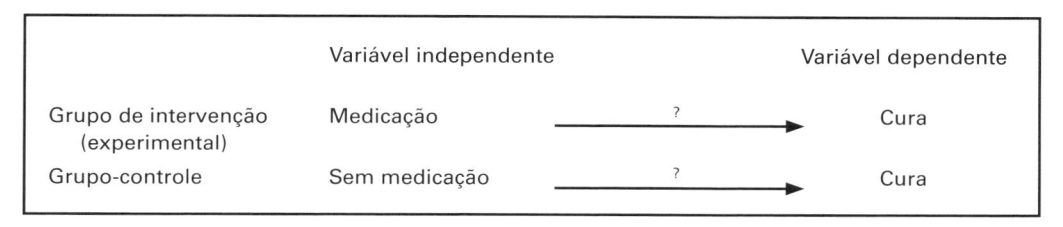

Figura 5.1
Concepção do grupo-controle.

grupo que recebe um placebo sem efeito. Como o paciente não sabe se recebeu a medicação ou o placebo, esta concepção também é chamada de teste cego.

No nosso exemplo, se uma diferença clara é evidenciada – que os efeitos de cura no grupo de intervenção podem ser documentados para significativamente mais pacientes do que no grupo-controle, isto pode ainda se dever a outra influência. Pode não ser a medicação em si que produz o efeito da cura, mas sim a atenção por parte das enfermeiras ou dos médicos associada à administração do comprimido. Para se poder excluir esta influência, em muitas experiências com medicação é aplicado um teste duplo cego. Aqui os dois grupos recebem tratamentos, o grupo de intervenção com a medicação e o grupo-controle com um placebo com aparência idêntica. Para evitar qualquer influência por parte das enfermeiras ou dos médicos que dão a medicação – por exemplo, quaisquer sinais subconscientes enviando a mensagem de que o placebo não tem efeito – você não informaria aos médicos e às enfermeiras qual comprimido é a medicação e qual é o placebo. Nem os pacientes nem os médicos nem as enfermeiras sabem quem recebeu a medicação e quem recebeu o placebo. Por isso, esta concepção é chamada de teste duplo cego.

Para excluir, na medida do possível, as influências de outras variáveis, os experimentos são com frequência conduzidos em laboratórios. Eles são realizados não nas rotinas do serviço ou na vida cotidiana do hospital, mas em um local artificialmente concebido. Isto permite, na medida do possível, o controle ou a exclusão de quaisquer influências externas. A desvantagem é que os resultados são de difícil transferência para contextos fora do laboratório – isto é, para a vida cotidiana.

Concepção pré-pós

Outra maneira de excluir as variáveis de influência externa é realizar uma mensuração pré-pós com os dois grupos. Primeiro a situação inicial é mensurada nos dois grupos (mensuração pré-teste). Depois o grupo experimental recebe o tratamento (intervenção). No fim, em ambos os grupos a situação pós-teste é documentada. Um problema aqui é que a primeira mensuração pode influenciar a segunda, devido a um efeito de aprendizagem, por exemplo. Isto significa que a experiência com os testes, as mensurações ou as questões pode facilitar a reação na segunda mensuração – por exemplo, uma questão pode ser mais facilmente respondida (ver Figura 5.2).

Estudos de corte transversal e estudos longitudinais

A concepção apresentada até agora tem por objetivo controlar as condições do estudo. Isto permite captar o estado no momento em que ele ocorre. A maior parte dos estudos

| Pré-teste | Intervenção | Pós-teste |

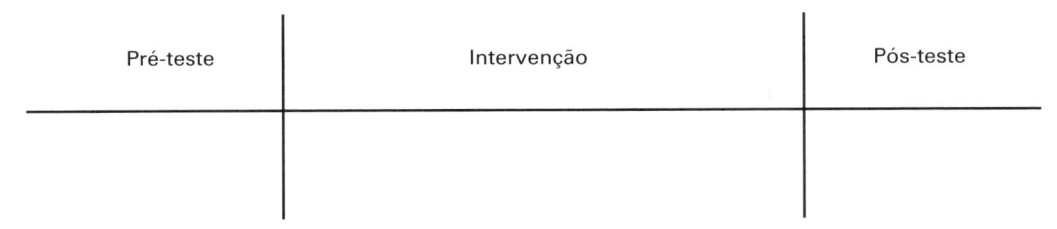

Figura 5.2
Concepção pré-pós.

é planejada para se obter um retrato do momento: as entrevistas ou as pesquisas de levantamento são realizadas em um determinado momento – por exemplo, para analisar a atitude de um grupo específico (os franceses) com relação a um objeto específico (um partido político). Essa retratação é baseada em uma concepção de corte transversal: uma mensuração é realizada para captar o estado em um momento específico. Na maioria dos casos, você assume uma perspectiva comparativa, por exemplo, comparando as atitudes de vários subgrupos – como aqueles que votaram em um partido político e aqueles que votaram em outro partido em uma eleição.

Entretanto, se os processos, cursos ou desenvolvimentos constituem o foco do estudo, tal concepção de corte transversal não será suficiente. Em vez disso, você deve planejar um estudo longitudinal para documentar um desenvolvimento – por exemplo, as atitudes de um ou mais grupos ao longo dos anos. Esta atitude é mensurada repetidamente: por exemplo, os mesmos instrumentos são usados a cada dois anos com as mesmas amostras para se descobrir como mudaram as atitudes com relação a um determinado partido político. Se você repetir essas pesquisas de levantamento não apenas uma vez, mas várias, você poderá produzir séries temporais ou análises de tendência para documentar mudanças de longo prazo nas atitudes políticas.

Os estudos longitudinais também são interessantes se você quer estudar a influência de um evento específico sobre atitudes ou o curso da vida. Um exemplo é como se desenvolve a doença mental de um membro da família e como ela influencia a atitude dos seus outros membros com relação à doença em geral ao longo dos anos. Um problema neste contexto pode ser que este processo de atitudes em mutação só pode ser coberto de uma maneira abrangente quando a atitude foi mensurada pela primeira vez antes de o evento ter ocorrido. Se isto não é possível, com frequência é realizado um estudo retrospectivo. Depois que a doença foi diagnosticada, os membros da família são indagados sobre quais mudanças ocorreram em sua atitude com relação à doença mental antes do seu advento e quais estão ocorrendo agora.

Concepções de pesquisas não padronizadas

A pesquisa qualitativa ou não padronizada presta menos atenção às concepções da pesquisa e ainda menos ao controle das condições através da construção de concepções específicas. Em geral, o uso do termo "concepção de pesquisa" refere-se aqui ao planejamento de um estudo: como planejar a coleta e a análise dos dados e como selecionar o "material" empírico (situações, casos, indivíduos, etc.) para se poder responder à questão da pesquisa no tempo e com os recursos disponíveis.

A literatura sobre as concepções da pesquisa na pesquisa qualitativa (ver também Flick, 2004b, 2008b ou 2009, Capítulo 12) trata da questão a partir de dois ângulos. Creswell (1998) apresenta um número de modelos básicos de pesquisa qualitativa a partir dos quais os pesquisadores podem selecionar um para seu estudo concreto. Maxwell (2005) discute as partes a partir das quais uma concepção de pesquisa é construída. (Ver Flick, 2009, Capítulo 12, para mais detalhes do que segue).

Estudos de caso

O objetivo dos estudos de caso é a descrição ou reconstrução precisa dos casos (para mais detalhes, ver Ragin e Becker, 1992). Aqui o termo "caso" é entendido como algo mais amplo. Você pode usar pessoas, comunidades sociais (p. ex., famílias), organizações e instituições (p. ex., uma casa de repouso) como o tema de uma análise de caso. Seu principal problema será então identificar um caso que seria relevante para a sua questão de pesquisa e esclarecer o que mais está ligado ao caso e que abordagens metodológicas sua reconstrução requer. Se o seu estudo de caso está preocupado com a doença crônica de uma criança, você tem que esclarecer, por exemplo, se é suficiente observar a criança no ambiente do tratamento. Você precisa integrar uma observação da família e sua vida cotidiana? É necessário entrevistar as professoras e/ou os colegas?

Estudos comparativos

Com frequência, mais que observar algum caso isolado como um todo e em toda a sua complexidade, você vai observar uma multiplicidade de casos, concentrando-se em aspectos particulares. Por exemplo, você pode comparar o conteúdo específico do conhecimento especializado de várias pessoas com respeito a uma experiência concreta de doença. Pode, também, comparar biografias de pessoas com uma doença específica e o subsequente curso da vida. Aqui surge a questão da seleção dos casos nos grupos a serem comparados.

Outro problema é qual grau de padronização ou constância é requerido para aquelas condições nas quais você não está focado. Por exemplo, para conseguir mostrar diferenças culturais nas visões de saúde entre mulheres portuguesas e alemãs em um estudo que conduzimos, optamos por entrevistar casais das duas culturas. Tivemos que garantir que, no máximo de aspectos possíveis, eles vivessem sob condições ao menos bastante similares (p. ex., vida em cidade grande, profissões, renda e nível de educação comparáveis) para conseguir relacionar diferenças com relação à dimensão comparativa de "cultura" (ver Flick, 2000b).

Estudos retrospectivos

A reconstrução de caso é característica de um grande número de investigações biográficas que examinam uma série de análises de caso de uma maneira orientada para a tipologia ou o contrastante (ver Capítulo 8). A pesquisa biográfica é um exemplo de uma concepção de pesquisa retrospectiva em que, partindo do ponto no tempo em que a pesquisa é realizada, alguns eventos e processos são analisados retrospectivamente com respeito ao seu significado para as histórias de vida individuais ou coletivas. As questões de concepção em relação à pesquisa retrospectiva envolvem a seleção de informantes que sejam significativos para o processo a ser investigado. Envolvem definir grupos apropriados para comparação, justificando os limites do tempo a serem investigados, checando a questão da pesquisa e decidindo que fontes e documentos (históricos, ver Capítulo 7) devem ser usados além das entrevistas. Outra questão é como considerar as influências das opiniões atuais sobre a percepção e avaliação de experiências anteriores.

Instantâneos: análise do estado e do processo no momento da investigação

A pesquisa qualitativa com frequência vai se concentrar em instantâneos. Por exemplo, você pode coletar diferentes manifestações da especialização que existem em um determinado campo no momento da pesquisa nas entrevistas e comparar uma com a outra. Mesmo que alguns exemplos de períodos de tempo anteriores afetem as entrevistas, sua pesquisa não visa essencialmente à reconstrução retrospectiva de um processo. Ela está preocupada, sobretudo, em dar uma descrição das circunstâncias no momento da pesquisa.

Estudos longitudinais

A pesquisa qualitativa pode envolver estudos longitudinais em que se passe a analisar novamente um processo ou estado em épocas posteriores à coleta de dados. As entrevistas são realizadas repetidas vezes e as observações são, algumas vezes, estendidas por um período muito longo.

A Figura 5.3 apresenta mais uma vez as concepções básicas da pesquisa qualitativa.

Em seguida, examinaremos mais detalhadamente um aspecto do planejamento de estudos empíricos, a questão de como selecionar os participantes para um estudo de modo que os *insights* produzidos venham a ser (geralmente) válidos e representativos. Ou você parte de um grupo grande (p. ex., os jovens alemães) que não pode ser estudado empiricamente em sua totalidade ou seleciona os casos que vai estudar para que os resultados possam ser generalizados mais tarde para o grupo ou população original. Isto abrange a questão da amostragem estatística na pesquisa quantitativa. Ou

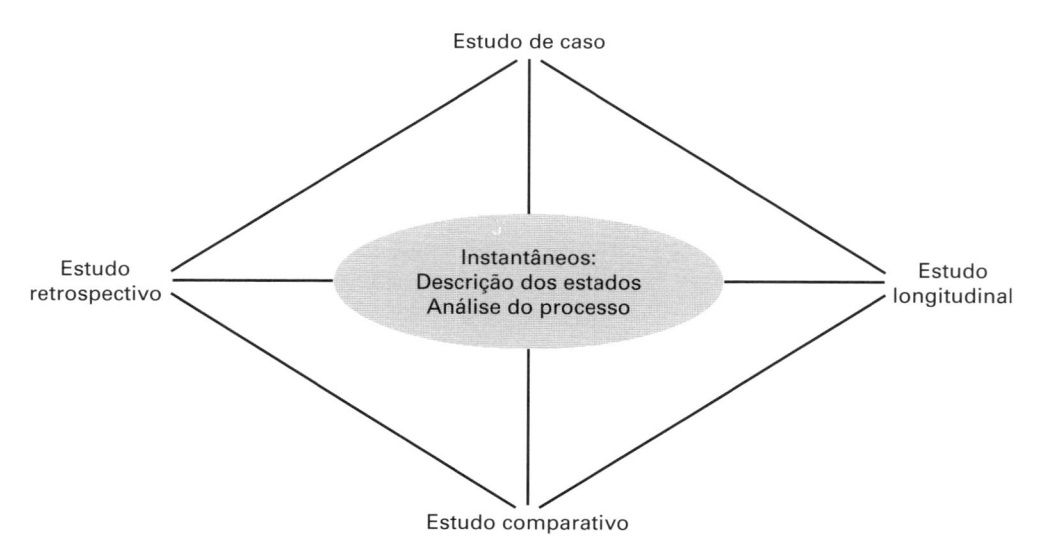

Figura 5.3
Concepções básicas na pesquisa qualitativa (Flick, 2009, p. 140).

você quer selecionar aqueles casos que são particularmente relevantes para responder a sua questão da pesquisa. Isto abrange a questão da amostragem intencional na pesquisa qualitativa.

✓ Amostragem

A maioria dos estudos empíricos envolve fazer uma seleção de um grupo para o qual as proposições serão avançadas no final. Se você estuda o estresse profissional das enfermeiras, vai abranger uma seleção de todas as enfermeiras (no Reino Unido, por exemplo), que é um grupo demasiado grande para ser estudado. Todas as enfermeiras são a população básica, da qual você vai extrair uma amostra para o seu estudo.

> A população é a massa de indivíduos, casos e eventos aos quais as declarações do estudo vão se referir e que tem de ser delimitada de antemão sem ambiguidade no que se refere à questão da pesquisa e à operacionalização. (Kromrey, 2006, p. 269)

Em casos excepcionais, você pode usar a estratégia da coleta completa, em que todos os casos de uma população estarão incluídos no estudo. O outro extremo é selecionar e estudar uma pessoa em um único estudo de caso (ver previamente). Na maioria dos estudos, será extraída uma amostra segundo um dos procedimentos em seguida descritos, sendo os resultados então generalizados para a população. Os argumentos contra a coleta completa e a favor da amostragem são que esta última economiza tempo e dinheiro, além de permitir mais acurácia.

Aqui, você deve distinguir entre os elementos da amostra e as unidades empíricas. Estas últimas se referem às unidades que você inclui em sua coleta de dados. Por exemplo, os elementos da amostra são vá-rios hospitais em que você quer estudar o aumento da frequência dos tempos de espera. As unidades empíricas são situações específicas nestes hospitais em que os tempos de espera ocorrem ou são esperados – situações de preparação para cirurgia, por exemplo. O problema da amostragem surge de maneira similar nos estudos qualitativos e quantitativos, mas é tratado de maneira diferente: a amostragem estatística é típica da pesquisa quantitativa, enquanto os pesquisadores qualitativos aplicam procedimentos da amostra intencional ou teórica.

A amostragem na pesquisa quantitativa

Há várias exigências para uma amostra. Ela deve ser uma representação minimizada da população em termos da heterogeneidade dos elementos e da representatividade das variáveis e os seus elementos têm de ser definidos. A população deve ser clara e empiricamente definida, ou seja, claramente limitada. Aqui encontramos duas alternativas para a amostragem: procedimentos aleatórios e não aleatórios.

Amostragem aleatória simples

Com frequência não sabemos o suficiente sobre a constituição ou as características de uma população para poder realizar uma seleção intencional de forma que a amostra seja uma representação minimizada dela. Nestes casos, sugere-se extrair uma amostra aleatória. Aqui, podemos distinguir entre amostragem aleatória simples e complexa. Um exemplo de amostragem aleatória simples é selecionar a partir de um fichário. Os elementos de uma população são documentados em uma lista ou em um fichário; por exemplo, todos os habitantes de uma cidade são registrados em um fichário no cartório dos residentes. Você pode usar este fichário para extrair uma amostra aleatória simples ou sistemática. Uma amostra aleatória simples ocorre quando todos os elementos da amostra são extraídos independentemente da população, em um processo aleatório. Um exemplo aqui é usar uma caixa de sorteio: todos os cartões de uma competição estão em uma caixa de sorteio e são extraídos um após o outro. A cada rodada, os cartões são novamente misturados antes que o seguinte seja extraído. Se transferimos este princípio para extrair uma amostra de um arquivo de registro dos residentes, você daria um número a cada entrada neste arquivo, fazendo um tíquete para cada número e misturando-os, em seguida, em uma caixa de sorteio. Você extrairia os números, um após o outro, até completar a sua amostra. Este processo pode ser simulado com um computador.

Para populações grandes, sugere-se a amostragem sistemática. A primeira seleção (o primeiro caso, o primeiro cartão) é realizada aleatoriamente (dando um lance ou escolhendo aleatoriamente um número de uma tabela de números aleatória). Os outros elementos a serem incluídos na amostra são definidos sistematicamente. Por exemplo, de uma população de 100 mil pessoas, você extrai uma amostra de mil elementos. O primeiro número é selecionado aleatoriamente entre um e 100 – 37, por exemplo. Depois você inclui sistematicamente um caso de cada 100 da amostra (isto é, os casos 137, 237, 337... 99.937).

Outra desvantagem dessa amostra aleatória simples é a dificuldade em representar subpopulações pequenas e relevantes na amostra. Nesta amostragem, você vai também negligenciar o contexto do caso isolado, ou seja, suas características vão além do principal critério para sua seleção, e perderão aquele para a análise. Para dar um exemplo da primeira desvantagem, em uma população de enfermeiras da qual você quer extrair uma amostra, você encontra uma minoria étnica que pode ser de particular interesse para o seu estudo. Na amostragem aleatória simples, são muito limitadas as chances de os membros desse subgrupo serem incluídos ou de serem em número suficiente. As informações do contexto (relacionadas, digamos, às minorias étnicas) não podem ser levadas em conta sistematicamente em uma amostra aleatória simples sem que seu princípio seja negligenciado.

Amostragem aleatória sistemática: amostragem estratificada e por agrupamento

Por esse motivo, as formas mais complexas ou sistemáticas da amostragem aleatória podem ser aplicadas extraindo-se uma amostra estratificada. A intenção com frequência é conseguir analisar os dados da amostra separadamente para grupos específicos – por exemplo, comparar os dados da minoria étnica com aqueles de todos os participantes. Em conformidade com isso, você dividirá a população em várias subpopulações (no nosso exemplo, segundo a origem étnica dos membros). De cada uma destas subpopulações, você vai então extrair uma amostra aleatória (na maioria dos casos, simples). No nosso exemplo, você dividiria a população das enfermeiras segundo suas origens étnicas e depois extrairia uma amostra aleatória dos subgrupos das enfermeiras britânicas, turcas, africanas, coreanas, etc. Se você aplica o mesmo procedimento de amostragem para cada grupo e leva em conta a proporção de cada subgrupo na população, você receberá uma amostra proporcionalmente estratificada. Na amostra, a percentagem de cada subgrupo é exatamente a mesma que na população. No nosso exemplo, se você sabe que a proporção de enfermeiras turcas é de 20% de todas as enfermeiras e que a das coreanas é 5%, você extrairá amostras aleatórias para cada um destes grupos na população até ter 20% de enfermeiras turcas e 5% de coreanas na sua amostra.

Em amostras pequenas, a consequência é que o número real dos casos com origem coreana será muito pequeno – por exemplo, um caso em um tamanho de amostra de $n = 20$. Este valor não é suficiente para as análises estatísticas que comparam as enfermeiras coreanas com as outras enfermeiras. Como solução, você pode estender a amostra de forma que em cada subamostra haja casos suficientes, o que vai aumentar os recursos financeiros e de tempo necessários para o estudo. Uma alternativa é construir uma amostra estratificada desproporcional; o que equilibraria a subrepresentação de uma subamostra. A amostra é extraída de tal maneira que o mesmo número de casos seja incluído em cada subamostra. No nosso exemplo, você visaria um tamanho de amostra de 20 casos e aplicaria em cada subgrupo uma amostragem aleatória até ter cinco casos para cada grupo (enfermeiras britânicas, turcas, africanas e coreanas).

Para levar os contextos mais em conta do que nas amostras aleatórias simples, pode ser aplicada a amostragem por agrupamento. Na pesquisa em escolas, você vai selecionar os estudantes não como elementos empíricos, mas em subgrupos como turmas de escola, em que você coleta os dados e faz declarações para cada membro (os estudantes individuais). Os estudantes são os elementos empíricos (aos quais você aplica um questionário) e as turmas são os elementos da amostragem. Você só vai falar de uma amostra por agrupamento quando as unidades empíricas não forem os próprios agrupamentos (isto é, as turmas), mas seus membros individuais (os alunos).

Você também pode extrair amostras em estágios, trabalhando em vários níveis. Por exemplo, você vai primeiro produzir uma visão geral da localização de todas as escolas de enfermagem, da qual vai extrair uma amostra aleatória simples. Depois vai dividir as escolas selecionadas em unidades de tamanho similar – por exemplo, turmas. De todas estas turmas, você vai extrair outra amostra aleatória. Esta amostra é então dividida em subgrupos segundo o seu desempenho (p. ex., todos os alunos com uma nota média maior que 5, todos com notas entre 2 e 4 e todos com menos de 2). Destes subgrupos, você vai mais uma vez extrair uma amostra aleatória, que finalmente constitui o grupo daqueles tratados com um questionário.

A grande vantagem da amostragem aleatória é que as amostras extraídas desta maneira são representativas de todas as características dos elementos empíricos. Uma amostra não aleatória só pode reivindicar ser representativa das características segundo as quais ela foi extraída.

Amostragem não aleatória: amostragem casual, intencional e por cota

Nem sempre é possível ou mesmo desejável extrair uma amostra aleatória. Não obstante, a amostragem deve ser o mais sistemática possível. Um método de amostragem relativamente não sistemático é a amostragem casual. Aqui não temos um plano ou estrutura de amostragem definidos, a partir dos quais decidimos que elementos da população estão integrados na amostra. Um exemplo é a entrevista de uma pessoa na rua, em que todos que estejam passando em um determinado momento e prontos para serem entrevistados são integrados na amostra. A decisão é tomada casualmente, ou seja, não segue nenhum critério definido.

Uma estratégia diferente é a amostragem intencional. Por exemplo, você realiza um estudo em que especialistas serão entrevistados e define os critérios segundo os quais alguém é um especialista ou não para a questão do estudo. Depois você vai procurar indivíduos que satisfaçam estes critérios. Se seu número for suficientemente grande, você pode aplicar um questionário a eles, o que será analisado estatisticamente. A amostragem da população de todos os especialistas nesta questão não é aleatória. Devido aos critérios aplicados, esta também não é uma amostragem casual. Entretanto, na maioria dos casos, você tem que assumir que os especialistas são casos típicos (de especialistas). Então surge o problema de como decidir se o indivíduo é ou não um caso típico. Com frequência, esta definição é determinada pelos pesquisadores. Para isto, eles necessitam de conhecimento suficiente sobre a população a fim de serem capazes de decidir se um caso é ou não típico. Se os especialistas são especialistas típicos para esta questão é algo que com frequência só pode ser decidido ao final do estudo, comparando-os com outros especialistas. Por isso, a amostragem aqui é com frequência realizada usando-se critérios substitutos – por exemplo, a experiência profissional em uma posição específica. Mas isto, mais uma vez, supõe um vínculo entre a especialização e a experiência profissional.

Outra opção seria aplicar o princípio da concentração, que significa se concentrar na amostragem naqueles casos que são particularmente importantes para a questão do estudo. Os casos são selecionados segundo a sua relevância – sejam os casos muito raros, os que têm a influência mais forte no processo em estudo ou aqueles que podem ser encontrados com mais frequência, por exemplo.

A pesquisa de levantamento usa com frequência a técnica da amostragem por cotas. Neste caso, as características específicas (p. ex., idade e gênero) são definidas por aquilo pelo que os participantes devem ser caracterizados. Para estas características, você terá então que definir cotas de valores, que, no final, serão representadas na amostra. Por exemplo, a distribuição do gênero pode ser de quatro a seis, isto é, em 10 entrevistas quatro homens e seis mulheres serão incluídos. Os grupos etários podem ser distribuídos de maneira que em 10 entrevistas dois participantes tenham menos que 30 anos, três tenham mais que 60 e cinco tenham entre 30 e 60 anos. Nestas cotas, você buscará então os participantes casualmente – isto é, não aleatoriamente. Se este procedimento funcionar, algumas condições devem ser especificadas. A distribuição das características da cota (no nosso exemplo, a idade e o gênero) na população tem que ser conhecida. Uma relação suficiente entre as características da cota e as características a serem estudadas (p. ex., o comportamento de saúde) tem de ser atribuída ou assumida. Estas características da cota têm de ser de simples avaliação.

Finalmente, você pode usar o princípio da bola de neve: ou seja, você indaga o seu caminho do primeiro participante ao seguinte ("Quem você acha que pode ser também relevante para este estudo?"). Com frequência, por razões práticas, esta é a melhor ou a única maneira de se chegar a uma amostra. No entanto, a representatividade dela é muito limitada.

Estratégias da amostragem na pesquisa qualitativa

Na pesquisa qualitativa, são aplicadas algumas das estratégias de amostragem discutidas nos parágrafos anteriores. Outras, contudo, como a amostragem aleatória, raramente são encontradas. Aqui você também pode usar amostragem por cotas (de idade ou gênero), casual ou intencional (de especialistas, por exemplo). Os princípios da bola de neve ou da concentração são também usados. Alguns princípios específicos podem refinar e sistematizar estas abordagens para os objetivos específicos da pesquisa qualitativa.

Amostragem teórica

Se o objetivo da pesquisa é desenvolver uma teoria, as estratégias da amostragem provavelmente serão baseadas na "amostragem teórica" desenvolvida por Glaser e Strauss (1967). As decisões sobre a escolha e a reunião de material empírico (casos, grupos, instituições, etc.) são tomadas no processo da coleta e da interpretação dos dados. Glaser e Strauss descrevem esta estratégia da seguinte maneira:

> A amostragem teórica é o processo de coleta de dados para a geração de teoria em que o analista coleta, codifica e analisa conjuntamente seus dados e decide que dados coletar em seguida e onde encontrá-los para desenvolver sua teoria à medida em que ela emerge. Este processo de coleta de dados é controlado pela teoria emergente. (1967, p. 45)

Aqui você seleciona os indivíduos, os grupos, etc. segundo seu nível (esperado) de novos *insights* para o desenvolvimento da teoria em relação ao estágio da sua elaboração até o momento. As decisões de amostragem visam ao material que promete os maiores *insights*, vistos à luz do material já usado e do conhecimento dele extraído. A principal questão para selecionar os dados é: "A *quais* grupos ou subgrupos se passa *em seguida* na coleta de dados? E com *qual* propósito teórico? [...] As possibilidades de comparações múltiplas são infinitas, e por isso os grupos devem ser escolhidos de acordo com critérios teóricos" (1967, p. 47).

A amostragem e a integração de material adicional são completadas quando a "saturação teórica" de uma categoria ou grupo de casos foi atingida (isto é, nada novo emerge mais). Em contraste com uma amostragem estatisticamente orientada, a amostragem teórica não se refere a uma população cuja extensão e características já sejam conhecidas. Você também não pode definir antecipadamente qual será o tamanho da amostra a ser estudada. As características tanto da população quanto da amostra só podem ser definidas no fim do estudo empírico, tendo por base a teoria que foi nele desenvolvida.

As principais características das estratégias de amostragem teóricas e estatísticas são comparadas na Tabela 5.3.

Tabela 5.3 AMOSTRAGEM TEÓRICA E ESTATÍSTICA

Amostragem teórica	Amostragem estatística
A extensão da população básica não é previamente conhecida	A extensão da população básica é previamente conhecida
As características da população básica não são previamente conhecidas	A distribuição das características na população básica pode ser estimada
Extração repetida de elementos da amostragem com critérios a serem definidos novamente em cada passo	Extração eventual de uma amostra em seguida a um plano previamente definido
O tamanho da amostra não é antecipadamente definido	O tamanho da amostra é antecipadamente definido
A amostragem está terminada quando a saturação teórica foi alcançada	A amostragem está terminada quando toda a amostra foi estudada

Fonte: Wiedemann, 1955, p. 441.

Amostragem intencional

Patton (2002) sugere as seguintes variantes da amostragem intencional:

- Casos extremos, que são caracterizados por um processo de desenvolvimento particularmente longo ou pelo fracasso ou sucesso de uma intervenção.
- Casos típicos, que são típicos para a média ou para a maioria dos casos potenciais. Aqui o campo é mais explorado do que a partir de dentro, do centro.
- A amostragem de variação máxima inclui alguns casos que são o mais diferentes quanto possível para analisar a variedade e diversidade no campo.
- A amostragem de variação máxima inclui alguns casos que têm uma intensidade diferente das características, processos ou experiências relevantes, ou para os quais você assume essas diferenças. Seja como for, você vai incluir e comparar os casos com a máxima intensidade ou com intensidades diferentes.
- Casos críticos, que mostram as relações em estudo de forma particularmente clara ou que são muito relevantes para o funcionamento de um programa em estudo. Aqui você busca com frequência conselhos de especialistas sobre que casos escolher.
- Casos politicamente importantes ou sensíveis podem ser úteis para tornar os resultados positivos amplamente conhecidos.
- A amostragem de conveniência refere-se a escolher aqueles casos que são mais facilmente acessíveis nas dadas circunstâncias. Isto pode reduzir o esforço na amostragem, às vezes, sendo a única maneira de realizar um estudo com recursos de tempo limitados e com dificuldades para aplicar uma estratégia mais sistemática da amostragem.

Sumário

A amostragem refere-se a estratégias para garantir que você tenha os casos "certos" no seu estudo. "Certo" significa que eles permitem generalizações da amostra para a população por esta ser representativa dela. Por exemplo, os resultados de um estudo de questionário com uma amostra de jovens devem poder ser generalizados aos jovens na Alemanha. "Certo" também pode significar que você encontrou e incluiu os casos mais instrutivos nas suas entrevistas – que você tem a extensão de experiências de saúde dos adolescentes sem-teto, e não que seus resultados sejam válidos para os jovens na Alemanha em geral (ver exemplos do Capítulo 2).

Estas estratégias de amostragem são um passo importante no planejamento da pesquisa. Algumas concepções de pesquisa vão necessitar de uma ou de outra forma de amostragem. Os experimentos, os estudos de grupo-controle ou duplo-cegos necessitam de uma amostragem aleatória a fim de serem bem-sucedidos. Para um estudo qualitativo não padronizado, desenvolvido a partir da teoria, as estratégias de amostragem teórica ou intencional são mais apropriadas. O mesmo acontece com os modelos do processo de pesquisa que discutimos anteriormente: formas de amostragem aleatória e similares são mais adequadas para o modelo de processo da pesquisa quantitativa; enquanto a amostragem teórica e a intencional são mais adequadas para o processo da pesquisa qualitativa.

☑ Avaliação

O que tem sido dito até agora se refere à pesquisa empírica como um todo. Vamos agora nos concentrar em uma área específica da pesquisa social, a avaliação. Aqui o foco está na avaliação de intervenções por meio de métodos empíricos. A pesquisa da avaliação foi desenvolvida no contexto da política social nos Estados Unidos e desde então foi estendida para a educação, a saúde, a terapia e a política em geral. Várias fases podem ser distinguidas (ver Guba e Lincoln, 1989). A primeira delas (início do século XX) foi fortemente orientada para a mensuração (do desempenho na escola, similar à pesquisa da ciência natural). A segunda fase (1920-1940) concentrou-se na descrição exata do processo (p. ex., de promover o desempenho dos alunos). A terceira fase (década de 1950 a década de 1970) viu a avaliação essencialmente como uma estimativa e a tornou um instrumento do bem-estar e da política social do Estado. O foco foi estendido para o uso e a utilidade dos resultados obtidos desta maneira, além da qualidade científica da avaliação. A quarta fase (desde a década de 1980) foi caracterizada pelo conceito de receptividade, com uma mudança na ênfase da qualidade científica (como um critério principal) para a utilidade da avaliação.

Esta mudança está incorporada em uma volta aos métodos de avaliação qualitativos e mais dialógicos:

> As práticas de avaliação baseadas em uma estrutura de valor fundamental descentralizam a concepção do objetivo, da natureza, e colocam a investigação social na vida social. Elas fazem isso redefinindo a investigação social como um processo dialógico e reflexivo da discussão democrática e da crítica filosófica. (Schwandt, 2002, p. 151)

A avaliação em geral ainda trata da questão de como e com que esforços os objetivos (de uma intervenção, por exemplo) são atingidos, e que efeitos colaterais indesejáveis ocorrem. Por isso, a avaliação é o uso de métodos de pesquisa visando a avaliações empiricamente fundamentadas das intervenções e de seu sucesso e consequências. As avaliações são, com frequência, encomendadas aos pesquisadores, tendo por objetivo responder à questão da estimativa de uma maneira transparente e não ambígua. Um aspecto essencial aqui é que os resultados são elaborados e apresentados de tal maneira que os não especialistas (em pesquisa) possam também entendê-los (ver Capítulo 13).

Podemos distinguir entre a autoavaliação e a avaliação externa. No primeiro caso, uma instituição organiza a avaliação de um de seus programas ou departamentos contratando empregados para este propósito. Na avaliação externa, um grupo ou instituto de pesquisa independente vai ser solicitado a realizar a avaliação, que pode conduzir a resultados mais confiáveis e independentes. Se você pretende realizar uma avaliação, não somente necessitará de habilidades nos métodos de pesquisa, mas também de competências comunicativas para negociar com sucesso o seu caminho para e através da instituição. Outra distinção aqui é entre avaliação sumativa e avaliação formativa. A primeira se localiza após o final de um programa e se concentra nos seus resultados; a segunda trata da introdução e dos procedimentos do programa.

☑ Lista de verificação para a concepção de um estudo empírico

Para planejar seu próprio projeto empírico, você deve levar em conta os aspectos mostrados no Quadro 5.2 e encontrar respostas para as questões que surgem. Esta lista de verificação pode ajudá-lo a planejar seu próprio estudo e a avaliar os estudos de outros pesquisadores.

> **Quadro 5.2**
>
> **LISTA DE VERIFICAÇÃO PARA A CONCEPÇÃO DE UM ESTUDO EMPÍRICO**
>
> 1. Escrever uma proposta para o seu projeto de forma a indicar que passos ele deverá seguir.
> 2. Desenvolver um cronograma para o seu projeto para se certificar de que você conseguirá administrá-lo no período de tempo dado ou disponível.
> 3. A proposta e o cronograma cobrem os principais passos do seu projeto?
> 4. A concepção que você escolheu é adequada para os objetivos do seu estudo e para as condições no campo que você estuda?
> 5. A forma de amostragem que você quer aplicar é apropriada para atingir os objetivos do seu estudo e para atingir os grupos-alvo dele?
> 6. Se você fizer uma avaliação – seu plano de pesquisa é adequado para este propósito?

Pontos principais

- ✓ Escrever uma proposta e desenvolver um cronograma são passos necessários para fazer um projeto funcionar.
- ✓ As concepções da pesquisa diferem – tanto em termos de planejamento quanto de procedimentos – entre a pesquisa qualitativa e a quantitativa.
- ✓ A pesquisa quantitativa se concentra mais no controle e na padronização das condições de coleta de dados. Já a pesquisa qualitativa está mais interessada em planejar o estudo em uma concepção.
- ✓ A amostragem estatística pretende permitir a generalização dos resultados para a população (conhecida).
- ✓ A amostragem na pesquisa qualitativa está mais voltada para a seleção intencional dos casos, que no fim vai permitir *insights* sobre as características da população.
- ✓ A pesquisa de avaliação faz uma série de exigências específicas para o planejamento de um estudo.

✓ Leituras adicionais

O primeiro e o último livros discutem questões da concepção da pesquisa social em uma abordagem quantitativa, enquanto os outros dois estão focados neste tema no que se refere aos estudos qualitativos.

Bryman, A. (2008) *Social Research Methods*, 3. ed. Oxford: Oxford University Press.

Flick, U. (2011) *Desenho da Pesquisa Qualitativa*. Porto Alegre: Artmed. Capítulo 1.

Flick U. (2009) *Introdução à Pesquisa Qualitativa*, 3. ed. Porto Alegre, Artmed. Capítulo 9.

Neuman, W.L. (2000) *Social Research Methods: Qualitative and Quantitative Approaches*, 4. ed. Boston: Allyn and Bacon.

6
Decisão sobre os métodos

VISÃO GERAL DO CAPÍTULO

Decisões no processo da pesquisa 86
Decisões na pesquisa padronizada 86
Decisões na pesquisa qualitativa 93
Decisões dentro das pesquisas quantitativa e qualitativa 99
Decisão entre pesquisa qualitativa e padronizada 99
Decisão entre realizar pesquisa *in loco* ou *on-line* 99
Decisão sobre abordagens específicas da pesquisa 100
Reflexão durante o processo 101
Lista de verificação para a escolha de um método específico 102

OBJETIVOS DO CAPÍTULO

Este capítulo destina-se a ajudá-lo a:

✓ entender as séries de decisões requeridas no processo da pesquisa;
✓ reconhecer que a escolha de um método específico para a coleta de dados é uma decisão importante – embora apenas uma entre muitas;
✓ perceber como suas decisões referentes aos métodos estão relacionadas a questões mais gerais relacionadas (a) à sua pesquisa, (b) às condições no campo e (c) ao conhecimento disponível sobre a questão.

| Tabela 6.1 | NAVEGADOR PARA O CAPÍTULO 6 |

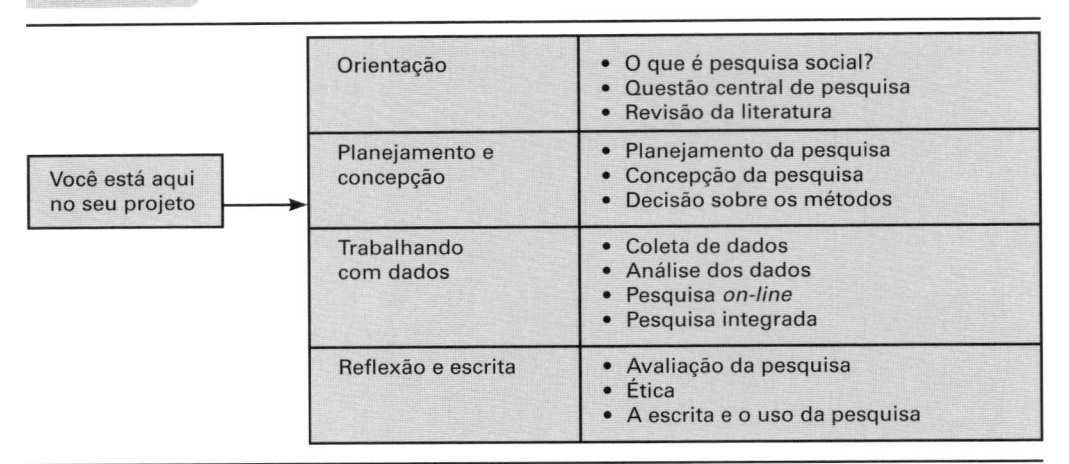

	Orientação	• O que é pesquisa social? • Questão central de pesquisa • Revisão da literatura
Você está aqui no seu projeto →	Planejamento e concepção	• Planejamento da pesquisa • Concepção da pesquisa • Decisão sobre os métodos
	Trabalhando com dados	• Coleta de dados • Análise dos dados • Pesquisa *on-line* • Pesquisa integrada
	Reflexão e escrita	• Avaliação da pesquisa • Ética • A escrita e o uso da pesquisa

☑ Decisões no processo da pesquisa

No Capítulo 4, esboçamos os passos envolvidos nos processos de pesquisa quantitativos e qualitativos. Nos capítulos que se seguem, os métodos mais importantes serão discutidos mais detalhadamente (ver Capítulos 7 e 8). Tanto a pesquisa qualitativa quanto a pesquisa quantitativa envolvem uma série de decisões que você precisará tomar – desde definir sua questão central de pesquisa até coletar e analisar os dados e finalmente apresentar seus resultados. Cada decisão terá implicações para os estágios subsequentes em seu projeto de pesquisa.

As sínteses dos métodos na pesquisa social raramente oferecem muitos conselhos na escolha dos métodos de pesquisa específicos. O objetivo deste capítulo é compensar essa carência.

☑ Decisões na pesquisa padronizada

Selecionando o problema da pesquisa

A primeira decisão que você precisa tomar diz respeito à seleção de um problema de pesquisa. Isto terá implicações muito importantes para os procedimentos subsequentes. Bortz e Döring (2006) formularam vários critérios para a avaliação de problemas de pesquisa ou de ideias para os estudos. Estes podem ser usados para informar sua decisão. Seus critérios são:

- Precisão na formulação do problema: até que ponto a ideia articulada é vaga ou exata? Até que ponto são claros os conceitos nos quais ela é baseada?
- O problema pode ser estudado empiricamente? As ideias podem ser tratadas em-

piricamente ou são baseadas em conteúdo religioso, metafísico ou filosófico (p. ex., no que diz respeito ao significado da vida)? E até que ponto é provável que um número suficiente de participantes potenciais possa ser atingido sem esforço excessivo?
- Escopo científico: o tópico já foi estudado de forma tão abrangente que não se possa esperar novos *insights* de outras investigações?
- Critérios éticos: o estudo violaria alguns princípios éticos (como discutido no Capítulo 12) ou, visto por outro ângulo, o estudo é eticamente justificável?

Estes critérios vão ajudá-lo tanto a avaliar as ideias da sua pesquisa quanto a justificar sua seleção.

Objetivos do estudo

Os estudos quantitativos em geral têm por objetivo testar uma suposição já anteriormente formulada na forma de uma hipótese. Aqui, o objetivo será avaliar as conexões entre as variáveis ou identificar as causas de eventos específicos. Deve-se tomar cuidado, porém, para não reivindicar um relacionamento ou vínculo causal entre as variáveis sem evidências que o justifiquem. Por isso, quando se planeja e se concebe o estudo, será necessário haver uma forte ênfase na padronização do maior número possível de condições e na definição das variáveis.

É importante distinguir entre variáveis independentes e dependentes (ver também Capítulo 5). A condição "causa" é rotulada como "variável independente" e as consequências como a "variável dependente". Por exemplo, uma infecção pode ser a causa de alguns sintomas. Os sintomas ocorrem devido à infecção. Por isso, eles dependem da existência da infecção e, assim sendo, são tratados como variáveis dependentes. A infecção independe dos sintomas: ela simplesmente ocorre. Por isso é tratada como variável independente. Às vezes, porém, esta relação não é tão imediata. Outros fatores podem desempenhar um papel importante: por exemplo, nem todos os expostos a uma infecção adoecem; algumas pessoas têm sintomas mais dramáticos devido a uma infecção, enquanto outras têm sintomas menos dramáticos apesar de tratar-se da mesma infecção. Por isso, deve-se supor que outras variáveis são importantes. Estas são chamadas variáveis intervenientes. Este termo é um rótulo para aquelas outras influências na conexão entre as variáveis independentes e as dependentes. No nosso exemplo, a situação

---

Quadro 6.1

DECISÃO QUANTITATIVA 1: PROBLEMA DA PESQUISA

Sua decisão, neste ponto, diz respeito ao problema da pesquisa como tal e aos aspectos dele que estarão no primeiro plano do seu estudo. Eles devem estar orientados para seus interesses e para até que ponto você pode formulá-los empiricamente. Além disso, você deve avaliar se o conhecimento existente sobre o problema é suficiente para a realização de um estudo padronizado e se você será capaz de acessar um número suficiente de participantes. As decisões neste estágio terão subsequentemente uma influência em suas decisões metodológicas.

social das pessoas infectadas pode ser uma intervenção variável (p. ex., as pessoas socialmente em desvantagem desenvolvem sintomas mais fortes do que pessoas em melhores situações de vida.) Testar o relacionamento entre as variáveis independentes e dependentes pode ser o seu objetivo – no nosso exemplo, a relação entre infecção e doença (como foi visto a partir dos sintomas) e, portanto, a identificação da infecção como a causa da doença. Neste exemplo, será importante controlar a influência da variável interveniente.

Outro objetivo de um estudo quantitativo pode ser descrever um estado ou situação – por exemplo, a frequência de uma doença na população ou em várias subpopulações. Esses estudos são conhecidos como "estudos de descrição da população" e como distintos dos "estudos de testagem de hipóteses" (Bortz e Döring, 2006, p. 51). Quando o estado da pesquisa e a literatura teórica não são suficientemente desenvolvidas para que você possa formular hipóteses possíveis de serem testadas empiricamente, você pode primeiro conduzir um estudo exploratório. Neste tipo de estudo, você pode desenvolver conceitos, explorar um campo e terminar formulando hipóteses baseadas na exploração do campo.

Estrutura teórica

As questões teóricas podem se tornar uma questão para decisões em vários níveis. Você deve tomar como seu ponto de partida um modelo teórico específico da questão que você pretende estudar. Com frequência estarão disponíveis vários modelos alternativos. Por exemplo, se o seu estudo diz respeito ao comportamento de enfrentamento no caso de uma doença, há vários modelos diferentes de cópia do comportamento a partir dos quais fazer sua seleção. Além disso, o estudo pode ser planejado dentro da estrutura de um modelo teórico geral ou de um programa de pesquisa. Por exemplo, no caso do estudo de um comportamento de enfrentamento, pode-se adotar uma abordagem de escolha racional.

Formulação da questão da pesquisa

Para o sucesso de qualquer estudo, é importante limitar o problema de pesquisa escolhido a uma questão de pesquisa passível de ser manejada. Por exemplo, se você está interessado no problema de pesquisa "Saúde de idosos", esta não é ainda uma questão de pesquisa, pois é algo muito vasto e vago. Para transformar isso em uma questão de pesquisa, você terá que se concentrar nas partes da formulação do problema. Que aspecto da saúde você quer estudar? Que tipo de cidadãos seniores é o foco do seu estudo? Qual é o vínculo entre a saúde e as pessoas idosas? Então você pode chegar a uma questão como: "Que fatores delimitam a autonomia de pessoas com mais de 65 anos com depressão vivendo em cidades grandes e em contextos rurais?" Aqui os elementos da sua questão de pesquisa estão claramente defini-

---

Quadro 6.2

DECISÃO QUANTITATIVA 2: OBJETIVOS

Sua decisão sobre o tipo de estudo que você empreenderá deve ser determinada por seu interesse de pesquisa e pelo estado da pesquisa antes do seu estudo. A questão relevante neste estágio é: até que ponto sua decisão foi determinada pela questão e pelo campo do seu estudo? Ou ela é (principalmente) influenciada por sua orientação metodológica geral?

> **Quadro 6.3**
>
> **DECISÃO QUANTITATIVA 3: ESTRUTURA TEÓRICA**
>
> Se você decidir usar uma estrutura teórica, esta terá várias consequências metodológicas. A decisão sobre um modelo teórico do tema da pesquisa determinará a estrutura da forma de operacionalização das características relevantes deste tema em seu estudo. Uma questão importante neste contexto é até que ponto a estrutura teórica é compatível com a sua questão de pesquisa ou com o tema. Estas decisões devem ser orientadas para o tema em estudo e para o campo em que este estudo está inserido.
>
> Por exemplo, se você estuda a qualidade de vida segundo um dos modelos teóricos desenvolvidos sobre as pessoas que vivem sozinhas com relativa saúde e independência, isto conduzirá a operacionalizações como questões sobre a capacidade das pessoas para caminhar determinadas distâncias, por exemplo. Se você quer estudar este tema (qualidade de vida) em uma casa de repouso com pessoas frágeis e idosas, você terá que considerar se essas questões e os modelos teóricos no pano de fundo são apropriados para este contexto.

dos e você pode começar a considerar como irá realizar sua amostragem e coleta de dados para abordar esta questão empiricamente. Se você quiser realizar um estudo quantitativo, deve refletir sobre se haverá pessoas suficientes para as quais se voltar e se elas serão capazes de participar de uma pesquisa de levantamento, etc., e até que ponto esta pesquisa de levantamento vai cobrir questões de autonomia de limitações, de condições de vida (cidade, campo) e de depressão (ver Capítulo 2 para mais exemplos e distinções entre questões de pesquisa boas e ruins).

Recursos

Um fator-chave é o custo de um estudo. Sem o conhecimento detalhado sobre o projeto, será difícil fazer uma estimativa de custo. Em geral, quanto mais elevados os padrões metodológicos, maior o gasto. Denscombe (2007, p. 27) menciona neste contexto que os institutos de pesquisa de levantamento comercial na Grã-Bretanha informam aos seus clientes que, por um determinado preço, poderá ser estimado nível específico de exatidão na mensuração e na amostragem, e que níveis mais elevados irão incorrer em preços mais elevados. Em conformidade com isso, Hoinville e colaboradores declaram no caso da amostragem que "Na prática, a complexidade dos fatores concorrentes de recursos e acurácia significa que a decisão sobre o tamanho da amostra tende a se basear na experiência e no bom julgamento, em vez de em uma fórmula estritamente matemática" (1985, p. 73).

> **Quadro 6.4**
>
> **DECISÃO QUANTITATIVA 4: QUESTÃO DA PESQUISA**
>
> A decisão sobre a questão da pesquisa terá implicações para (a) qual irá se tornar o tema do seu estudo, (b) que aspectos você vai omitir e (c) que métodos você pode aplicar no seu estudo. Neste estágio, é importante que a formulação da sua questão da pesquisa o ajude a orientá-la. É também importante pensar sobre até que ponto a sua questão da pesquisa é útil para estimular novos *insights* sobre ela, de forma que o seu estudo não se limite apenas a reproduzir o conhecimento já disponível de outras pesquisas.

> **Quadro 6.5**
>
> **DECISÃO QUANTITATIVA 5: RECURSOS**
>
> Sua decisão neste contexto se refere em geral a pesar seus recursos disponíveis (dinheiro, tempo, experiência, força de trabalho) em relação às reivindicações metodológicas (de exatidão e escopo da amostragem, por exemplo) para que você possa fazer seu projeto funcionar com reivindicações realistas.

Amostragem e criação de grupos comparativos

A amostragem na pesquisa quantitativa se baseia principalmente na preocupação com a representatividade das pessoas, situações, instituições ou fenômenos estudados em relação à população em geral. Com frequência, vão ser criados grupos comparativos para que eles se correspondam entre si o máximo possível (p. ex., o grupo experimental será construído o mais similarmente possível ao grupo-controle). O objetivo aqui é controlar e padronizar o maior número possível de características do grupo; depois, as diferenças entre eles podem ser rastreadas à variável que você está estudando. A abordagem mais consistente é uma amostragem aleatória, em que a alocação ao grupo experimental ou ao grupo-controle também é realizada aleatoriamente (ver Capítulo 5). Entretanto, a amostragem estritamente aleatória nem sempre é a maneira melhor ou mais apropriada. Dependendo do tema e do campo que você estudar, a amostragem por cotas ou por agrupamento pode ser mais coerente (ver Capítulo 5), pois o foco da amostragem estritamente aleatória pode ser insuficientemente específico.

Métodos

As decisões relacionadas aos métodos precisam ser tomadas em uma série de níveis. O primeiro diz respeito ao caráter dos dados com os quais você quer trabalhar. Pergunte a si mesmo se você pode usar os dados existentes (p. ex., dados de rotina sobre o seguro-saúde) para a sua própria análise. Aqui, tem de se considerar a questão da acessibilidade dos dados (p. ex., nem toda companhia de seguro-saúde se dispõe a disponibilizar seus dados para propósitos de pesquisa). Ou seja, às vezes, os temas de proteção dos dados também constituem obstáculos. Haverá também questões sobre a adequabilidade dos dados: em particular, você deve verificar se o tema no qual você está interessado está na verdade coberto pelos dados e se a maneira como os dados estão classificados permite a análise necessária (ver Capítulo 7).

> **Quadro 6.6**
>
> **DECISÃO QUANTITATIVA 6: AMOSTRAGEM E COMPARAÇÃO**
>
> Suas decisões aqui estão relacionadas à questão da adequação de uma forma específica de amostragem. Até que ponto isto permite que se leve suficientemente em conta os grupos-alvo específicos do seu estudo?

Em seguida, você deve decidir entre a pesquisa de levantamento e a observação. Por exemplo, ao coletar dados sobre os fenômenos importantes, você está mais interessado no conhecimento e nas atitudes ou na prática?

A próxima decisão a ser tomada é se, para a coleta de dados, você usará um instrumento já existente ou se desenvolverá um novo. As vantagens da primeira alternativa são que os métodos foram, em sua maioria, bem testados e que, através deles, você pode facilmente vincular seus dados a outros estudos. Por exemplo, na pesquisa de qualidade de vida, questionários pré-existentes são com frequência utilizados; similarmente, na pesquisa de atitude, as interações são frequentemente analisadas com os inventários disponíveis nas observações. Entretanto, você deve checar se os instrumentos existentes cobrem os aspectos que são relevantes para o seu próprio estudo e se são apropriados para o seu grupo-alvo específico.

O desenvolvimento do seu próprio instrumento lhe permite adaptá-lo às circunstâncias concretas do seu estudo. Neste caso, você deve refletir sobre se o conhecimento teórico ou empírico existente é suficientemente desenvolvido para que você possa formular as questões ou as categorias de observação "certas". Finalmente, o pré-teste e a checagem da confiabilidade e da validade (a ser discutido no Capítulo 11) do instrumento são necessários antes de que você possa realmente aplicá-lo.

Na análise dos dados quantitativos, os pacotes de estatística existentes, como o SPSS (Statistical Package for the Social Sciences) são muito frequentemente usados. Aqui, você deve decidir que tipos de análise relacional são melhores para responder à sua questão de pesquisa. Além disso, deve checar antecipadamente que testes deve aplicar aos seus dados – por exemplo, checagens de plausibilidade (há respostas contraditórias no conjunto de dados, como pensionistas de 20 anos de idade?) ou checagens de dados ausentes (ver Capítulos 7 e 8).

Grau de padronização e controle

A pesquisa quantitativa baseia-se em:

a) a padronização da situação da pesquisa e dos procedimentos da pesquisa;
b) o controle do máximo de condições possível.

Em muitos casos, são definidas as variáveis que estão vinculadas às hipóteses para testar estas conexões. As unidades analíticas são definidas (p. ex., todo paciente que esteja esperando por uma cirurgia com um clínico-geral). As medidas concretas são definidas pelas variáveis isoladas (p. ex., o tempo que cada paciente espera antes de ser chamado para a sala de consultas para ver o médico). Estas são definidas antes da entra-

---

Quadro 6.7

DECISÃO QUANTITATIVA 7: MÉTODOS

Sua decisão aqui reside entre usar os dados e instrumentos existentes ou coletar seus próprios dados, talvez com instrumentos desenvolvidos especificamente para o seu estudo. Esta decisão deve estar relacionada às suas questões de pesquisa, às condições no campo em que ela está inserida e ao conhecimento existente sobre a questão em estudo. Finalmente, suas decisões podem estar ligadas aos seus recursos – como o tempo disponível, por exemplo.

> **Quadro 6.8**
>
> **DECISÃO QUANTITATIVA 8: PADRONIZAÇÃO E CONTROLE**
>
> Suas decisões neste contexto referem-se a até que ponto você pode ou deve avançar com a padronização e o controle. Os estudos experimentais são muito sistemáticos quando encarados de um ponto de vista metodológico. Entretanto, não podem ser aplicados a todo campo e a toda questão. Outras formas de estudo são menos padronizadas e controladas, podendo, no entanto, ser mais facilmente ajustadas às condições no campo em estudo. As decisões que você toma neste contexto com relação à padronização e ao controle em maior ou menor grau devem ser definidas tanto pelas condições no campo do seu estudo quanto pelos objetivos dele.

da no campo e são então aplicadas a todos os casos de maneira idêntica. Isto se destina a garantir a padronização da pesquisa e, na medida do possível, o controle das condições na situação da pesquisa.

Generalização

A generalização normalmente envolve a inferência de um pequeno número (de pessoas no estudo) para um número maior (de pessoas que poderiam ter sido estudadas). De acordo com isso, a generalização pode ser vista como um problema numérico ou estatístico, estando intimamente ligada à questão da representatividade (estatística) da amostra que você estudou para a população que supôs (como discutido nos Capítulos 5 e 11). Observe aqui que a "população" não se refere necessariamente a toda a população de um país; pois, em muitos estudos, o termo vai se referir a populações básicas mais limitadas.

Apresentação

A quem você quer se dirigir com sua pesquisa e seus resultados? Qual será a audiência e o grupo-alvo quando se tratar de apresentar suas conclusões? Aqui podemos distinguir entre audiências:

a) acadêmicas;
b) gerais; e
c) políticas.

Se, no final, o seu estudo for ser apresentado em uma tese (uma dissertação de mestrado, por exemplo) será mais importante que você demonstre competências metodológicas específicas do que se os resultados visassem a atrair a atenção do público em geral para um problema social. Se a sua pesquisa e seus resultados destinam-se a ter uma influência sobre a tomada de decisão política, sua apresentação terá que ser concisa, facilmente compreensível e focada nos resultados essenciais (ver Capítulo 13).

> **Quadro 6.9**
>
> **DECISÃO QUANTITATIVA 9: GENERALIZAÇÃO**
>
> A decisão sobre a população-alvo específica para os propósitos de generalização terá consequências para a concepção da pesquisa e para os métodos que você aplica. Esta decisão deve ser direcionada pelos objetivos do seu estudo em geral e pelas condições no campo do estudo. A questão geral aqui é até que ponto a generalização pretendida é apropriada (a) à questão do seu estudo, (b) ao campo e (c) aos participantes.

> **Quadro 6.10**
>
> **DECISÃO QUANTITATIVA 10: APRESENTAÇÃO**
>
> Neste estágio, suas decisões dizem respeito aos tipos de informação que você deve selecionar para a audiência a que quer se dirigir. Uma segunda questão é que estilo de apresentação é apropriado para este propósito.

☑ Decisões na pesquisa qualitativa

Seleção do problema da pesquisa

Muitos fatores afetam a escolha do problema da pesquisa na pesquisa qualitativa. É possível que a literatura teórica ou a pesquisa empírica até o momento esteja de algum modo carente. Como alternativa, pode-se escolher uma abordagem qualitativa porque os participantes em questão seriam difíceis de serem atingidos mediante os métodos quantitativos. Outro fator que influencia a escolha pode ser o de que o número dos participantes potenciais (p. ex., pessoas com um diagnóstico específico, porém raro) seja pequeno (embora não pequeno demais). Ou pode-se querer explorar um campo para descobrir algo novo. A decisão sobre a escolha do problema também vai envolver a consideração de questões éticas (discutidas no Capítulo 12).

Objetivos do estudo

Maxwell (2005, p. 16) distinguiu tipos diferentes de objetivos da pesquisa. Há:

a) objetivos pessoais, como realizar uma dissertação de mestrado ou uma tese de doutorado;
b) objetivos práticos, como descobrir se um programa ou serviço específico funciona; e
c) objetivos da pesquisa, relacionados ao desejo de um maior conhecimento geral sobre uma questão específica.

Os estudos qualitativos frequentemente têm o objetivo de desenvolver teoria fundamentada, segundo a abordagem de Glaser e Strauss (1967). Entretanto, este é um objetivo ambicioso e exigente. Se você está escrevendo um trabalho final de bacharelato, este objetivo pode não ser realista: você pode não ter o tempo ou a experiência requerida. Em vez disso, pode ser mais realista ter como objetivo apresentar uma descrição ou avaliação detalhada de algumas práticas continuadas. Em geral, a pesquisa qualitativa pode ter como objetivo oferecer uma descrição ou avaliação, ou o desenvolvimento de uma teoria.

Estrutura teórica

Na pesquisa qualitativa, pode ser que você não use um modelo teórico da questão que

> **Quadro 6.11**
>
> **DECISÃO QUALITATIVA 1: PROBLEMA DA PESQUISA**
>
> As questões nas quais você deve se concentrar aqui são: o que é novo em relação ao problema que está sendo considerado; que aspectos dele podem ser pesquisados empiricamente e descobertos; as limitações da pesquisa existente; e se um número suficiente de participantes pode ser acessado. Suas decisões neste estágio vão influenciar os passos metodológicos que você dará posteriormente no projeto.

> **Quadro 6.12**
>
> **DECISÃO QUALITATIVA 2: OBJETIVOS**
>
> Sua decisão diz respeito aos objetivos que você pode querer atingir *realisticamente* com o seu estudo.

está sendo estudada para apresentar um ponto de partida a fim de determinar as questões que você usará (ou aquelas que você fará em uma entrevista). Não obstante, os estudos podem estar relacionados a trabalhos teóricos e empíricos anteriores sobre o tema em questão. O estado atual da pesquisa existente deve influenciar seus procedimentos metodológicos e empíricos subsequentes. Na pesquisa qualitativa, pode haver várias possibilidades de estruturas para o estudo de uma questão. Por exemplo, pode ser que você possa analisar tanto:

a) as visões e experiências subjetivas; quanto
b) as interações relacionadas ao tópico na questão.

Formulação da questão da pesquisa

Podemos distinguir entre:

a) as questões da pesquisa em que as respostas se concentram na possível confirmação de uma suposição ou de uma hipótese; e
b) as questões destinadas a descobrir novos aspectos.

Strauss (1987) chama estas últimas de "questões degenerativas". Ele as define como "Questões que estimulam a linha de investigação em direções lucrativas; conduzindo a hipóteses, a comparações úteis, à coleta de certos tipos de dados, e até às linhas gerais de ataque a problemas potencialmente importantes" (1987, p. 22).

Na pesquisa qualitativa, Maxwell (2005) propôs distinções alternativas. Ele distingue primeiro entre questões generalizadoras e particularizadoras, e segundo entre questões que se concentram nas distinções e aquelas que se concentram na descrição dos processos. As questões generalizadoras colocam a questão em estudo em um contexto mais amplo – por exemplo, quando a biografia de uma pessoa ou de um grupo pode ser entendida ao contrapô-la ao pano de fundo de um tumulto político. As questões particularizadoras colocam em primeiro plano algum aspecto específico – por exemplo, um evento específico, como o início de uma doença. As questões que se concentram na distinção tratam as diferenças no conhecimento das pessoas – digamos que as diferenças de vários pacientes naquilo que conhecem sobre a sua doen-

> **Quadro 6.13**
>
> **DECISÃO QUALITATIVA 3: ESTRUTURA TEÓRICA**
>
> Quando você decide qual será a perspectiva da pesquisa e os pontos substanciais dela, na verdade estará se comprometendo a proceder de determinadas maneiras. Assim fazendo, deve tomar como seus pontos de referência o conhecimento que lhe está disponível e as condições no seu campo de estudo.

> **Quadro 6.14**
>
> **DECISÃO QUALITATIVA 4: QUESTÕES DA PESQUISA**
>
> A escolha de uma questão da pesquisa envolve decisões sobre o que exatamente você estará estudando e também o que estará excluindo do seu estudo. Isto terá implicações subsequentes para a sua escolha dos métodos para a coleta e análise dos dados.

ça. As questões que se concentram em descrever um processo observam como esse conhecimento se desenvolve em um grupo de pacientes no progresso da sua doença.

Recursos

Quando se está elaborando a concepção de um projeto, os recursos requeridos (tempo, pessoas, tecnologias, competências, experiências) são com frequência subestimados. Nas propostas de pesquisa, é comum ver uma má combinação entre os pacotes de trabalho vislumbrados e os recursos pessoais que foram solicitados. Para planejar um projeto realisticamente, você precisa avaliar de maneira precisa o trabalho a ser realizado.

Por exemplo, para uma entrevista que dura 90 minutos, recomenda-se que você permita uma quantidade equivalente de tempo para recrutar o entrevistado, organizar o encontro, etc. Para calcular o tempo necessário para a transcrição das entrevistas, as estimativas variam segundo o grau de precisão das regras de transcrição que foram aplicadas. Morse (1998, p. 81-2), por exemplo, sugere que, para os transcritores que digitam rápido, a duração da fita que contém a entrevista seja multiplicada por um fator de quatro. Se a checagem entre a transcrição acabada e a gravação for também incluída, a duração da fita deve ser multiplicada por um total de seis. Para o cálculo completo do projeto, ela aconselha dobrar o tempo para permitir dificuldades imprevistas e "catastróficas". Exemplos de planos para calcular a programação do tempo ou os projetos empíricos podem ser encontrados em Marshall e Rossman (2006, p. 177-80) e Flick (2008b).

Amostragem e construção de grupos comparativos

As decisões sobre amostragem na pesquisa qualitativa se referem, acima de tudo, a pessoas ou situações na coleta de dados. As decisões de amostragem tornam-se mais uma vez relevantes para as partes do material coletado que você vai tratar com interpretações estendidas ao analisar seus dados. Para a apresentação da sua pesquisa, a amostra-

> **Quadro 6.15**
>
> **DECISÃO QUALITATIVA 5: RECURSOS**
>
> Nas decisões neste contexto, você deve acima de tudo considerar a relação entre os recursos disponíveis e os esforços planejados do estudo. Isto deve ajudá-lo a garantir que os dados que você coletou não são demasiadamente complexos e diferenciados para que você possa analisá-los no tempo disponível.

> **Quadro 6.16**
>
> **DECISÃO QUALITATIVA 6: AMOSTRAGEM E COMPARAÇÃO**
>
> Aqui você toma decisões sobre as pessoas, grupos ou situações que inclui em seu estudo. As decisões devem ser orientadas para a relevância de quem ou o quê você seleciona para o seu estudo. Elas devem também ser orientadas para se ter suficiente diversidade nos fenômenos que você estuda. Se este for o seu tópico, deve buscar pessoas com uma experiência de doença *específica* (e não apenas pessoas que estão de uma maneira ou de outra doentes). Ao mesmo tempo, sua seleção deve proporcionar alguma diversidade – por exemplo, pessoas que vivem em diferentes circunstâncias sociais com esta experiência de doença e não apenas pessoas que vivem sob as mesmas condições.

gem diz respeito ao que você apresenta como resultados ou interpretações exemplares (ver Flick, 2009, p. 115). As decisões de amostragem aqui não são normalmente tomadas seguindo critérios abstratos (como na amostragem aleatória), mas sim seguindo critérios substantivos referindo a casos ou grupos de casos concretos.

Um risco importante para as decisões de amostragem é a construção de grupos comparativos. Aqui você decide em que nível quer realizar suas comparações. Por exemplo, o seu foco serão as diferenças e semelhanças entre pessoas e instituições, ou entre situações e fenômenos?

Métodos

A distinção fundamental aqui é entre:

a) a análise direta do que ocorre; e
b) a análise dos relatos sobre o que ocorreu.

A primeira vai envolver a observação (do participante) ou os estudos de interação. No segundo caso, você vai trabalhar com as entrevistas com os participantes e com as narrativas deles. Você pode decidir entre diferentes graus de abertura e estruturação: a coleta de dados pode se basear nas questões previamente formuladas ou nas narrativas, enquanto a observação pode ser estruturada ou aberta e participante. A análise dos dados pode ser orientada em categorias (algumas vezes anteriormente definidas) ou no desenvolvimento do texto (da narrativa ou do protocolo da interação: ver Capítulos 7 e 8).

Graus de padronização e controle

Miles e Huberman (1994, p. 16-18) distinguem entre concepções de pesquisa rígidas e flexíveis na pesquisa qualitativa. Concepções rígidas de pesquisa envolvem questões delimitadas de forma restrita e procedimentos de seleção rigorosamente determinados. Os autores enxergam essas concepções como apropriadas quando os

> **Quadro 6.17**
>
> **DECISÃO QUALITATIVA 7: MÉTODOS**
>
> Sua decisão aqui diz respeito ao nível dos dados (relato ou observação) e ao grau de abertura ou estrutura na coleta e na análise dos dados. Outros pontos de referência – além da sua questão de pesquisa e das condições particulares no campo – serão os objetivos do seu estudo e dos recursos disponíveis.

> **Quadro 6.18**
>
> **DECISÃO QUALITATIVA 8: PADRONIZAÇÃO E CONTROLE**
>
> Na pesquisa qualitativa, a padronização e o controle desempenham um papel menos importante em comparação ao seu papel na pesquisa padronizada. Você pode, entretanto, tentar reduzir a variedade no seu material e tentar focar a sua abordagem o máximo possível (produzindo concepções rígidas). Como alternativa, você pode reduzir a padronização e o controle se decidir por uma abordagem mais aberta e menos definida (concepção flexível). Ambas têm suas vantagens e desvantagens.

pesquisadores carecem de experiência em pesquisa qualitativa, quando a pesquisa opera tendo por base constructos estritamente definidos, ou quando ela é restrita à investigação de relacionamentos particulares em contextos familiares. Nesses casos, eles encaram as concepções flexíveis como um desvio do resultado desejado, pois estas são caracterizadas por conceitos menos definidos e dificilmente têm, no início, quaisquer procedimentos metodológicos. As concepções rígidas facilitam decidir que dados são relevantes para a investigação. Elas facilitam comparar e resumir os dados de diferentes entrevistas ou observações.

Generalização

Na pesquisa qualitativa, os objetivos podem variar. Por exemplo, entre:

a) apresentar uma análise detalhada de um único caso no maior número possível de seus aspectos; ou
b) comparar vários casos; ou ainda
c) desenvolver uma tipologia de diferentes casos.

A generalização envolvida pode ser mais teórica do que numérica. A consideração mais importante tende a ser mais ligada à diversidade dos casos levados em consideração ou ao escopo teórico dos estudos destes do que ao número de casos incluídos nele. Desenvolver uma teoria pode ser também uma forma de generalização em vários níveis. Esta teoria pode se referir à área substantiva que foi estudada (p. ex., uma teoria acerca da confiança nas relações de aconselhamento). A generalização pode ser avançada por meio do desenvolvimento de uma teoria formal se concentrando em contextos mais amplos (p. ex., uma teoria

> **Quadro 6.19**
>
> **DECISÃO QUALITATIVA 9: GENERALIZAÇÃO**
>
> Sua decisão em relação ao tipo de generalização que você objetivou terá implicações para o planejamento do seu estudo e, em particular, para a sua seleção dos casos. Esta decisão deve levar em conta os objetivos do seu estudo e, ao mesmo tempo, a questão do que é possível no campo que você estuda. Deve também levar em consideração a situação dos possíveis participantes. De modo mais geral, surge a questão do quão apropriado é, para o seu campo de estudo, o tipo de generalização que você está pretendendo fazer.

> **Quadro 6.20**
>
> **DECISÃO QUALITATIVA 10: APRESENTAÇÃO**
>
> Você deve decidir cuidadosamente como apresentar sua pesquisa. É importante que não apresente apenas alguns resultados, mas deixe também transparente como adentrou este campo, como entrou em contato com as pessoas relevantes e como reuniu os dados de que precisou para sua análise. É também importante que seus leitores tenham acesso à maneira como você coletou seus dados e como os analisou. O caminho percorrido entre os dados originais e as declarações e conclusões mais gerais (comparativas, analíticas) deve ser elucidado com exemplos na seção dos métodos do seu relatório e com suficiente material original (citações) na sua seção de resultados. As ilustrações com materiais da amostra, com quadros ou tabelas, podem ser muito úteis aqui.

de confiança interpessoal relacionada a vários contextos). Esta distinção entre a teoria substantiva e a teoria formal foi sugerida por Glaser e Strauss (1967).

Apresentação

Finalmente, você deve considerar no seu planejamento as questões da apresentação. O material empírico constituirá a base de um ensaio ou de uma narrativa com uma função mais ilustrativa? Ou seu objetivo é realizar um estudo sistemático dos casos que estão sendo estudados e as variações entre eles? Você precisa considerar aqui os critérios de avaliação que serão aplicados para a sua tese. Em geral, a questão será como relacionar declarações e evidências concretas com interpretações mais gerais ou profundas para que suas inferências sejam substanciadas de maneira clara e convincente. (As questões de apresentação serão discutidas em mais detalhes no Capítulo 13.)

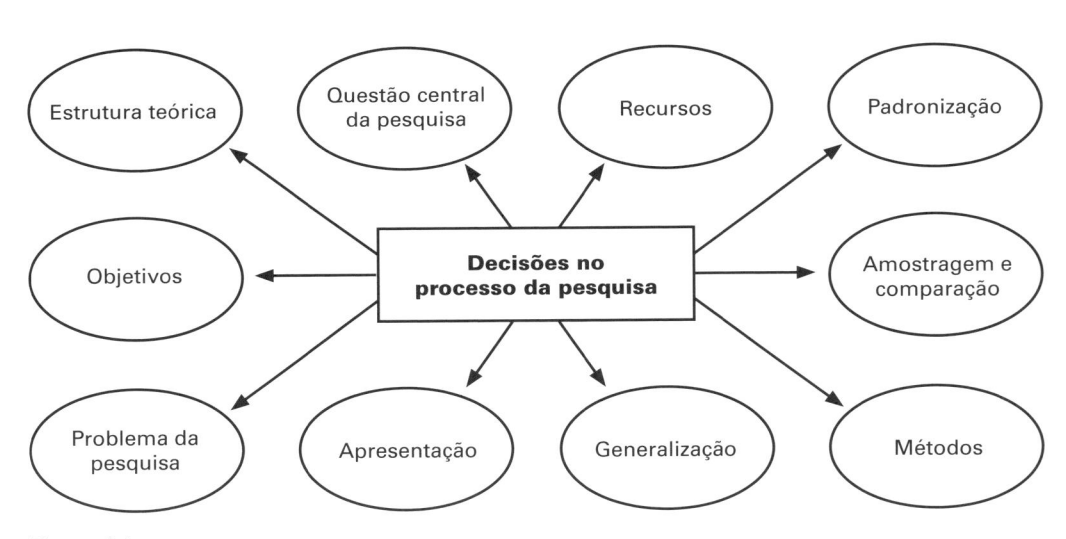

Figura 6.1
Decisões no processo da pesquisa.

☑ Decisões dentro das pesquisas quantitativa e qualitativa

Na pesquisa padronizada, o processo de decisão esboçado na primeira parte deste capítulo destina-se a ajudar a selecionar as alternativas no procedimento e aplicá-las em maior ou menor extensão à questão do seu estudo. Cada uma das decisões delimita a perspectiva que você pode assumir sobre o que é o seu estudo e define que partes deste tema você pode cobrir por meio dos seus dados e da sua análise. Na pesquisa qualitativa, assim como na quantitativa, podemos descrever o processo como uma série de decisões. Planejar um projeto de pesquisa envolve uma série de decisões que põem em primeiro plano alguns aspectos e exclui outros. Estas decisões requerem a consideração de questões inter-relacionadas relativas ao seu campo de estudo, ao tema a ser pesquisado, ao contexto teórico e à metodologia envolvida.

As decisões discutidas até agora neste capítulo estão resumidas na Tabela 6.2. Estas decisões (exibidas na Figura 6.1) vão informar a forma da concepção da pesquisa e do processo da pesquisa em seus passos posteriores.

☑ Decisão entre pesquisa qualitativa e padronizada

Os fatores que se seguem proporcionam pontos de partida para decidir entre abordagens qualitativas e quantitativas para o seu projeto empírico:

- O tema do seu estudo e suas características devem ser seus principais pontos de referência para uma decisão desse tipo.
- As abordagens teóricas têm implicações na escolha de suas abordagens metodológicas.
- Sua questão de pesquisa concreta vai desempenhar um papel importante na definição de como você se concentra no seu tema conceitualmente e como o cobre empiricamente.
- As decisões metodológicas entre os métodos qualitativos e quantitativos e as concepções devem derivar dos pontos de referência mencionados, não devendo ter como base a simples crença de que apenas uma ou outra versão da pesquisa social é científica, aceitável ou digna de crédito.
- Uma referência importante deve ser a dos recursos disponíveis. (Entretanto, com relação ao tempo, observe que a realização de uma análise qualitativa consistente e cuidadosa na maior parte dos casos requer tanto tempo quanto um estudo quantitativo.) Sob o título de "recursos" aqui estão incluídos seu próprio conhecimento metodológico e a sua competência.

No geral, sua decisão entre as metodologias qualitativas e quantitativas deve estar mais direcionada pelo seu interesse na pesquisa e pelas características do campo e do tema que você estuda do que por preferências metodológicas anteriores. Se não for possível decidir inequivocamente entre as duas abordagens, uma possibilidade é o uso de uma combinação das duas (ver Capítulo 10).

☑ Decisão entre realizar pesquisa *in loco* ou *on-line*

Como será também discutido no Capítulo 9, as abordagens quantitativa e qualitativa podem assumir a forma de pesquisa *on-line*. Você pode, por exemplo, conduzir uma pesquisa de levantamento por meio da internet,

Tabela 6.2 DECISÕES NAS PESQUISAS QUANTITATIVA E QUALITATIVA

Decisão	Estudo quantitativo	Estudo qualitativo
Problema da pesquisa	O conhecimento existente é suficiente? Um número suficiente de participantes é acessível?	O que é novo sobre o problema? Um número suficiente de participantes é acessível?
Objetivos	Tipo de estudo Interesse da pesquisa Estado da arte da pesquisa	Área do conhecimento de interesse e objetivos práticos?
Estrutura teórica	O modelo foi uma base para a operacionalização?	Foi captada a perspectiva da pesquisa?
Questões da pesquisa	Úteis para o trabalho com o problema da pesquisa?	Delimitam a questão da pesquisa?
Recursos	Reivindicações metodológicas em relação a dinheiro, tempo, etc.	É possível analisar os dados coletados no tempo delimitado?
Amostragem e comparação	Apropriação da amostragem: seus grupos-alvo são suficientemente considerados?	Há diversidade dos fenômenos na amostra?
Métodos	Os métodos são seus ou foram usados métodos já existentes? Dados novos ou já existentes?	A abertura e estrutura dos dados advêm dos métodos?
Padronização e controle	Limites para a padronização no campo	Há comparabilidade das diferenças nos grupos ou campos?
Generalização	Até que ponto é pretendida uma generalização?	Até que ponto pode ser pretendida uma generalização?
Apresentação	Há condensação dos aspectos essenciais?	Os procedimentos são compreensíveis e transparentes?

em vez de enviar formulários pelo correio e esperar que a resposta deles seja também enviada assim. Você pode também considerar realizar suas entrevistas *on-line* em vez de presencialmente. Os argumentos esboçados na literatura relacionada às vantagens e desvantagens de realizar projetos de pesquisa *on-line* em comparação com a maneira tradicional estão detalhados no Capítulo 9.

☑ Decisão sobre abordagens específicas da pesquisa

Os compêndios sobre pesquisa social com frequência proporcionam pouca ajuda no que concerne à escolha entre métodos específicos para um projeto. A maioria dos livros trata, separada e isoladamente, cada método ou concepção de pesquisa descrevendo suas características e problemas também em separado. Na maioria dos casos, eles falham em proporcionar uma apresentação comparativa, quer de alternativas metodológicas ou das bases para a seleção de métodos apropriados para o tema da pesquisa em questão.

Na medicina ou na psicoterapia, é habitual checar a adequabilidade de um determinado tratamento para problemas e grupos de pessoas específicos. Isto levanta a questão da "indicação": é perguntado se um tratamento específico é "indicado" (isto é, apropriado) para um problema específico em um caso específico. Similarmente, na pesquisa social podemos perguntar quando (em termos de, p. ex., a questão, o campo e o tema da pesquisa) os métodos qualitativos são indicados e em que casos, em vez deles, são indicados os métodos quantitativos. Por exemplo, é prática comum estudar a "qualidade de vida" para as pessoas que vivem com uma doença crônica. Você vai encontrar muitos instrumentos estabelecidos para a mensuração da qualidade de vida (p. ex., o SF-36) que são regularmente aplicados para mensurar a qualidade de vida de diferentes populações. A questão da indicação torna-se relevante se você quer usar este instrumento para estudar a qualidade de vida de, digamos, uma população de pessoas muito idosas vivendo em uma casa de repouso, sofrendo de várias doenças (não apenas uma) e que estão um pouco desorientadas. Então você verá que este instrumento bem estabelecido encontra seus limites nas características específicas destes grupos-alvo: como mostrou Mallinson (2002), a aplicação deste instrumento não está totalmente clara para uma população desse tipo e a situação concreta em que ela está vivendo. A questão da pesquisa – "Qual é a qualidade de vida das pessoas idosas com morbidade múltipla em casas de repouso?" – é apropriada. Entretanto, devido às condições concretas sob as quais você vai estudá-lo, você pode precisar de outros métodos de análise além do estabelecido SF-36. Para esta população, um método diferente (p. ex., entrevistas abertas) pode ser mais indicada do que o método comum. Isto pode ser diferente se você estudar a questão da qualidade de vida para uma população mais geral. Neste caso, pode não haver necessidade de usar métodos muito abertos e partir de uma abordagem muito aberta para desenvolver teorias e instrumentos. Aqui, conhecimento suficiente sobre o tema e a população está disponível para ser aplicado aos métodos padronizados e bem estabelecidos. A Tabela 6.3 ilustra esta comparação diagramaticamente (para mais detalhes sobre esta questão na pesquisa qualitativa, ver Flick, 2009, Capítulo 20).

☑ Reflexão durante o processo

Antes de considerar em detalhes os métodos mais comuns disponíveis para a reali-

Tabela 6.3	INDICAÇÃO DOS MÉTODOS DE PESQUISA		
Psicoterapia e medicina		**Pesquisa social**	
Quais doenças, sintomas, diagnósticos, população indicam	qual tratamento ou terapia?	Qual tema, população, questão da pesquisa, conhecimento do tema e da população indicam	qual método ou métodos?
1. Quando um método particular é apropriado e indicado?			
2. Quando a combinação de métodos é apropriada e indicada?			
3. Como você toma uma decisão racional contra ou a favor de determinados métodos?			

zação de um projeto de pesquisa, você pode ser aconselhado a recuar por um momento e refletir sobre o processo do planejamento até o momento. A Tabela 6.4 apresenta uma lista de questões de orientação para examinar a consistência e a adequação do seu planejamento até agora. A reflexão acerca destas questões vai proporcionar uma base sólida para escolher seus métodos para a coleta e a análise dos seus dados.

☑ Lista de verificação para a escolha de um método específico

Para escolher seus métodos concretos, você pode usar como orientação os pontos do Quadro 6.21. Estas questões podem ser relevantes para planejar seu próprio projeto e para avaliar os estudos existentes de outros pesquisadores.

Tabela 6.4 DIRETRIZES BÁSICAS PARA A REFLEXÃO SOBRE O SEU PROJETO DE PESQUISA

Tema	Diretrizes básicas	Aspectos relevantes
Relevância	Para que finalidade o seu estudo é importante?	• Que progresso de conhecimento teórico e empírico você espera de seus resultados? • Que relevância prática você vê para seus resultados?
Clareza	O quão clara é a conceitualização do seu estudo?	• O quão claros são os objetivos do seu estudo? • Sua questão de pesquisa está formulada com clareza?
Conhecimento básico	Quais são as bases do seu estudo e da realização dele?	• Você checou o estado da arte da pesquisa e o conhecimento sobre o tema da sua pesquisa? Ambos justificam um estudo padronizado e de testagem de hipóteses? Ou há lacunas suficientes para justificar um estudo qualitativo? • Que habilidade metodológica você tem para realizar o estudo?
Viabilidade	O estudo pode ser realizado?	• Seus recursos (p. ex., tempo) são suficientes para que você possa realizar o estudo? • Você esclareceu o acesso ao campo e aos participantes? Quão provável é a possibilidade de organizar este acesso? • Há pessoas (suficientes) para responder às suas perguntas?
Escopo	A abordagem foi planejada muito estreitamente?	• Você vai incluir casos, grupos, eventos, etc. em diversidade suficiente? • O índice de resposta e a presteza em participar serão suficientes? • Que generalização você pode conseguir com seus resultados?
Qualidade	Que reivindicações de qualidade podem ser formuladas para os resultados?	• Você conseguirá aplicar os métodos de maneira consistente? • As declarações dos participantes serão confiáveis? • Os dados serão suficientemente consistentes para que você realize a análise pretendida com eles?

(continua)

Tabela 6.4	DIRETRIZES BÁSICAS PARA A REFLEXÃO SOBRE O SEU PROJETO DE PESQUISA (cont.)	
Tema	**Diretrizes básicas**	**Aspectos relevantes**
Neutralidade	Como você pode evitar vieses e parcialidade?	• Você pode abordar o campo e os participantes de uma maneira não tendenciosa, mesmo que não compartilhe dos seus pontos de vista? • Você pode evitar agir pró ou contra alguns participantes de uma maneira parcial? • Você pode aceitar os limites dos seus procedimentos metodológicos?
Ética	Sua pesquisa é eticamente sólida?	• Você pode prosseguir em sua pesquisa sem decepcionar os participantes ou causar danos a eles? • Como você pode garantir o anonimato, a proteção dos dados e a confidencialidade?

Quadro 6.21

LISTA DE VERIFICAÇÃO PARA A ESCOLHA DE UM MÉTODO ESPECÍFICO

1. Até que ponto sua abordagem metodológica é adequada para os objetivos e pontos de partida teóricos do seu estudo?
2. Seus métodos de coleta de dados se adequam àqueles de análise dos seus dados?
3. Seus dados se adequam ao nível de escalonamento e aos cálculos que você fará a partir deles?
4. Os métodos de análise a serem usados são apropriados ao nível de complexidade dos dados?
5. Que implicações os métodos selecionados – desde a amostragem até a coleta e a análise – têm para a questão do estudo e qual a abrangência deles?
6. Sua decisão sobre determinados procedimentos baseia-se no tema e no campo do seu estudo ou nas suas preferências metodológicas?
7. Você avaliou que abordagens são "indicadas"?

Pontos principais

- ✓ Ao realizar pesquisa social, sejam os métodos qualitativos ou quantitativos, você enfrenta decisões em cada um dos passos esboçados no Capítulo 4.
- ✓ As decisões são inter-relacionadas. O método de coleta de dados deve ser levado em conta quando você decide como realizar a sua análise.
- ✓ Os objetivos da sua pesquisa – por exemplo, quem você quer atingir e talvez convencer com seus resultados – e as condições estruturais (p. ex., os recursos disponíveis e as características das pessoas ou dos grupos e campos do seu estudo) também têm um papel importante.
- ✓ As decisões entre as abordagens qualitativas e quantitativas devem ser direcionadas pelo tema que você estuda e pelos seus recursos.
- ✓ O mesmo se aplica à decisão de conduzir ou não o seu projeto por meio da internet.
- ✓ Checar a "indicação" dos métodos de pesquisa proporciona um ponto de partida para as decisões discutidas neste capítulo.

☑ Leituras adicionais

O primeiro e o último textos a seguir assumem uma abordagem mais integrativa à escolha dos métodos de pesquisa, enquanto a segunda e a terceira referências adotam uma perspectiva qualitativa.

Bryman, A. (2008) *Social Research Methods*, 3. ed. Oxford: Oxford University Press.

Flick U. (2009) *Introdução à Pesquisa Qualitativa*, 3. ed. Porto Alegre, Artmed. Capítulo 9.

Miles, M.B. & Huberman, A.M. (1994) *Qualitative Data Analysis: An Expanded Sourcebook*, 2. ed. Thousand Oaks, CA: Sage.

Punch, K. (1998) *Introduction to Social Research*. London: Sage.

Parte III
Trabalhando com dados

A parte central de um projeto de pesquisa consiste em coletar e analisar os dados. Esta terceira parte do livro explica estes processos.

O Capítulo 7 introduz três formas principais de coleta de dados. A primeira é o uso de questionários ou entrevistas; a segunda é o uso de observações; e o terceiro é a pesquisa documental. O Capítulo 8 se concentra nas três principais formas de análise dos dados. A primeira é a análise do conteúdo; a segunda é a estatística descritiva; e a terceira é a análise interpretativa para dados qualitativos. Os estudos de caso são discutidos ao final do capítulo. O Capítulo 9, por sua vez, considera o uso da internet na pesquisa, especialmente para as pesquisas de levantamento e entrevistas *on-line* e para a etnografia virtual.

Todo método tem suas limitações, podendo por isso ser proveitoso combinar diferentes métodos. O Capítulo 10 esboça as maneiras diferentes de fazê-lo mediante a pesquisa de métodos mistos, a triangulação e a pesquisa integrada.

7
Coleta de dados: abordagens quantitativa e qualitativa

VISÃO GERAL DO CAPÍTULO

Pesquisas de levantamento e entrevistas.. 108
Observação... 121
Trabalho com documentos... 124
Obtenção e documentação das informações... 126
Lista de verificação para a concepção da coleta de dados... 130

OBJETIVOS DO CAPÍTULO

Este capítulo destina-se a ajudá-lo a:

- ✓ entender uma série de métodos da pesquisa social para a coleta de dados;
- ✓ compreender as semelhanças e diferenças, com relação aos métodos, entre a pesquisa qualitativa e a quantitativa;
- ✓ avaliar os métodos disponíveis para você e o que você pode conseguir com eles.

Tabela 7.1 NAVEGADOR PARA O CAPÍTULO 7

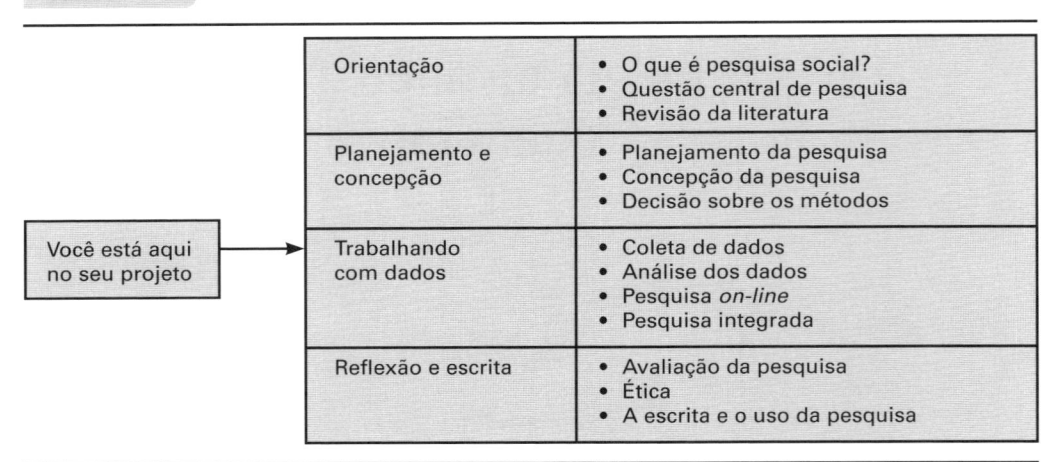

	Orientação	• O que é pesquisa social? • Questão central de pesquisa • Revisão da literatura
	Planejamento e concepção	• Planejamento da pesquisa • Concepção da pesquisa • Decisão sobre os métodos
Você está aqui no seu projeto →	Trabalhando com dados	• Coleta de dados • Análise dos dados • Pesquisa *on-line* • Pesquisa integrada
	Reflexão e escrita	• Avaliação da pesquisa • Ética • A escrita e o uso da pesquisa

Na pesquisa social, há três formas principais de coleta de dados: você pode coletar os dados fazendo perguntas às pessoas (mediante pesquisas de levantamento e entrevistas), observando-as ou estudando documentos. Este capítulo delineia cada uma delas separadamente.

☑ Pesquisas de levantamento e entrevistas

Como uma forma de preparação para o entendimento das alternativas para fazer perguntas às pessoas, por favor responda ao questionário apresentado no Quadro 7.1.

Quadro 7.1

QUESTIONÁRIO

Por favor, preencha o trecho do questionário a seguir, cujo foco é avaliar o estresse causado por estudar, segundo as seguintes instruções:
"Nós lhe pedimos para responder a algumas perguntas sobre sua situação pessoal e sobre características da sua universidade. Por favor, circule sem hesitar em até que ponto cada uma das áreas mencionadas nas questões é estressante e satisfatória para você. Muito estressante é indicado pelo valor 5 na escala do estresse; muito satisfatória, pelo valor 5 na escala de satisfação. Não estressante ou satisfatória é indicado por 1 na respectiva escala. Se, para você, uma das áreas é apenas estressante ou apenas satisfatória, por favor faça um círculo em uma das escalas (estressante ou satisfatória)." Se você circular o 0, isso significa que esta área não é nem estressante nem satisfatória para você.

Estressante   Satisfatório
5 ---- 4 ---- 3 ---- 2 ---- 1 ---- 0 ---- 1 ---- 2 ---- 3 ---- 4 ---- 5

	Estressante	**Satisfatório**
Estudar nesta universidade significa para mim uma limitação do meu comportamento	5 ---- 4 ---- 3 ---- 2 ---- 1 ---- 0 ---- 1 ---- 2 ---- 3 ---- 4 ---- 5	

(continua)

Quadro 7.1

QUESTIONÁRIO (continuação)

	Estressante	Satisfatório
Fazer provas para mim é	5 ---- 4 ---- 3 ---- 2 ---- 1 ---- 0 ---- 1 ---- 2 ---- 3 ---- 4 ---- 5	
Na universidade, contatos acontecem com frequência	5 ---- 4 ---- 3 ---- 2 ---- 1 ---- 0 ---- 1 ---- 2 ---- 3 ---- 4 ---- 5	
Na universidade, contatos raramente acontecem	5 ---- 4 ---- 3 ---- 2 ---- 1 ---- 0 ---- 1 ---- 2 ---- 3 ---- 4 ---- 5	
Os professores e os conferencistas dificilmente me perturbam por causa dos meus estudos ou do meu trabalho	5 ---- 4 ---- 3 ---- 2 ---- 1 ---- 0 ---- 1 ---- 2 ---- 3 ---- 4 ---- 5	
Despender muito tempo (de lazer) com meus estudos para mim é	5 ---- 4 ---- 3 ---- 2 ---- 1 ---- 0 ---- 1 ---- 2 ---- 3 ---- 4 ---- 5	
Com frequência tenho que decidir entre a família/amigos e estudar	5 ---- 4 ---- 3 ---- 2 ---- 1 ---- 0 ---- 1 ---- 2 ---- 3 ---- 4 ---- 5	
Às vezes tenho de fazer coisas com as quais eu não concordo na universidade	5 ---- 4 ---- 3 ---- 2 ---- 1 ---- 0 ---- 1 ---- 2 ---- 3 ---- 4 ---- 5	
As pessoas esperam muito de mim	5 ---- 4 ---- 3 ---- 2 ---- 1 ---- 0 ---- 1 ---- 2 ---- 3 ---- 4 ---- 5	

Agora – mais uma vez a título de preparação – por favor use o material do Quadro 7.2 para entrevistar um dos seus colegas estudantes.

Que diferenças você percebe entre estas duas experiências? Que exercício você acha que melhor cobriria a situação do respondente? Que forma deu mais espaço para as próprias opiniões dele? Qual você acha que produz os dados mais claros?

Os instrumentos de pesquisa nos Quadros 7.1 e 7.2 foram adaptados de um

Quadro 7.2

ENTREVISTA SOBRE A VIDA COTIDIANA E OS ESTUDOS

Eu gostaria de realizar uma entrevista com você sobre o tema "a vida cotidiana e os estudos". É importante que você responda segundo seu ponto de vista subjetivo e expresse suas opiniões. Vou lhe fazer várias perguntas relacionadas a situações com as quais você tem experiência no que se refere aos estudos e lhe pedir para me recontar essas situações.
   Antes de tudo, eu gostaria de saber...

1. Qual foi a sua primeira experiência em estudar aqui? Você poderia, por favor, me dar um exemplo concreto a respeito disso?
2. Por favor, fale-me sobre como foi o seu dia de ontem e em que momento seus estudos desempenharam um papel nele.
3. Quando você observa o que faz em seu tempo livre, que papel os seus estudos desempenham nele? Por favor, dê-me um exemplo concreto disso.
4. Se você observar a sua vida em geral, tem a sensação de que estudar ocupa uma parte maior dela do que você esperava? Pode resumir isto me dando um exemplo?
5. O que você vincula à palavra "estresse"?
6. Quando você olha para trás: qual foi a sua primeira experiência com o estresse quando era estudante? Você poderia me falar sobre esta situação?

questionário usado para estudar o estresse no local de trabalho e em uma entrevista episódica. Eles representam formas contrastantes de indagar às pessoas sobre sua situação. A principal diferença está no grau de padronização do procedimento: o questionário surge com uma lista pré-definida de perguntas e respostas, enquanto a entrevista é mais aberta. Na entrevista, as perguntas podem ser variadas em sua sequência e os entrevistados podem usar suas palavras e decidir a que querem se referir em suas respostas. A seguir discutimos os dois métodos mais detalhadamente.

Pesquisas de levantamento padronizadas: questionários

A maioria das pesquisas de levantamento é baseada em questionários. Estes podem ser respondidos na forma escrita ou oralmente, em uma interrogação presencial, com um pesquisador anotando as respostas. Uma característica dos questionários é a sua extensiva padronização. Os pesquisadores vão determinar a formulação e a sequenciação das perguntas e as possíveis respostas. Às vezes, também são incluídas algumas questões de texto aberto ou livre, às quais os respondentes podem responder com suas próprias palavras.

Os estudos de questionário têm por objetivo receber respostas comparáveis de todos os participantes. Por isso, as questões, assim como a situação da entrevista, são designadas de forma idêntica para todos os participantes. Quando se está criando um questionário, as regras para a formulação das perguntas e a disposição da sua sequência devem ser aplicadas.

Construção da pergunta

Há aqui três questões importantes: como formular uma pergunta, que tipos de perguntas e possíveis respostas são apropriadas, e o propósito de formulá-las. As perguntas devem coletar, direta ou indiretamente, as razões de um comportamento ou atitude específica de um entrevistado, mostrando seu nível de informação no que se refere à questão sendo examinada.

Até que ponto a informação recebida é instrutiva vai depender tanto do tipo de pergunta quanto da sua posição no questionário. Vai também depender de se:

a) as perguntas se ajustam à estrutura de referência do respondente; e
b) se as estruturas de referência dele e do entrevistador correspondem.

Finalmente, a situação em que uma pergunta é formulada e deve ser respondida desempenha um papel importante.

Se você deseja identificar a estrutura de referência do entrevistado, deve pedir a ele que apresente suas razões (p. ex., "Por que você escolheu este tema para os seus estudos?"). Você vai precisar levar em conta o nível de informações do entrevistado: se as perguntas forem demasiado complexas, é provável que sejam mal interpretadas e produzam respostas difusas. De acordo com isso, você deve traduzir temas complexos em perguntas concretas, claramente entendíveis. Quando possível, use linguagem coloquial. Observe aqui que pode não fazer muito sentido incorporar a linguagem da sua hipótese diretamente nas suas perguntas.

Seja cuidadoso e evite perguntas multidimensionais, como, por exemplo, "Como e quando você descobriu que...?". Se as perguntas incluem várias dimensões, sua comparabilidade será reduzida porque os respondentes podem captar dimensões diferentes nelas. Também evite perguntas com um viés, que sugiram uma resposta específica (perguntas sugestivas) ou com algumas suposições. Por exemplo, se você está estudando os processos de exaustão, a pergunta "Quanto você se sente esgotado por seu trabalho?" supõe que o respondente já se sinta esgotado. Em vez disso, você deve descobrir mediante uma questão anterior se este é realmente o caso. As perguntas devem ser o mais curtas e simples possíveis, e alinhadas o mais próximo possível da estrutura de referência do respondente. Negações duplas devem ser evitadas. O mesmo também se aplica a termos pouco claros ou técnicos. Por exemplo, em vez de perguntar "Qual é a sua definição subjetiva de saúde", pergunte "O que você associa à palavra 'saúde'?"

Você também deve reconhecer que as características do evento que você está estudando vão influenciar a qualidade das respostas apresentadas. Quanto mais no passado um evento está, menos exatas serão as respostas. Quanto mais interessados em uma questão os entrevistados estejam, mais detalhadas e acuradas serão as respostas. Quanto mais amedrontador um evento tiver sido para os entrevistados, maior a probabilidade de que eles o tenham esquecido. Quanto mais algo está vinculado à rejeição social (p. ex., tempo passado em alas psiquiátricas), menos uma pessoa vai falar ou fazer declarações a respeito. Quanto mais valorizado algo é (p. ex., renda, *status*), maior a probabilidade de que as respostas incluam superestimações. Para perguntas fechadas com duas respostas possíveis, é mais provável que a segunda seja dada. Para perguntas com uma lista de possíveis respostas ("perguntas da lista"), alguém que não saiba a resposta pode escolher uma alternativa a partir do terço inferior da lista: isto é conhecido como "efeito da posição". Estes e outros problemas de como formular e colocar uma pergunta são tratados com detalhes por Neuman (2000, Capítulo 10).

Alguns textos (p. ex., Bortz e Döring, 2006, p. 244-6) apresentam listas de verificação para avaliar perguntas orais ou escritas padronizadas. Essas listas incluem pontos de orientação como:

- Todas as perguntas são necessárias?
- O questionário inclui perguntas redundantes?
- Quais perguntas são supérfluas?
- Todas as perguntas são formuladas de forma fácil e clara?
- Há perguntas negativas cujas respostas podem ser ambíguas?
- As perguntas formuladas são muito gerais?
- O entrevistado será potencialmente capaz de responder às perguntas?
- Existe risco de que as perguntas sejam embaraçosas para o entrevistado?
- O resultado pode ser influenciado pela posição das perguntas?
- As questões são formuladas de uma maneira sugestiva?
- As perguntas abertas são adequadamente formuladas e o questionário tem um fim adequadamente refletido?

Tipos de perguntas e de possíveis respostas

As perguntas podem ser distinguidas segundo a maneira como elas podem ser respondidas. As perguntas abertas não vêm com respostas previamente definidas, enquanto as perguntas fechadas já especificam as alternativas para respondê-las. Essas alternativas podem ser especificadas na construção da pergunta (p. ex., "A maioria das enfermeiras está satisfeita ou insatisfeita com seu trabalho?"), que permite apenas um número limitado de respostas (no nosso exemplo, duas). Uma pergunta fechada pode limitar o número de possíveis respostas usando uma escala de concordância, como visto na Figura 7.1. Uma alternativa é apresentar diferentes possibilidades para responder, como ilustrado no Quadro 7.3.

Também é possível apresentar uma situação. Aqui você listaria várias respostas possíveis à pergunta "O que você faria nessa

		Nenhum	Grau de concordância			Total
A	A ciência e a tecnologia serão capazes de resolver os problemas ambientais	1	2	3	4	5
B	Mais crescimento econômico é a precondição mais importante para a resolução dos problemas ambientais	1	2	3	4	5

Figura 7.1
Escala de resposta de cinco níveis (extraída de Diekmann, 2007, p. 212).

situação?" Ou poderia fazer perguntas relacionadas a como alguma outra pessoa reagiria nesta situação. Às vezes os questionários incluem perguntas de controle, que reformulam os temas de perguntas anteriores usando palavras diferentes. As perguntas também podem ser feitas indiretamente: por exemplo, "Muitas pessoas acham que a enfermagem, como profissão, é subestimada na nossa sociedade. Você também acha isso?" Assim, pode evitar uma confrontação direta com um tema possivelmente delicado, apesar de ainda assim receber a opinião do entrevistado.

Quadro 7.3

MANEIRAS DE DEFINIR POSSÍVEIS RESPOSTAS

1. A primeira alternativa é usar uma escala. Um exemplo é a escala de Likert, que inclui cinco possíveis respostas, uma das quais é neutra ("não sei"). Isto pode ser usado para a declaração *"A maioria das enfermeiras está infeliz com o seu trabalho"*.

   Totalmente correto — Correto — Não sei — Incorreto — Totalmente incorreto

2. Com frequência são apresentadas perguntas simples e escalas de muitos passos para respondê-las: *"Até que ponto você está feliz com o seu trabalho?"*.

   Muito satisfeito — Um pouco satisfeito — Um pouco insatisfeito — Muito insatisfeito

   Satisfeito — Nenhum dos dois — Insatisfeito

3. Uma terceira opção é apresentar várias respostas possíveis à pergunta *"O que você acha? Por que as enfermeiras estão insatisfeitas com o seu trabalho?"* (pode-se assinalar mais de uma resposta).

   - Horas de trabalho desfavoráveis ☐
   - Remuneração insuficiente ☐
   - Estresse emocional ☐
   - Estresse com os colegas ☐

Posicionamento das perguntas

As perguntas podem influenciar uma à outra. Isto é, a maneira como alguma pergunta é respondida pode ser influenciada pela pergunta formulada imediatamente antes. Isto é conhecido como o "efeito halo". Os vínculos entre as duas perguntas não são necessariamente criados deliberadamente. Em geral, é sugerido que você agrupe as perguntas a partir da mais geral no início até a mais concreta no final.

Sugestões para formular as perguntas

Porst (2000) apresentou os "10 mandamentos" da formulação da pergunta para pesquisas de levantamento. Estes são apresentados no Quadro 7.4. Seu ponto de partida é o seguinte:

> A razão das perguntas terem de ser "boas", isto é, metódica e tecnicamente perfeitas, deve ser evidente por si: as perguntas ruins conduzem a dados ruins e nenhum procedimento de atribuição de pesos e nenhum método de análise dos dados consegue apresentar bons resultados a partir de dados ruins. (2000, p. 2)

Os "mandamentos" destinam-se a assegurar que as perguntas sejam claramente formuladas e não desafiem em excesso ou confundam os respondentes. Porst pretende que estas regras proporcionem apenas uma orientação: "a maioria das regras deixa espaço para interpretação e às vezes [...] até competem uma com a outra e por isso não podem ser aplicadas 100% ao mesmo tempo" (2000, p. 2).

Perguntas práticas

Com frequência, os questionários são distribuídos e é solicitado aos destinatários que os devolvam dentro de um tempo estabelecido. Neste caso, o questionário precisará ser acompanhado de uma carta que proporcione informações suficientes sobre o estudo, explicando a sua importância e encorajando o destinatário a participar. Um problema importante é a percentagem de respostas (isto é, o número de questionários que realmente são preenchidos e devolvidos). Não é apenas necessário que um número suficiente de questionários seja devolvido (50% seria uma proporção muito boa aqui); pois, além disso, um número significativo daqueles devolvidos deve ter sido *completamente* preenchido.

Quadro 7.4

OS "10 MANDAMENTOS" DA FORMULAÇÃO DA PERGUNTA (PORST, 2000)

1. Você deve usar conceitos simples e não ambíguos que sejam entendidos da mesma maneira por todos os respondentes!
2. Você deve evitar perguntas longas e complexas!
3. Você deve evitar perguntas hipotéticas!
4. Você deve evitar estímulos duplos e duplas negações!
5. Você deve evitar suposições e perguntas sugestivas!
6. Você deve evitar perguntas que tenham como objetivo uma informação que muitos respondentes provavelmente não terão disponível!
7. Você deve formular perguntas com uma referência clara ao tempo!
8. Você deve usar categorias de respostas exaustivas e disjuntivas (sem justaposição)!
9. Você deve assegurar que o contexto de uma pergunta não tenha um impacto em sua resposta!
10. Você deve definir conceitos que não estejam claros!

Finalmente, você deve checar até que ponto a distribuição dos questionários devolvidos corresponde à amostra original. Para usar um exemplo simples: a proporção de homens em relação às mulheres em uma população é de dois para um. A seleção da amostra e o envio dos questionários devem levar em conta esta proporção. Se a proporção que caracteriza a distribuição nos questionários devolvidos é completamente diferente da proporção na amostra original, os resultados do estudo podem ser generalizados para a população apenas de maneira muito limitada. Uma alternativa é decidir não enviar os questionários, mas em vez disso realizar uma pesquisa de levantamento padronizado com um entrevistador visitando os participantes. Isto pode melhorar o retorno dos questionários, embora consuma muito mais tempo e seja dispendioso.

Exemplo: uma pesquisa de levantamento de saúde dos jovens

A pesquisa de levantamento de saúde dos jovens já foi descrita no Capítulo 2. Ela é baseada em um questionário que cobre os tópicos apresentados no Quadro 7.5 (ver Richter, 2003).

Resumo

Os questionários são apropriados para um estudo quando:

a) o conhecimento sobre a questão lhe permite formular um número suficiente de perguntas de maneira não ambígua; e
b) um grande número de participantes estará envolvido.

Os questionários são altamente padronizados. A sequência e a formulação das perguntas são definidas previamente, assim como as possíveis respostas. Porém, por serem frequentemente enviados em vez de entregues em mãos, poderá haver problemas com os índices de resposta.

Investigações não padronizadas: entrevistas e grupos focais

Passamos agora a considerar formas alternativas de entrevistas. Há as entrevistas semiestruturadas, baseadas em um guia da entrevista com – algumas vezes – tipos diferentes de perguntas a serem respondidas de um modo em maior ou menor grau aberto

Quadro 7.5

TÓPICOS NA PESQUISA DE LEVANTAMENTO DE SAÚDE DOS JOVENS

- Informações demográficas: gênero, idade, estrutura familiar, localização, nível e tipo de escola, situação socioeconômica, origem étnica.
- Saúde subjetiva: queixas psicossomáticas, saúde mental, alergias, satisfação com a vida, etc.
- Risco de acidentes e violência: lesões por acidente, assaltos (agressor e vítima), participação em brigas, uso de substâncias (tabaco, álcool, drogas ilegais).
- Comportamento alimentar e dietas: hábitos alimentares, índice de massa corporal, etc.
- Atividade física: esportes, esforços físicos, inatividade devido à televisão e o computador, etc.
- Recursos sociais: número de amigos, apoio dos pais e dos pares, situação familiar, condições de vida, etc.
- Escola: exigências de desempenho, qualidade do ensino, apoio dos pais, colegas e professores, amigos na escola, envolvimento na escola, etc.
- Grupo de pares e atividades de lazer: frequência dos encontros, uso dos meios de comunicação, participação em associações e organizações, etc.

e extensivo; há também, entrevistas baseadas em narrativas, cujo foco é convidar os entrevistados a contar (aspectos de) sua história de vida; a possibilidade das entrevistas que misturam as perguntas e os estímulos narrativos; e, finalmente, as entrevistas aplicadas a grupos, em vez de a participantes isolados. Os grupos focais são outra forma de coletar dados verbais. Em seguida, consideramos mais detalhadamente alguns destes tipos.

Entrevistas semiestruturadas

Para as entrevistas semiestruturadas, são preparadas várias perguntas que cobrem o escopo pretendido da entrevista. Para este propósito, você precisará desenvolver um guia da entrevista como uma forma de orientação para os entrevistadores. Em contraste com os questionários, os entrevistadores podem se desviar da sequência das perguntas. Eles também não ficam necessariamente presos à formulação inicial exata das perguntas quando as formulam. O objetivo da entrevista é obter as visões individuais dos entrevistados sobre um tema. Por isso, as questões devem dar início a um diálogo entre o entrevistador e o entrevistado. Mais uma vez em contraste com os questionários, em uma entrevista você não vai apresentar uma lista de possíveis respostas. Em vez disso, espera-se que os entrevistados respondam da forma mais livre e extensiva que desejarem. Se suas respostas não forem suficientemente ricas, o entrevistador deve sondar mais.

Ao construir um guia da entrevista e realizar a entrevista, quatro critérios são úteis. Estes foram apresentados (inicialmente para as entrevistas focadas) por Merton e Kendall (1946). Eles têm como foco:

- não direção na relação com o entrevistado;
- especificidade das opiniões e definição da situação a partir do seu ponto de vista;
- cobertura de uma ampla série de significados do tema;
- a profundidade e o contexto pessoal exibidos pelo entrevistado.

Para este propósito, na maioria dos casos são formuladas várias perguntas. As perguntas podem ser abertas ("O que você vincula à palavra 'saúde'?") ou semiestruturadas ("Se você pensar sobre como você se alimenta, que papel a saúde desempenha neste contexto?"). As perguntas estruturadas só são usadas raramente, pois apresentam uma declaração com a qual se espera que o entrevistado concorde ou rejeite (p. ex., "Muitas crianças estão se alimentando de modo muito desequilibrado. Na sua vida cotidiana como professor, esta é também a sua impressão?"). Essas declarações têm um caráter quase sugestivo, embora sejam algumas vezes usadas neste contexto para estimular os entrevistados a refletir sobre sua posição ou talvez também para fazê-los expressar explicitamente sua concordância ou discordância da pergunta ou declaração. Outros elementos em uma entrevista semiestruturada – como apresentar uma história de caso fictícia com perguntas referentes a ela (também conhecido como técnica da "vinheta") – podem ter uma função similar.

Decisivo para o sucesso de uma entrevista estruturada é que o entrevistador sonde em momentos adequados e conduza a discussão da questão em maior profundidade. Ao mesmo tempo, os entrevistadores devem trazer à entrevista todas as perguntas que sejam relevantes para esta questão. As questões abertas devem permitir espaço para as visões específicas e pessoais dos entrevistados e também evitar influenciá-los. Essas perguntas abertas devem ser combinadas com perguntas mais focadas, que se destinam a conduzir os entrevistados além das respostas gerais e superficiais e a introduzir temas que eles não teriam mencionado espontaneamente.

A construção de uma entrevista deve, é claro, estar vinculada de perto aos objetivos e ao grupo-alvo da pesquisa. As entrevistas hábeis (ver Bogner et al., 2009), por exemplo, não ficam tão focadas nas personalidades dos entrevistados, mas sim na necessidade de recuperar sua perícia em uma área específica. Por outro lado, se você entrevista pacientes sobre a doença deles, as próprias pessoas e suas experiências pessoais serão o principal interesse. De acordo com isso, no primeiro caso serão requeridas dos especialistas perguntas mais focadas, enquanto no segundo caso serão formuladas aos pacientes perguntas mais abertas. Em todas as aplicações de entrevistas semiestruturadas, é apenas na situação da entrevista que você pode decidir quando e como sondar extensivamente. Para este propósito, pode ser proveitoso realizar primeiro um treinamento da entrevista antes da coleta dos dados. Este vai consistir em encenações das entrevistas práticas e de comentários dos outros.

Entrevistas narrativas

Um caminho diferente para descobrir as opiniões subjetivas dos participantes é encontrado na entrevista narrativa. O fundamental aqui não são as perguntas. Em vez disso, os entrevistados são convidados a apresentar relatos mais longos e coerentes (digamos, de suas vidas como um todo, ou da sua doença e seu curso) na forma de uma narrativa. O método se destaca na pesquisa biográfica. Hermanns descreve da seguinte maneira seu princípio básico de coleta dos dados:

> Na entrevista narrativa, o informante é solicitado a apresentar a história de uma área de interesse de que tenha participado em uma narrativa improvisada [...] A tarefa do entrevistador é fazer o informante contar a história da área de interesse em questão como uma história consistente de todos os eventos relevantes do início ao fim. (1995, p. 183)

A entrevista narrativa compreende várias partes – em particular:

a) a narrativa principal do entrevistado, em seguida a uma "pergunta geradora da narrativa";
b) o estágio da sondagem narrativa, em que fragmentos narrativos que não foram exaustivamente detalhados antes são completados; e
c) o estágio final da entrevista (conhecido como a "fase do equilíbrio"), consistindo em perguntas que consideram os entrevistados como especialistas e teóricos de si mesmos.

Se você tem por objetivo suscitar uma narrativa que seja relevante para a sua questão da pesquisa, deve formular a pergunta narrativa geradora de forma ampla, embora ao mesmo tempo de uma forma suficientemente específica para produzir o foco desejado. O interesse pode se relacionar à história de vida do informante em geral. Neste caso, a pergunta narrativa geradora será mais generalizada: por exemplo, "Eu gostaria de lhe pedir que começasse com a sua história de vida". Ou o interesse pode estar em algum aspecto específico, temporal e tópico da biografia do informante, como, por exemplo, uma fase de reorientação profissional e suas consequências. Um exemplo do tipo de questão geradora aqui requerida é:

> Eu quero lhe pedir que me conte como aconteceu a história da sua vida. A melhor maneira de fazer isto seria você partir do seu nascimento, com a criança pequena que você foi um dia, e então contar todas as coisas que aconteceram, uma após a outra, até hoje.

Você pode demorar o quanto quiser fazendo isto, incluindo também detalhes, porque para mim interessa tudo o que é importante para você. (1995, p. 182)

É importante assegurar que a primeira pergunta seja realmente uma pergunta narrativa geradora e que o entrevistador não impeça a narração da história por parte do entrevistado com perguntas ou intervenções diretivas ou avaliativas. Um teste importante da validade aqui é a questão de se foi realmente apresentada uma narrativa por parte do entrevistado. Aqui você deve levar em conta que "É sempre apenas 'a história de' que pode ser narrada, não um estado ou uma rotina sempre recorrente" (1995, p. 183).

Se apresenta aqui um problema decorrente das expectativas da atribuição de papéis das partes envolvidas. Elas incluem uma violação sistemática das expectativas usuais que cercam uma "entrevista", porque a principal parte da entrevista narrativa não consiste em perguntas à maneira tradicional. Ao mesmo tempo, as expectativas em relação à situação da "narrativa do cotidiano" são também violadas, pois o espaço extensivo para a narração que o entrevistado apresenta aqui de maneira unilateral dificilmente ocorre em situações cotidianas. Isto pode produzir dificuldades para as duas partes envolvidas. Aqui, o treinamento da entrevista se concentrou na escuta ativa e é necessário um esclarecimento do caráter específico da situação da entrevista para o entrevistado.

A entrevista narrativa tem como objetivo o acesso às experiências subjetivas dos entrevistados mediante três meios:

1. A pergunta de abertura, que visa estimular não simplesmente uma narrativa, mas especificamente uma narrativa sobre a área tópica e o período na biografia do entrevistado que são de interesse do entrevistador.

2. A orientação do escopo para os entrevistados na parte principal da narrativa, que os capacita a contar suas histórias talvez até mesmo por várias horas.

3. O adiamento das intervenções concretas, estruturantes e tematicamente aprofundadas na entrevista até a parte final, quando o entrevistador deve captar as questões mencionadas brevemente e formular perguntas focadas. Isto significa que as atividades estruturantes do entrevistador estão localizadas no final da entrevista e, talvez ainda mais profundamente, no início dela.

A entrevista episódica

Os dois métodos apresentados até agora escolhem uma abordagem – sejam perguntas e respostas, ou estímulo narrativo e a narração das histórias de vida – como a principal abordagem de um tema em estudo. Entretanto, para muitas questões de pesquisa é necessário usar um método que combine os dois princípios – as narrativas e a indagação – igualmente. A entrevista episódica (ver Flick, 2008a; 2009) parte da suposição de que as experiências dos indivíduos sobre certa área ou questão estão armazenadas nas formas de conhecimento narrativo-episódico e semântico. Embora a primeira forma esteja focada de perto nas experiências e ligada a situações e circunstâncias concretas, a segunda forma de conhecimento contém suposições e conexões abstratas e generalizadas. No primeiro caso, o curso da situação em seu contexto é a unidade central, em torno da qual o conhecimento é organizado. No segundo caso, os conceitos e suas inter-relações formam as unidades centrais. Para cobrir as duas partes do conhecimento sobre uma questão, o método coleta conhecimento narrativo-episódico em narrativas e conhecimento semântico em perguntas concretas e focadas.

O objetivo disso é a conexão sistemática dos dois tipos de dados (isto é, narrativas e respostas) e desse modo dos dois tipos de conhecimento que eles tornam acessíveis. A entrevista episódica dá espaço para apresentações relacionadas ao contexto na forma de narrativas, pois elas tratam as experiências em seu contexto original de forma mais imediata do que outras formas de apresentação. Ao mesmo tempo, as narrativas podem elucidar mais sobre os processos de construção das realidades por parte dos entrevistados do que outras abordagens que se concentram em conceitos e respostas mais abstratos.

O foco na entrevista é em situações e episódios em que o entrevistado teve experiências relevantes para a questão em estudo. A forma de apresentação (descrição ou narrativa) que será escolhida para a situação isolada, assim como a seleção das situações, pode ser decidida pelos entrevistados segundo a sua relevância subjetiva para a questão. O objetivo da entrevista episódica é permitir que, para cada área substancial, o entrevistado apresente experiências de forma geral ou comparativa, e ao mesmo tempo relate situações e episódios relevantes. O planejamento, a realização e a análise das entrevistas episódicas incluem os seguintes passos (ver Flick, 2000a). Como uma preparação, você deve desenvolver um guia da entrevista, que inclui estímulos e questões narrativas para as áreas e aspectos que você considera relevantes para a questão do seu estudo. No início da entrevista, você deve introduzir o princípio central dela, explicando que você irá convidar o entrevistado repetidas vezes a narrar situações específicas. O problema geral das entrevistas baseadas em narrativas também é relevante aqui; algumas pessoas têm mais problemas em narrar do que outras. Por isso, é muito importante que você explique aos entrevistados o princípio da narração das situações. Os entrevistados devem ser encorajados a narrar situações relevantes, em vez de apenas mencioná-las. Você deve se certificar de que o entrevistado entendeu e aceitou o método. Um exemplo de uma introdução desse tipo para o princípio da entrevista é: "Nesta entrevista, vou lhe pedir várias vezes para me contar as situações em que você teve experiências com o tópico da saúde."

Com as perguntas de abertura, você solicita que os entrevistados apresentem sua definição subjetiva do tema da pesquisa e narrem situações relevantes. Exemplos dessas perguntas são: "O que 'saúde' significa para você? O que você vincula à palavra 'saúde'?" ou "O que influenciou de modo particular suas ideias sobre saúde? Você pode, por favor, me falar sobre uma situação que torne isto claro para mim?". A situação exemplar que eles escolherem e narrarem para este propósito é sempre uma decisão dos entrevistados. Você pode subsequentemente analisar tanto a escolha quanto o relato da situação narrada por cada entrevistado.

A próxima parte da entrevista vai se concentrar no papel ou relevância da questão em estudo para as vidas cotidianas dos participantes. Para este propósito, você pode lhes pedir para recontar como foi o transcorrer de um dia (p. ex., ontem) e que relevância a questão teve nesse dia. Se for mencionada uma multiplicidade de situações, você deve se concentrar nas mais interessantes e procurar buscar uma apresentação mais detalhada. Mais uma vez, é interessante que os analistas identifiquem que situações os entrevistados escolhem narrar. Um exemplo de pergunta que trata das mudanças na relevância da questão é: "Você tem a impressão de que a sua ideia de saúde mudou durante a sua vida profissional? Você pode, por favor, me falar sobre uma situação que mostre esta mudança?"

Em seguida, você vai pedir aos entrevistados que esbocem sua relação pessoal com aspectos importantes da questão que está sendo estudada. Por exemplo, "O que significa para você promover a saúde como parte do seu trabalho? Você pode, por favor, me falar sobre uma situação deste tipo?" Você deve pedir ao entrevistado que ilustre estes exemplos de experiências pessoais e conceitos subjetivos da maneira mais substancial e abrangente possível, aprofundando a questão se necessário.

Na parte final da entrevista, você vai pedir aos entrevistados que falem sobre os aspectos mais gerais da questão em foco e que apresentem suas opiniões pessoais neste contexto. Isto tem o propósito de estender o escopo da entrevista. Você deve tentar ao máximo vincular estas respostas gerais a exemplos mais pessoais e concretos usados anteriormente, de forma que possíveis discrepâncias e contradições se tornem visíveis. Um exemplo de questão generalizante dessa maneira é: "Quem você acha que é responsável por sua saúde? Há uma situação por meio da qual você possa descrever isto?"

Como nas outras entrevistas, a pergunta final deve solicitar ao respondente os aspectos omitidos das perguntas ou questionar se há alguma coisa que deva ser acrescentada (p. ex., "Há mais alguma coisa...?").

Imediatamente após a entrevista, você deve completar uma folha em que vai documentar as informações sociodemográficas sobre o entrevistado e características da situação particular da entrevista. Quaisquer perturbações e alguma coisa mencionada sobre a questão da entrevista depois que o gravador foi desligado também devem ser anotadas, contanto que seja eticamente aceitável (ver Flick, 2009, p. 299 para um exemplo dessa folha de documentário).

Exemplo: conceitos de saúde dos adolescentes sem-teto

No Capítulo 2, foi descrito o estudo sobre os conceitos de saúde dos adolescentes sem-teto. Nossas entrevistas com os adolescentes foram baseadas na entrevista episódica e cobriram as áreas presentes no Quadro 7.6, no qual alguns exemplos de perguntas e de estímulos narrativos são apresentados.

Grupos focais e discussões em grupo

Uma alternativa para entrevistar indivíduos é usar entrevistas em grupo em que a mesma pergunta é feita a vários participantes, que respondem um após o outro. Como alternativa – e mais comumente – um grupo pode ser usado como uma comunidade de interação. Desde a década de 1950, as discussões em grupo têm sido usadas principalmente nas áreas de língua alemã e, em paralelo, os grupos focais eram usados no mundo anglo-saxônico. Nos dois casos, a coleta de dados se baseia na inauguração de uma discussão em um grupo sobre a questão do estudo. Por exemplo, os alunos discutem as suas experiências com a violência e como eles lidam com ela, ou os estudantes avaliam a qualidade de seus cursos e do ensino em grupos focais.

O ponto de partida para o uso deste método é que estas discussões podem tornar aparente o modo como as atitudes ou avaliações são desenvolvidas e modificadas. Os participantes provavelmente expressam mais e vão além em suas declarações do que nas entrevistas individuais. A dinâmica do grupo torna-se uma parte essencial dos dados e da sua coleta.

Para as discussões em grupo, podem ser usadas várias formações de grupo. Você pode iniciar a partir de um grupo natural (isto é, um grupo que existe na vida cotidiana além da pesquisa); de um grupo real (que é confrontado em sua vida cotidiana pela questão do estudo) ou de grupos artificiais (estabelecidos pela pesquisa segundo critérios específicos). Você pode também

> **Quadro 7.6**
>
> **TRECHOS DE UM GUIA DE ENTREVISTA PARA UMA ENTREVISTA EPISÓDICA**
>
> **Conceitos de saúde: definição geral e individual de saúde, relevância e possíveis influências**
> - Antes de tudo, eu gostaria de lhe pedir que me dissesse como era viver com a sua família. O que fez você passar a viver na rua? Você pode me contar uma situação que explique isto?
> - Agora vamos passar ao nosso tópico. O que é para você a saúde?
> - Como você determina se está saudável? Você pode, por favor, me contar uma situação que me ajude a entender isto?
>
> **Vínculos entre fatores e riscos na vida com os conceitos e práticas de saúde**
> - Se você pensar em como vive atualmente, há alguma coisa que influencie a sua saúde? Você pode me falar sobre uma situação que explique isso?
> - Você vê alguma relação entre sua atual situação de alojamento e a sua saúde? Pode me falar sobre uma situação que explique isso?
> - Como você lida com a doença? Você pode me falar de uma situação que explique isso?
> - Você acha que a sua situação financeira tem alguma influência sobre a sua saúde? Como? Você pode exemplificar uma situação para isso?
>
> **O comportamento de risco e a prevenção secundária como parte das práticas de saúde**
> - Você acha que você às vezes arrisca a sua saúde devido ao que faz? Há uma situação sobre a qual você possa me falar?
> - E se você pensar em drogas e álcool, o que você usa? Por favor, me diga uma situação em que faça isso.
>
> **Experiências de doença e lidando com elas**
> - Quando você não se sente bem, quais são seus principais problemas? Como você acha que este problema (mencionado pelo entrevistado) surge?

distinguir entre grupos homogêneos e heterogêneos. Nos grupos homogêneos, os membros são similares nas dimensões essenciais com respeito à questão da pesquisa: por exemplo, eles podem ter uma origem profissional similar. Nos grupos heterogêneos, os membros devem diferir nas características que são importantes para a questão da pesquisa. Os grupos focais e as discussões de grupo podem ser moderados de diferentes maneiras. Você pode se abster de qualquer forma de moderação, realizar algum direcionamento formal (determinando uma lista de palestrantes) ou realizar uma modernização mais substancial (introduzindo tópicos ou intervindo com algumas perguntas provocativas). Inicia-se um grupo focal ou uma discussão em grupo com um estímulo para a discussão, que pode ser uma pergunta provocativa, um gibi ou um texto, ou a apresentação de um filme curto.

Em geral, você deve estar consciente de que dirigir grupos focais requer muito esforço organizacional (p. ex., para coordenar a data do encontro). Além disso, são os vários grupos que podem ser comparados, mais que todos os participantes dos grupos. Por isso, você deve comparar os vários grupos um com o outro se tiver razões para isso devido à questão da pesquisa, e não devido ao tempo que você espera economizar em comparação com as entrevistas individuais (ver também Capítulo 11).

Conclusão

Os métodos apresentados até agora têm por objetivo coletar dados verbais – seja entrevistando indivíduos, convidando-os a narrar sua experiência autobiográfica ou fazendo os grupos discutirem uma questão. Estes métodos tornam acessível o conhecimento sobre as práticas e os processos, mas não dão acesso imediato às práticas e processos em seu curso.

✓ Observação

Mais acesso às práticas e processos é proporcionado pelo uso das observações. Aqui podemos também distinguir vários conceitos relacionados ao papel do pesquisador:

- Observação velada e aberta: até que ponto as pessoas ou os campos observados são informados de que estão sendo observados?
- Observação participante e não participante: até que ponto os observadores se tornam partes ativas do campo que está sendo observado?
- Observação sistemática e não sistemática: é aplicado um esquema de observação padronizado em maior ou menor grau ou os processos são observados de forma mais aberta?
- Observação em ambientes naturais ou artificiais: os pesquisadores entram nos campos relevantes ou "transferem" as interações para uma sala (um laboratório) específica para melhorar a qualidade das observações?
- Introspecção ou observação dos outros: na maioria dos casos, a observação vai se concentrar em outras pessoas. Que papel tem a introspecção reflexiva do pesquisador em tornar mais sólidas as interpretações dos observados?
- Observação padronizada e não padronizada: na maioria dos casos, as situações complexas são agora observadas com métodos abertos e adaptados. Entretanto, são também aplicadas as abordagens que usam as categorias de observação previamente definidas para observar uma amostra de situações.
- Observação experimental e não experimental: no primeiro caso, você vai intervir especificamente e observar as consequências dessa intervenção.

Observações padronizadas

Bortz e Döring descrevem esta abordagem da seguinte maneira:

> O plano de observação de uma observação padronizada define exatamente o que observar e como protocolar o que é observado. Os eventos a serem observados são conhecidos desde o início e podem ser fragmentados em elementos isolados ou segmentos, que são exclusivamente a questão ou a atenção do observador. (2006, p. 270)

Para a observação padronizada, você vai extrair uma amostra dos eventos ou do tempo. A primeira alternativa está orientada para alguns eventos (p. ex., uma determinada atividade) em sua frequência no período da observação ou na frequência da ocorrência em combinação com outros eventos: com que frequência as garotas respondem em uma aula de matemática ou com que frequência elas o fazem depois que uma pergunta específica é formulada? Para responder a estas perguntas, uma turma inteira é observada e a frequência dos eventos é anotada. Uma alternativa é extrair uma amostra de tempo. Aqui, a observação é segmentada em períodos fixados, em que você observa ou talvez mude o objeto de observação – por exemplo, em intervalos de cinco minutos, que são aleatoriamente amostrados segundo o período de informação (aula de matemática). As observações são realizadas com um esquema de observação padronizado, com frequência depois do treinamento dos observadores em lidar com a situação e com o instrumento. As observações podem ser documentadas em vídeo e depois em papel. Um problema pode ser a câmera (ou o esquema de observação) não cobrir os aspectos essenciais da situação. Na amostragem de tempo, os eventos relevantes podem ocorrer fora dos períodos selecionados.

Esta situação básica da observação da ciência social – os pesquisadores observam o campo e as pessoas que estão nele, usando uma amostra e se limitam a anotar os processos – pode ser estendida em várias direções na prática da pesquisa.

Experimentos

Na pesquisa experimental, especialmente na psicologia, a observação pode ser concentrada em uma intervenção deliberada em um grupo, que é então comparado com um segundo grupo em que esta intervenção está ausente. Por exemplo, nas observações na escola, o professor pode aplicar uma intervenção que reduza a agressão em um grupo – por exemplo, uma unidade de ensino sobre a diminuição de situações de conflito. Então, em um segundo grupo, esta intervenção não é aplicada. Os dois grupos serão então observados e comparados em seu comportamento na próxima situação de conflito que ocorra. Se os grupos forem montados por amostragem aleatória, este será um estudo experimental. Se os grupos já existirem (duas turmas de 7ª série) este será um estudo quase-experimental. A observação é aplicada segundo os princípios mencionados anteriormente – por exemplo, em amostragem do tempo ou de pessoas. Os pesquisadores realizarão uma observação não participante e usarão um protocolo de observação para documentar os comportamentos definidos previamente como relevantes. No nosso exemplo, os dados ainda serão coletados em uma observação de campo (na turma). Isto tornará mais complicada a padronização da situação da pesquisa. Por isso, a observação no laboratório – isto é, uma situação artificial sob condições controladas – é a alternativa a ser observada no contexto natural das situações de ensino.

Observação participante

Uma forma de coleta de dados contrastante é proporcionada pela observação participante. Aqui, a distância do pesquisador da situação observada é reduzida. Sua participação durante um período de tempo estendido no campo que é estudado torna-se um instrumento essencial da coleta de dados. Ao mesmo tempo, a observação é muito menos padronizada. Aqui você fará também uma amostragem das situações observadas, mas não no sentido de uma amostragem do tempo como descrito anteriormente. Em vez disso, você vai selecionar as situações, as pessoas e os eventos segundo até que ponto os fenômenos interessantes se tornam acessíveis nesta seleção. O principal procedimento pode ser resumido nas palavras de Jörgensen por "uma lógica e um processo de indagação que é aberto, flexível, oportunista e requer uma constante redefinição do que é problemático, baseado em fatos reunidos em ambientes concretos da existência humana" (1989, p. 13).

A observação participante pode ser entendida como um processo de duas partes. Primeiro, supõe-se que os pesquisadores se tornem participantes e encontrem acesso ao campo e às pessoas que estão nele. Segundo, a própria observação se torna mais concreta e mais fortemente orientada para os aspectos essenciais da questão da pesquisa. Podemos aqui distinguir três fases (ver Spradley, 1980, p. 34). Em primeiro lugar, supõe-se que a observação descritiva para a orientação no campo de estudo proporcione descrições menos específicas, para cobrir ao máximo a complexidade do campo e para tornar as questões da pesquisa mais concretas. Em segundo lugar, a observação focada é cada vez mais limitada aos processos e aos problemas que são particularmente relevantes para a questão da pesquisa. Supõe-se que observação seletiva ao final da coleta de dados encontre mais evidências e exemplos para os processos identificados no segundo passo. A documentação consiste principalmente em anotações de campo detalhadas dos protocolos das situações. Sempre que possível, a ética da pesquisa (ver Capítulo 12) exige que as observações sejam conduzidas abertamente, de forma que as pessoas observadas saibam que estão sendo observadas e concordem previamente com isto. Em terceiro lugar, com relação à observação (participante), o problema com frequência é que algumas questões não são imediatamente acessíveis no nível da prática, mas apenas ou principalmente se tornam "visíveis" nas interações quando as pessoas falam sobre os temas. Alguns tópicos são apenas um tema nas conversas com a pesquisa ou em entrevistas *ad hoc**. Entretanto, os resultados de uma observação participante serão mais proveitosos quando mais *insights* surgirem dos protocolos das atividades e menos surgirem dos relatos sobre as atividades. Não obstante, as conversas, indagações e outras fontes de dados sempre compreenderão uma parte grande do processo do conhecimento na observação participante.

Etnografia

Recentemente, a estratégia mais geral da etnografia tem tendido a substituir a observação participante. Entretanto, a observação e a participação também estão interligadas com outros procedimentos nesta estratégia:

> Em sua forma mais característica, ela envolve a participação do etnógrafo, explícita ou implicitamente, nas vidas cotidianas das pessoas durante um período de tempo estendido, observando o que acontece, ouvindo o que é dito, formulando perguntas – na verdade, coletando quaisquer dados disponíveis – para lançar luz às questões que são o foco da pesquisa. (Hammersley e Atkinson, 1995, p. 1)

Essa estratégia vai ajudá-lo a adaptar mais consistentemente a coleta de dados à sua questão da pesquisa e às condições do campo, já que os métodos são subordinados à prática da pesquisa no campo. Há uma forte ênfase na exploração de um campo ou fenômeno. Você vai coletar principalmente dados não estruturados em vez de usar categorias previamente definidas e um esquema de observação. Para este propósito, alguns casos estão envolvidos (ou mesmo um único caso). A análise dos dados se concentra na interpretação dos significados e das funções das práticas, declarações e processos (ver Hammersley e Atkinson, 1995, p. 110-11). Lüders encara as principais características definidoras da etnografia da seguinte maneira:

> primeiro [há] o risco e os momentos do processo de pesquisa que não podem ser planejados e são situacionais, coincidentes e individuais [...] Em segundo lugar, a habilidade dos pesquisadores em cada situação torna-se mais importante [...] Em terceiro, a etnografia [...] transforma-se em uma estratégia de pesquisa que inclui tantas opções de coleta de dados quanto possam ser imaginadas e justificáveis. (1995, p. 320-1; ver também Lüders, 2004a)

---

* N. do R.T.: *Ad hoc*: expressão do latim que significa "por ocasião".

Conclusão

Os métodos de observação anteriormente descritos variam na distância que os pesquisadores mantêm do campo que é observado; as alternativas são participar ou simplesmente observar de fora. Além disso, os métodos diferem no grau de controle das condições do estudo exercido pelos pesquisadores. O controle é mais forte nos experimentos de laboratório e mais fraco na observação participante. Eles podem também ser distinguidos pela padronização das situações de pesquisa – mais uma vez, mais limitadas na observação dos participantes e mais fortes para o experimento. Em geral, com relação à observação, a ideia norteadora da coleta de dados é que ela proporciona um acesso mais imediato às práticas e rotinas em comparação com as entrevistas e as pesquisas de levantamento. Entretanto, na maioria dos casos, as conversas, as declarações e as questões ou, às vezes, entrevistas *ad hoc* estão envolvidas nas observações.

☑ Trabalho com documentos

Os métodos apresentados até agora têm em comum que você vai *produzir* dados com eles – dados como respostas em uma pesquisa de levantamento, uma narrativa em uma entrevista ou observações e descrições no campo ou no laboratório. Como alternativa, você pode usar materiais já *existentes*, como, por exemplo, documentos resultantes de um processo institucional. Estes podem ser textos ou imagens, que podem ser analisados de maneira qualitativa ou quantitativa, dependendo da questão da pesquisa. A análise dos documentos pode se referir a materiais existentes – como diários – que não foram ainda usados como dados em outros contextos. Às vezes eles se referem a conjuntos de dados existentes de outros contextos – como estatísticas oficiais que foram produzidas não para pesquisa, mas para propósitos de documentação.

Análise secundária

O termo "análise secundária" significa que você analisa os dados que não foram coletados para o seu próprio projeto de pesquisa. Em vez disso, você usa os conjuntos de dados existentes que foram produzidos para outros propósitos.

Tipos de análises secundárias

Aqui, podemos distinguir entre reanalisar os dados de outros projetos de pesquisa e os dados produzidos para outros propósitos que não os de pesquisa. Na segunda categoria, encontramos dados de institutos de pesquisa e estatística[*] que são coletados, elaborados e analisados para propósitos de monitoramento. Eles podem ser usados para muitas questões de pesquisa. Na primeira categoria, você vai encontrar dados produzidos e analisados por outros pesquisadores ao estudarem uma questão específica, que agora podem ser novamente utilizados por outros pesquisadores para suas próprias questões de pesquisa. Isto pode ser organizado mediante a cooperação direta de pesquisadores com outros pesquisadores. Mas há também várias instituições que coletam conjuntos de dados de projetos de pesquisa e os fornecem para outros pesquisadores, que pagam pelo direito de usar estes dados. Exemplos dessas instituições são o GESIS na Alemanha e o GALLUP nos Estados Unidos. Em vários contextos, os conjuntos de dados são elaborados como "arquivos de uso público" e disponibilizados para os pesquisadores interessados em realizar um trabalho futuro com eles.

---

[*] N. de R.T.: No Brasil, o IBGE mantém um grande número de dados de pesquisas (www.ibge.gov.br).

Seleção e atribuição de peso aos dados secundários

A vantagem de analisar os dados secundários é que você não precisa coletar dados e pode, assim, economizar tempo. Entretanto, você deve considerar algumas questões e problemas que surgem quando se usa dados secundários. Em primeiro lugar, deve checar se estes dados se ajustam à sua questão de pesquisa: eles incluem as informações necessárias para respondê-la? Em segundo lugar, você deve avaliar se a forma de elaboração em que os dados estão disponíveis corresponde aos objetivos do seu estudo. Um exemplo simples ilustra bem isso: se a sua questão de pesquisa se refere a uma distribuição de idade em intervalos de um ano, mas os conjuntos de dados disponíveis classificaram as pessoas estudadas em grupos etários (p. ex., em intervalos de cinco anos) e se esta classificação não pode ser rastreada ao valor específico em anos, isto pode produzir problemas na possibilidade de poder usar os dados para o seu propósito. Um segundo exemplo: muitos estudos epidemiológicos têm sido baseados nas estatísticas de causa de morte nas jurisdições de saúde locais para a reconstrução das frequências de algumas doenças como causas de morte. Aqui, em muitos casos, não foi o atestado de óbito isolado que foi usado como dado, mas a classificação realizada pela jurisdição de saúde. Neste caso, mais uma vez, o problema resulta de que a classificação de diferentes causas de morte (ou doenças) em categorias não necessariamente será a mesma que os pesquisadores necessitavam ou teriam aplicado para o seu estudo e para sua questão da pesquisa. O erros cometidos na alocação de um único caso a uma categoria não podem ser avaliados em tal conjunto de dados (ver Capítulo 8). O problema mais comum é que os dados estão disponíveis apenas em uma forma agregada, isto é, elaborados e processados, e que os dados brutos originais não são acessíveis.

Análise qualitativa dos documentos

Como alternativa, você pode usar os documentos existentes para uma análise qualitativa. A definição que se segue esboça o que é em geral entendido como "documentos":

> Os documentos são *artefatos padronizados*, na medida em que ocorrem habitualmente em *formatos* particulares: anotações, relatos de caso, rascunhos, atestados de óbito, observações, diários, estatísticas, relatórios anuais, certificados, julgamentos, cartas ou opiniões de especialistas. (Wolff, 2004, p. 284)

Mais uma vez, você pode utilizar os documentos produzidos para o seu estudo. Por exemplo, você pode pedir a um grupo de pessoas que escreva um diário durante os próximos 12 meses e depois analisar e comparar o que foi anotado nestes diários. Ou você pode usar documentos existentes, como, por exemplo, os diários escritos por um grupo específico de pessoas (p. ex., pacientes com um diagnóstico específico) em suas vidas cotidianas independentes da pesquisa. Os documentos são, em sua maioria, disponíveis como textos (em formato impresso) e, cada vez mais, disponibilizados também – ou exclusivamente – em formato eletrônico (p. ex., em um banco de dados).

Muitos documentos oficiais ou privados destinam-se apenas a um círculo limitado de destinatários que são autorizados a acessá-los ou aos quais são destinados. Os documentos oficiais permitem conclusões sobre o que seus autores ou as instituições que eles representam fazem ou pretendem fazer, ou como eles avaliam. Os documentos são produzidos com um determinado propósito – por exemplo, para fundamentar uma decisão ou para convencer uma pessoa ou uma autoridade. Mas isso também significa que os documentos representam as questões apenas de uma maneira limitada. Ao analisá-los para propósitos de pesquisa, você deve sempre considerar quem produziu um documento, para quem e com que propósito. A maneira como os documentos são concebidos é uma parte do seu significado e a maneira como algo é apresentado influencia os efeitos que serão produzidos por um documento.

De um ponto de vista prático, o primeiro passo é identificar os documentos relevantes. Para analisar os registros oficiais, você tem que descobrir onde eles estão armazenados e se são acessíveis para propósitos de pesquisa. Então você terá de fazer a seleção apropriada: que registros existentes você vai usar efetivamente e por quê (ver também Rapley, 2008)?

Dados visuais: fotos e filmes

Os dados visuais, tais como fotos, filmes e vídeos, têm atraído a atenção como documentos a serem utilizados na pesquisa (ver Knoblauch et al., 2006). Mais uma vez, podemos distinguir duas abordagens: as câmeras podem ser usadas como instrumentos para a coleta de dados e as imagens podem ser produzidas para propósitos de pesquisa; ou ainda as imagens já existentes podem ser selecionadas para a pesquisa e analisadas. Uma abordagem possível seria analisar as fotos dos álbuns de família e da história familiar ou individual documentada nestas fotos ao longo do tempo. Na pesquisa com famílias ou instituições, a análise das autoapresentações em fotos ou imagens dos membros exibidas nas paredes dos aposentos pode proporcionar *insights* acerca das estruturas do campo social (ver Banks, 2008). As análises da mídia também se referem a filmes ou séries de TV para analisar a apresentação de alguns problemas e de como uma sociedade lida com eles (sobre o assunto, ver Denzin, 2004).

Conclusão

Quando você usa materiais já existentes (textos, imagens, conjuntos de dados) para o seu estudo, você economiza tempo na fase da coleta de dados, já que esta seleção será limitada a partir dos materiais existentes. Mas você não deve subestimar os obstáculos que surgem desses materiais; fotos, textos e estatísticas têm sua própria estrutura e esta é com frequência extremamente influenciada por quem as produziu e com que propósito. Se esta estrutura não for compatível com as demandas dos dados advindas da sua questão de pesquisa, isto pode produzir problemas de seletividade. A resolução desses problemas pode às vezes ser mais dispendiosa e consumir mais tempo do que a coleta dos seus próprios dados. Por isso, o uso de dados secundários em particular e de materiais existentes em geral só é sugerido se a questão de pesquisa lhe der boas razões para fazê-lo.

✓ Obtenção e documentação das informações

A pesquisa social é baseada em dados coletados com métodos empíricos. Em geral, podemos distinguir dois principais grupos de métodos. Os métodos quantitativos têm por objetivo cobrir os fenômenos em estudo em suas frequências ou distribuições e, por isso, trabalham com grandes números de casos na coleta de dados. Os números estão em primeiro plano. Por exemplo, você pode investigar com que frequência ocorrem os tempos de espera no hospital, qual o tempo médio que um paciente espera (desnecessariamente) antes de um tratamento e como isto é distribuído durante a semana.

Os métodos qualitativos, porém, estão mais interessados na descrição exata de processos e concepções, e por isso com frequência trabalham com pequenos números de casos. Em primeiro plano estão os textos — por exemplo, entrevistas transcritas. No nosso exemplo você coletaria dados sobre como ocorrem as situações em que os pacientes esperam (desnecessariamente), quais as explicações subjetivas que a equipe tem para isto ou como os pacientes individuais encaram estas situações de espera.

A coleta de dados na pesquisa qualitativa busca objetivos diferentes e se baseia em princípios diferentes dos da pesquisa quantitativa. A pesquisa quantitativa dedica-se aos ideais de mensuração e trabalha com números, escalas e construção de índices. Já a pesquisa qualitativa é mais orientada para a produção de protocolos das suas questões de pesquisa e para sua documentação e reconstrução. Antes de voltarmos nossa atenção para os métodos de análise dos dados (ver Capítulo 8), vamos examinar brevemente estes objetivos e princípios.

Mensuração

Uma mensuração é presumida para os métodos quantitativos, em uma medida de tempo, por exemplo, a duração de um evento é identificada com um instrumento de mensuração (um relógio). Isto é bastante simples se houver uma unidade estabelecida (p. ex., 1 minuto, 1 centímetro) e um meio de mensuração para identificar quantas destas unidades são apresentadas no caso concreto (p. ex., 15 minutos de tempo de espera). Entretanto, com frequência esta unidade não existe para os objetos nos quais a ciência social está interessada; tendo nesses casos que ser definida pelo pesquisador. Mensurar é, portanto, alocar um número a um determinado objeto ou evento. Existem três problemas nesta alocação. Em primeiro lugar, o número vem representar o objeto ou suas características no processo adicional da pesquisa – em outras palavras, o objeto em si não faz mais parte do processo. Além disso, os diferentes valores numéricos representam diferenças e relações entre os objetos. Por exemplo, as extensões do tempo de espera antes de uma operação são mensuradas em minutos. Neste caso, você pode presumir que 2 minutos são sempre 2 minutos e 4 minutos demoram duas vezes mais que 2 minutos. Outro exemplo ilustra os outros dois problemas, ou seja, clareza e significância. O estresse do paciente tem de ser traduzido primeiro em um valor numérico. Se numa escala "extremamente estressado" é igual a 4, "muito estressado" igual a 3 e "estressado" igual a 2, você não pode supor nem que a distância entre 2 e 3 é tão grande quanto aquela entre 3 e 4, nem que um valor de 2 representa sempre o mesmo grau de estresse subjetivo. Esta é a questão da clareza dos valores de mensuração. Finalmente, você não pode supor neste exemplo que um valor de 4 aqui representa o dobro do valor de 2. Este é o problema da significância. Isso levanta questões sobre que operações matemáticas fazem sentido tendo por base as mensurações realizadas.

Escalonamento

A atribuição de valores numéricos a um objeto ou a um evento conduz à construção de uma escala. Aqui quatro tipos de escalas podem ser distinguidas.

Uma escala nominal atribui valores numéricos idênticos a objetos com características idênticas. Por exemplo, o masculino como gênero pode receber o rótulo de 1, enquanto o feminino como gênero pode receber o rótulo de 2. Não existe uma relação entre os valores.

Nas escalas ordinais, existe um valor de ordenação entre os valores. Se no nosso exemplo o grau do estresse subjetivo dos pacientes é rotulado como 4 quando a situação é extremamente estressante, 3 quando é muito estressante e 2 quando é estressante, isto representa uma ordem entre os diferentes graus de estresse subjetivo. Mas aqui as distâncias entre os valores não são necessariamente iguais.

Em uma escala intervalar, em contraste, as distâncias entre dois valores são sempre as mesmas. Um exemplo disto é a escala de temperatura Fahrenheit.

Um escala de razão é apresentada se não apenas as distâncias entre os valores forem iguais, mas também se você puder supor que duas unidades de distância representam o dobro da distância de uma unidade. Os exemplos são mensurações de comprimento ou massa: a distância entre 2 kg e 3 kg é a mesma que a distância entre 5 kg e 6 kg, e 6 kg é o dobro do peso de 3 kg. Além disso, uma escala de razão tem um ponto zero real. As escalas de razão raramente são encontradas nas ciências sociais e na sua pesquisa.

O tipo de escala determina quais cálculos são justificados para cada escala (ver Capítulo 8). A Tabela 7.2 resume os vários tipos de escala.

Contagem

Se você quiser contar determinados objetos, isto supõe que os objetos a serem contados são iguais em suas principais características: ou seja, que você não está "comparando maçãs e laranjas". Se quiser contar pessoas, atividades ou situações, a uniformidade como uma precondição da contabilidade tem de ser produzida previamente. As pessoas são caracterizadas por forte individualidade e diversidade. Elas podem ser contadas se puderem ser classificadas de acordo com características específicas – por exemplo, suas idades. A idade já é definida como um número. Para outras características, mais qualitativas, primeiro tem de ser realizada uma classificação na forma numérica.

Tabela 7.2 TIPOS DE ESCALA

Tipo de escala	Declarações possíveis	Exemplos	Respostas e valores
Escala nominal	Diferenças de igualdade	Gênero	☐ Masculino ☐ Feminino
		Grupos profissionais	☐ Médico ☐ Professor
		Satisfeito com o tratamento	☐ Sim ☐ Não
Escala ordinal	Relações maiores-menores	*Status quo* social	☐ Classe alta ☐ Classe média ☐ Classe trabalhadora
		Notas na escola	☐ Muito boas ☐ Boas ☐ Satisfatórias ☐ Suficientes ☐ Fracas
Escala intervalar	Uniformidade das diferenças	Temperatura (°F)	☐ 36 °F ☐ 37 °F ☐ 38 °F
		Calendário, intervalos de tempo (p. ex., de licença de saúde/ano)	☐ Um dia ☐ Dois dias ☐ Três dias
Escala de razão	Uniformidade das relações	Massa	☐ Um quilograma ☐ Dois quilogramas ☐ Três quilogramas
		Comprimento	☐ Um centímetro ☐ Dois centímetros ☐ Três centímetros

Alguém é homem ou mulher. As características podem ser úteis em vários graus (nada, um pouco, média, muito ou extraordinariamente útil). Para ser capaz de contar um aspecto, a característica tem de ser classificada e rotulada com um valor numérico (nada útil é classificado como 1, um pouco útil como 2, etc.). Depois, você pode contar estas características e relacioná-las às outras usando valores numéricos. Uma precondição é que uma característica como a prestimosidade possa ser classificada a partir de tais categorias. Para este propósito, deve ser possível definir as categorias exatamente (p. ex., o que "um pouco útil" ou "nada útil" significam?). As categorias devem ser capazes de descrever a característica de uma maneira exaustiva (deve ser possível relacionar todas as possíveis formas de prestimosidade a estas categorias).

Construção de um índice

Para características quantitativas como a idade, todas as pessoas com um determinado valor (idade) são sumarizadas (p. ex., todos aqueles com 25 anos de idade) ou alocadas a grupos etários específicos (p. ex., pessoas de 20-30 anos de idade). Com frequência, características mais complexas têm de ser contadas. Muitos estudos partem do *status quo* social de uma pessoa (p. ex., para descobrir se as pessoas com um *status quo* social elevado ficam doentes com menos frequência do que pessoas com *status quo* social baixo). O *status quo* social é construído a partir de várias características isoladas – a situação educacional, a profissão, a renda, a situação habitacional. Isto significa que é construído um índice em que estas características isoladas são combinadas. A contagem, então, é aplicada a este índice. As partes do índice podem ter o mesmo peso ou pesos diferentes – por exemplo, quando a renda tem um peso duas vezes maior que as outras partes da situação social. Na pesquisa sobre qualidade de vida (ver, p. ex., Guggenmoos-Holzmann et al., 1995) foi estabelecida uma variedade de índices de qualidade de vida.

Protocolos

Enquanto a pesquisa quantitativa é baseada na mensuração e na contagem, a pesquisa qualitativa tende a evitar o uso desses valores numéricos. Em vez disso, o primeiro passo é produzir um protocolo dos eventos e do contexto em que eles ocorreram. O protocolo deve ser o mais detalhado, abrangente e exato possível. Para as observações, você vai produzir descrições detalhadas das situações e de seus contextos. As entrevistas são gravadas em fita ou em *mp3 players* e isto é complementado por protocolos de memória da situação da entrevista. As interações são documentadas em fitas de áudio ou vídeo para possibilitar um acesso repetido e o menos filtrado possível aos dados básicos. Enquanto nas entrevistas os dados são produzidos com métodos (as questões conduzem a respostas ou narrativas, que são produzidas especificamente para a pesquisa), várias outras abordagens na pesquisa qualitativa – como etnografia ou análise da conversa (ver Capítulo 8 e Flick, 2009 para mais detalhes) – se restringem a registrar e protocolar as situações da vida cotidiana sem o uso de perguntas ou questões, isto é, apenas pela observação. A pesquisa quantitativa produz uma condensação específica dos dados já na sua coleta, delimitando-os a questões específicas e possíveis respostas, enquanto a pesquisa qualitativa está em primeiro lugar interessada em dados menos condensados. A redução das informações aqui é parte da análise. Os dados originais devem permanecer disponíveis de uma maneira não filtrada e repetidamente acessível.

Documentação

A documentação dos dados tem uma relevância específica aqui. Um registro abrangente é considerado de suma importância para a pesquisa qualitativa. Por isso, a gravação em áudio ou vídeo tem prioridade sobre as anotações rápidas das respostas ou práticas. Somente quando os dispositivos de gravação técnicos atrapalham o método – quando eles impedem o pesquisador de participar e de se integrar ao campo na observação participante, por exemplo – a preferência ainda é anotações de campo e protocolos criados a partir da observação (ver Flick, 2009, Capítulo 22 para mais detalhes). Um registro detalhado e abrangente conduz, na maioria dos casos, a uma transcrição similarmente exata dos dados. Isto deve incluir o máximo possível das informações do contexto para as declarações dos entrevistados. Aqui, mais uma vez, uma visão não obstruída da realidade em estudo é considerada extremamente relevante.

A exatidão na documentação dos eventos é uma precondição para uma interpretação detalhada das declarações e das ocorrências baseadas nos dados.

Reconstrução

Na análise e na interpretação dos dados, torna-se possível reconstruir – perguntando, por exemplo, como algo ocorreu ou ocorre, ou o que os participantes pensaram sobre esta ocorrência. Em uma reconstrução detalhada das trajetórias do caso, são obtidos dados que então serão o objeto da comparação. Esta comparação não funciona com números, mas não obstante destina-se a conseguir declarações generalizadas. Por exemplo, as reconstruções de trajetórias isoladas conduzem à construção de tipos de processos e a descrições detalhadas destes tipos. É menos importante aqui a frequência com que estes tipos podem ser identificados. Em vez disso, a questão principal é até que ponto estes tipos cobrem a extensão das trajetórias existentes e permitem inferências sobre quando e sob que condições cada tipo é relevante.

Sumário

Os dois tipos de métodos – quantitativo e qualitativo – são com frequência caracterizados, respectivamente, como "métodos padronizados" e "não padronizados", porque uma diferença essencial entre eles é o seu grau de padronização dos procedimentos. A análise dos dados a partir de um questionário de maneira quantitativa e estatística só faz sentido quando a coleta dos dados foi padronizada por uma formulação e sequenciação uniforme das questões, além de alternativas uniformes para respondê-las. Isto requer que cada participante esteja exatamente sob as mesmas condições ao responder às questões. Os estudos qualitativos, ao contrário, são com frequência mais proveitosos quando os procedimentos são menos padronizados e aplicados de maneira flexível para que aspectos novos e inesperados se tornem relevantes. Ao mesmo tempo, deve-se atentar para a inclusão de informações do contexto: as respostas dos participantes não podem se afirmar como fatos em si. Em vez disso, eles devem estar incorporados em uma narrativa mais longa ou em uma apresentação estendida. Isto vai então permitir *insights* quanto ao significado subjetivo do que foi apresentado e, desse modo, deixar claro em quais contextos os próprios entrevistados entendem suas declarações.

☑ Lista de verificação para a concepção da coleta dos dados

Ao realizar seu projeto empírico na pesquisa social, você deve considerar os pontos destacados no Quadro 7.7 para selecionar e conceituar os métodos de coleta de dados. Estas questões podem ser úteis para a realização do seu próprio estudo e também para avaliar os estudos de outros pesquisadores.

Quadro 7.7

LISTA DE VERIFICAÇÃO PARA A CONCEPÇÃO DA COLETA DE DADOS

1. Quais são os principais aspectos que devem ser cobertos pela coleta de dados?
2. O foco está mais nas práticas referentes a uma questão ou mais no conhecimento a respeito dela?
3. Os dados existentes já incluem as informações relevantes, para que não seja necessário coletar seus próprios dados?
4. Os dados existentes e o seu conteúdo, seu grau de detalhamento, se adequam à sua questão da pesquisa?
5. Qual é a intenção para os dados em sua análise posterior? Os dados foram proporcionados pelo método de coleta de dados apropriado para este tipo de análise (em sua exatidão, estrutura e nível de escalonamento)?
6. Que escopo para as idiossincrasias (dos conteúdos ou da maneira de apresentá-los por parte dos participantes) os métodos selecionados oferecem, e que escopo é necessário para responder à questão da pesquisa?
7. Que grau de exatidão na documentação e na transcrição dos dados qualitativos é necessário para responder à questão da pesquisa?

Pontos principais

- ✓ As pesquisas de levantamento, as entrevistas, a observação e o uso dos dados existentes são os principais métodos na pesquisa social.
- ✓ Estes métodos desempenham um papel importante tanto na pesquisa qualitativa quanto na quantitativa.
- ✓ As pesquisas de levantamento podem ser feitas de uma maneira aberta ou com várias possibilidades pré-definidas para responder as questões.
- ✓ Eles podem ser realizados com questões ou estímulos narrativos, com participantes isolados ou em grupos.
- ✓ A observação pode ser aplicada de maneira padronizada ou pode ser aberta e participante.
- ✓ As análises secundárias ou materiais têm de levar em conta a estrutura inerente de seus dados.
- ✓ Na pesquisa quantitativa, os dados são coletados em mensurações e em diferentes níveis de escalonamento, os quais têm implicações para os tipos de análises possibilitados.
- ✓ Em alguns casos, os eventos são contados. Algumas vezes as características só podem ser acessadas indiretamente, mediante a construção de um índice que cubra várias características isoladas.

✓ Leituras adicionais

O primeiro e o quarto textos listados a seguir proporcionam uma visão geral abrangente dos métodos da pesquisa social e focam principalmente os métodos quantitativos. O segundo e o terceiro, por sua vez, se concentram mais nos métodos qualitativos.

Bryman, A. (2008) *Social Research Methods*, 3. ed. Oxford: Oxford University Press.

Flick U. (2009) *Introdução à Pesquisa Qualitativa*, 3. ed. Porto Alegre, Artmed. Capítulo 9.

Flick U. (ed.) (2011) *Coleção Pesquisa Qualitativa*, 6 vols. Porto Alegre: Artmed.

Neuman, W.L. (2000) *Social Research Methods: Qualitative and Quantitative Approaches*, 4. ed. Boston: Allyn and Bacon.

8

Análise de dados quantitativos e qualitativos

VISÃO GERAL DO CAPÍTULO

Análise de conteúdo 134
Análise de dados quantitativos 140
Análise interpretativa 147
Estudos de caso e tipologias 159
Lista de verificação para análise dos dados 161

OBJETIVOS DO CAPÍTULO

Este capítulo destina-se a ajudá-lo a:

✓ entender alguns dos métodos principais de análise dos dados na pesquisa social;
✓ entender as similaridades e diferenças entre os procedimentos de análise de dados qualitativos e quantitativos;
✓ ser capaz de avaliar quais métodos estão disponíveis para a sua pesquisa e o que eles podem oferecer.

Tabela 8.1	NAVEGADOR PARA O CAPÍTULO 8

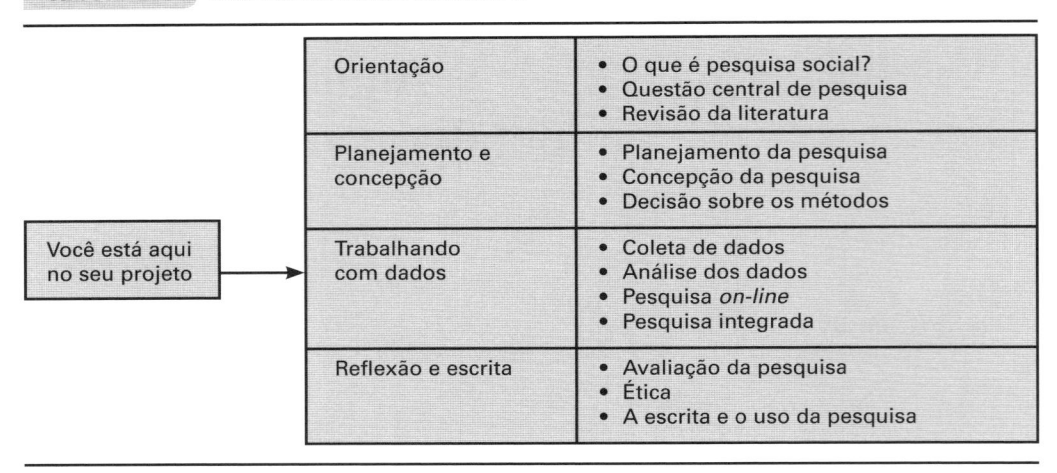

	Orientação	• O que é pesquisa social? • Questão central de pesquisa • Revisão da literatura
	Planejamento e concepção	• Planejamento da pesquisa • Concepção da pesquisa • Decisão sobre os métodos
Você está aqui no seu projeto →	Trabalhando com dados	• Coleta de dados • Análise dos dados • Pesquisa *on-line* • Pesquisa integrada
	Reflexão e escrita	• Avaliação da pesquisa • Ética • A escrita e o uso da pesquisa

O capítulo anterior discutiu métodos selecionados para a coleta de dados. Neste capítulo, vamos passar a descrever os métodos para análise dos dados que foram coletados. Primeiro vamos considerar a análise de conteúdo quantitativa e qualitativa, focando em seguida nas análises de quantificação de dados padronizados. Por último, examinaremos os métodos para análise de dados quantitativos advindos de entrevistas e de observações do participante.

☑ Análise de conteúdo

A análise de conteúdo é um procedimento clássico para analisar materiais de texto de qualquer origem, de produtos da mídia a dados de entrevistas. É "um método empírico para a descrição sistemática e intersubjetivamente transparente das características substanciais e formais das mensagens" (Früh, 1991, p. 25). O método é baseado no uso de categorias derivadas de modelos teóricos. Normalmente, se aplica essas categorias aos textos, em vez de desenvolvê-las a partir do próprio material – embora evidentemente se possa examinar as categorias à luz dos textos em análise. A análise de conteúdo tem por objetivo classificar o conteúdo dos textos alocando as declarações, sentenças ou palavras a um sistema de categorias.

Distinguimos, a seguir, as análises de conteúdo quantitativo e qualitativo.

Análise quantitativa de conteúdo

Análise de periódicos

Enquanto a análise *qualitativa* de conteúdo é vista como um método de análise de dados de entrevistas, algumas fontes consideram a análise quantitativa de conteúdo mais como um método específico de coleta de dados (ver, por exemplo, Bortz e Döring, 2006). Schnell e colaboradores (2008, p. 207) consideram o método "uma mistura de 'técnica analítica' e procedimento de coleta de dados", sendo usado para coletar e classificar informações, por exemplo, em artigos de periódicos. Encontramos como definição:

A análise quantitativa de conteúdo capta as características isoladas do texto categorizando partes dele em categorias, que são operacionalizações das características que interessam. As frequências das categorias isoladas informam sobre as características do texto analisado. (Bortz e Döring, 2006, p. 149)

Na linha de frente dessas análises estão as questões:

a) O que caracteriza a comunicação sobre uma questão específica em alguns meios de comunicação?
b) Qual o impacto que isto tem nos destinatários?

De acordo com este modelo, a comunicação pode ser definida segundo a fórmula de Laswell (1938): QUEM (o comunicador) DIZ (escreve, menciona na forma de sinais...) O QUE (a mensagem) em QUE CANAL (o meio) a QUEM (o receptor) e COM QUE EFEITO?

O cerne metodológico da análise de conteúdo é o sistema de categorias usado para classificar os materiais que você estuda. A atribuição de uma passagem no texto para uma categoria é descrita como codificação. Um passo fundamental é que você escolha os materiais certos (a amostra que é extraída do texto) e as unidades corretas para a sua análise. Que textos de que periódico e de que dias de publicação você deve selecionar? Você vai analisar palavras isoladas ou vai alocar sentenças ou parágrafos inteiros às categorias?

Estratégias analíticas

Podemos distinguir várias estratégias analíticas. Em análises de frequência simples, você indaga com que frequência determinados conceitos são mencionados nos textos que você analisa. Este método é usado para inferir a presença medial de um tópico nos jornais diários: por exemplo, com que frequência o tópico "fundo de saúde" foi um tema citado nos mais importantes comunicados de imprensa alemães no período em estudo (ver a Tabela 8.2)?

Em uma análise de contingência, você não procura apenas a frequência dos conceitos (e, portanto, dos tópicos) na imprensa durante o período relevante. A análise de contingência está interessada em quais outros conceitos aparecem ao mesmo tempo: por exemplo, com que frequência a questão

Tabela 8.2 A ANÁLISE DE FREQUÊNCIA NA ANÁLISE DE CONTEÚDO

	Fundo de saúde
Periódico A – 20/10/2008	
Periódico B – 20/10/2008	
Periódico A – 21/10/2008	
Periódico B – 21/10/2008	
Periódico A – 22/10/2008	
Periódico B – 22/10/2008	
Periódico A – 23/10/2008	
Periódico B – 23/10/2008	

Tabela 8.3	ANÁLISE DE CONTINGÊNCIA NA ANÁLISE DE CONTEÚDO			
	Fundo de saúde	Déficits com o cuidado	Custos	Interesse dos seguros-saúde
Periódico A – 20/10/2008				
Periódico B – 20/10/2008				
Periódico A – 21/10/2008				
Periódico B – 21/10/2008				
Periódico A – 22/10/2008				
Periódico B – 22/10/2008				
Periódico A – 23/10/2008				
Periódico B – 23/10/2008				

"fundo de saúde" é mencionada junto com "déficits com o cuidado" ou "custos" (ver a Tabela 8.3)?

Análise quantitativa de conteúdo de outros textos

A análise quantitativa de conteúdo é com frequência usada para analisar artigos de jornal. No entanto, você pode utilizá-la como um método para a análise de entrevistas ou outros materiais que tenham sido produzidos para propósitos de pesquisa.

Passos na análise de conteúdo quantitativa

Podemos distinguir vários passos na análise. Primeiro você deve decidir quais textos são relevantes para o propósito do seu estudo. O passo seguinte é extrair uma amostra destes textos antes de definir a unidade de contagem (todas ou algumas palavras, grupos de palavras, sentenças, artigos completos, manchetes, etc.). Partindo da questão da pesquisa e da sua base teórica, você vai em seguida derivar um sistema de categorias. Estas devem ser:

a) mutuamente exclusivas (claramente distinguíveis);
b) exaustivas;
c) precisas;
d) baseadas em dimensões sutis; e
e) independentes uma da outra.

A classificação dos textos por categorias diz respeito principalmente à redução do material. O sistema de categorias pode consistir em conceitos e subconceitos. Com frequência é estabelecido um dicionário que inclui os nomes das categorias e as definições e regras para atribuir palavras às categorias. Para aplicar as categorias aos textos, são definidas regras de codificação. Os codificadores coletam as unidades analíticas aplicando as categorias que foram definidas previamente. Os codificadores são treinados para este propósito e o sistema de codificação é checado em um pré-teste para sua confiabilidade (correspondência da atribuição por diferentes codificadores). Depois, as análises estatísticas são aplicadas para identificar com que frequência algumas palavras – no total ou em conexão com outras palavras – aparecem no texto e para a análise da distribuição de categorias e conteúdos (ver a seguir).

Problemas da análise quantitativa de conteúdo

Os problemas na análise quantitativa de conteúdo surgem do isolamento necessário de palavras ou passagens que são, deste modo, extraídas do seu contexto. Os textos são decompostos em seus elementos, que podem então ser usados como unidades empíricas. Isto dificulta mais captar qualquer significado ou coerência dos e nos textos.

Por exemplo, tem havido tentativas para identificar mudanças nas atitudes com relação aos idosos através da análise de artigos de periódicos, usando, para isto, as frequências com que algumas palavras (p. ex., "frágil" ou "experiência") aparecem junto com "idade" ou "idosos". Se os conceitos ou as frequências em que eles são usados juntamente com "idade" e "idosos" estão mudando, isto é usado para inferir as mudanças nas atitudes com relação ao envelhecimento.

A aplicação da análise de conteúdo é, por isso, frequentemente, muito reducionista. Isto pode resultar da forte padronização e do uso de unidades analíticas pequenas (p. ex., uma única palavra) para proporcionar a repetitividade, a estabilidade e a exatidão da análise. A repetitividade se refere ao grau em que as classificações do material são completadas da mesma maneira por vários analistas; a estabilidade significa que o método de classificação do conteúdo não varia com o tempo; e a exatidão indica até que ponto a codificação de um texto corresponde à norma de codificação ou à codificação-padrão.

Um ponto forte da análise quantitativa de conteúdo é que com ela você pode analisar grandes quantidades de dados. Os procedimentos podem ser padronizados em alto grau. As frequências e as distribuições das declarações, atitudes, etc. podem ser calculadas. O seu ponto fraco, porém, é que desde o início se exclui a análise de casos isolados: o texto isolado e a sua estrutura ou particularidade como um todo não são considerados, ou seja, o contexto das palavras é muito negligenciado. Até que ponto a análise das frequências ou dos tópicos nos textos é suficiente para responder a questões de pesquisa substantivas é um tema que tem sido debatido desde os primórdios da pesquisa com análise de conteúdo.

Análise qualitativa de conteúdo

Em contraposição ao pano de fundo das limitações das abordagens de quantificação, Mayring (1983) desenvolveu sua abordagem de uma análise qualitativa de conteúdo.

O procedimento da análise qualitativa de conteúdo

O primeiro passo aqui é definir o material (p. ex., selecionar as entrevistas ou aquelas partes que são relevantes para responder à questão da pesquisa). Em seguida, você vai analisar a situação da coleta de dados (como o material foi gerado, quem estava envolvido, quem estava presente na situação da entrevista, de onde vieram os documentos a serem analisados e assim por diante). Você vai continuar caracterizando formalmente o material (o material foi documentado com um registro ou um protocolo? Houve uma influência na transcrição do texto quando ele foi editado? E assim por diante). Depois você vai definir a direção da análise para os textos selecionados e "o que realmente se quer interpretar deles" (1983, p. 45).

No passo seguinte, a questão da pesquisa é mais definida tendo por base as teorias. Uma precondição é que a "questão de pesquisa da análise deve ser claramente definida por antecipação, estar teoricamente vinculada às pesquisas anteriores sobre a questão e ser, em geral, diferenciada em subquestões" (1983, p. 47). Depois disso você vai selecionar a técnica analítica (ver a seguir) e definir as unidades. A "unidade de codificação" define qual é "o menor elemento do material que pode ser analisado, a mínima parte do texto que pode cair em uma categoria"; a "unidade contextual" define qual é o maior elemento no texto que pode cair em uma categoria; e a "unidade analítica" define que passagens "são analisadas uma após a outra". Agora você vai conduzir as análises reais antes de interpretar seus resultados finais no que diz respeito à questão da pesquisa. No fim, vai perguntar e responder as questões da validade (ver Figura 8.1).

Técnicas da análise qualitativa de conteúdo

O procedimento metódico concreto envolve essencialmente três técnicas. No *resumo da análise de conteúdo*, você vai parafrasear o material de forma a poder deixar de fora passagens e paráfrases menos relevantes com os mesmos significados (esta é a primeira redução) e agrupar e resumir paráfrases similares (a segunda redução). Por exemplo, em uma entrevista com um professor desempregado, a declaração "e na verdade foi bem o contrário, eu fiquei muito, muito entusiasmado por estar realmente ensinando pela primeira vez" (1983, p. 59) foi parafraseada como "totalmente o inverso, muito entusiasmado na prática" e generalizado como "estou aguardando ansiosamente começar a praticar". A declaração "portanto, eu já esperava por isso, ir

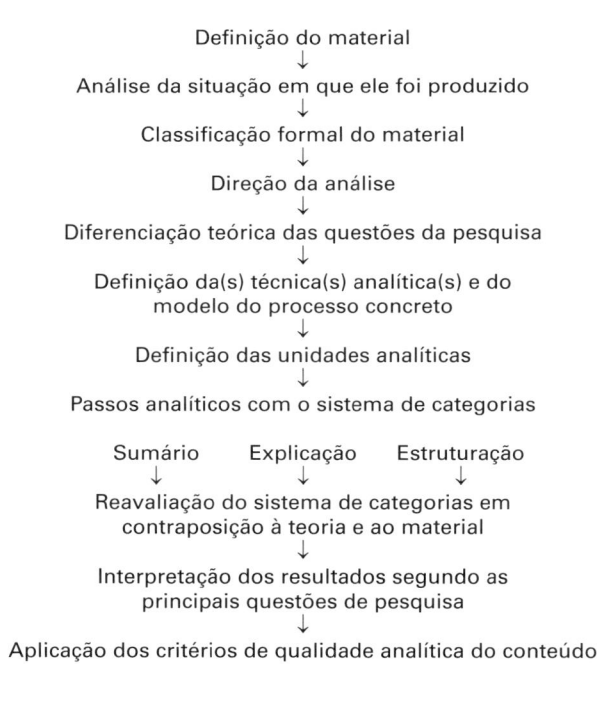

Definição do material
↓
Análise da situação em que ele foi produzido
↓
Classificação formal do material
↓
Direção da análise
↓
Diferenciação teórica das questões da pesquisa
↓
Definição da(s) técnica(s) analítica(s) e do modelo do processo concreto
↓
Definição das unidades analíticas
↓
Passos analíticos com o sistema de categorias

Sumário   Explicação   Estruturação
   ↓   ↓   ↓
Reavaliação do sistema de categorias em contraposição à teoria e ao material
↓
Interpretação dos resultados segundo as principais questões de pesquisa
↓
Aplicação dos critérios de qualidade analítica do conteúdo

Figura 8.1
Modelo do processo analítico de conteúdo geral (Fonte: Mayring, 1983, p. 49).

para um seminário, e até finalmente poder ensinar ali pela primeira vez" foi parafraseado como "esperava finalmente ensinar" e generalizado como "aguardando ansioso pela prática". Devido à similaridade das duas generalizações, a segunda então é excluída e reduzida com outras declarações para "a prática não vivenciada como um choque, mas como uma grande diversão" (1983, p. 59).

A análise explicativa de conteúdo opera da maneira oposta. Ela esclarece passagens difusas, ambíguas ou contraditórias envolvendo material contextual na análise. As definições extraídas de dicionários ou baseadas na gramática são usadas ou formuladas. A "análise do contexto estrito" extrai declarações adicionais do texto para explicar as passagens a serem analisadas, enquanto a "análise do contexto amplo" busca informações fora do texto (sobre o autor, as situações geradoras, de teorias). É deste modo que uma "paráfrase explicativa" é formulada e testada.

Por exemplo: em uma entrevista, uma professora expressou suas dificuldades no ensino declarando que ela – ao contrário de seus colegas bem-sucedidos – não era do "tipo humorista" (1983, p. 109). Para descobrir o que ela queria expressar usando este conceito, definições de "humorista" foram extraídas de dois dicionários. Então, as características de um professor que se ajusta a esta descrição foram buscadas de declarações feitas pela professora na entrevista. Outras passagens foram consultadas. Tendo por base as descrições desses colegas incluídas nestas passagens, uma "paráfrase explicativa pode ser formulada: um tipo humorístico é alguém que representa o papel de um ser humano extrovertido, espirituoso, brilhante e seguro de si" (1983, p. 74). Esta explicação foi novamente avaliada aplicando-a ao contexto direto em que o conteúdo foi usado.

Com a análise estruturante de conteúdo, você busca tipos ou estruturas formais no material. Você pode procurar e encontrar quatro tipos de estruturas. Pode encontrar tópicos ou domínios específicos que caracterizam os textos (estruturas de conteúdo) – por exemplo, declarações xenofóbicas em entrevistas estão sempre vinculadas a questões de violência e crime. Ou encontra uma estrutura interna em um nível formal que caracteriza o material – por exemplo, todo texto começa com um exemplo e depois segue-se uma explicação do exemplo. A estruturação escalonada significa que você encontra vários graus de uma característica no material – por exemplo, textos que expressam xenofobia de uma maneira mais forte do que outros textos no material. Finalmente, você pode encontrar as estruturas tipificadas – por exemplo, aquelas entrevistas com participantes mulheres são sistematicamente diferentes daquelas com participantes homens na forma como as principais perguntas são respondidas.

A análise estruturante de conteúdo foi assim descrita:

> De acordo com aspectos formais, uma estrutura interna pode ser filtrada (estruturação formal); o material pode ser extraído e condensado para alguns domínios de conteúdo (estruturação com respeito ao conteúdo). Pode-se buscar características salientes isoladas no material e descrevê-las de maneira mais exata (estruturação caracterizada); e finalmente, o material pode ser avaliado segundo as dimensões na forma de escalas (estruturação escalonada). (1983, p. 53-54)

Problemas da análise qualitativa de conteúdo

A elaboração esquemática dos procedimentos faz com que este método pareça mais transparente, menos ambíguo e mais fácil de lidar do que os outros métodos qualitativos de análise. Isto acontece devido à redução que o método permite, como esboçado anteriormente. Ele é adequado principalmente à redução de grandes quantidades de texto e análises em sua superfície (O que é dito neles?). Entretanto, com frequência a aplicação das regras apresentada por Mayring se mostra pelo menos tão demorada quanto em outros procedimentos. A categorização rápida do texto baseado em teorias pode obscurecer a visão dos conteúdos, em vez de facilitar a análise do texto em sua profundidade e em seus significados subjacentes. A interpretação do texto (Como algo é dito? Qual é o seu significado?) é aplicada mais esquematicamente com este método, em especial quando é usada a técnica da análise explicativa de conteúdo. Outro problema é o uso de paráfrases, que são usadas não apenas para explicar o texto básico, mas também para substituí-lo – principalmente no resumo da análise de conteúdo. Quanto mais quantitativamente uma análise de conteúdo é orientada e aplicada, mais ela reduz o significado do texto às frequências e ao surgimento paralelo de algumas palavras ou sequências de palavras.

Exemplo de uma análise de conteúdo

O exemplo apresentado no Quadro 8.1 é uma análise de conteúdo sistemática de periódicos.

☑ Análise de dados quantitativos

Na primeira parte deste capítulo, foram apresentadas as abordagens quantitativas e as qualitativas para a análise de conteúdo. No próximo passo, vamos considerar os aspectos gerais da análise de dados quantitativos, passando em seguida às análises qualitativas interpretativas.

Elaboração dos dados

Antes de você poder analisar os dados do questionário, tem primeiro de elaborá-los. Isto inclui construir uma matriz com eles, isto é, uma compilação de todas as variáveis para toda unidade de estudo, mais especificamente de todas as respostas para cada caso (ver Tabela 8.4), que você vai transformar em valores numéricos (ver Tabela 8.5). O questionário no nosso exemplo começa com quatro perguntas sobre as características demográficas dos respondentes (gênero, idade, profissão, escolaridade) antes das questões substantivas que se seguem. Um plano de codificação foi desenvolvido previamente, mostrando que número é o código para uma possível resposta. Para o gênero, as mulheres são codificadas com 1, os homens com 2. A escolaridade é codificada com "sem" até "ensino médio" com valores de 1-4, e a profissão atual de uma maneira similar. Para as respostas às perguntas 1 e 2, os valores foram extraídos da escala (ver exemplo na Figura 7.1). Os casos recebem um número de identificação e as variáveis são rotuladas com números (p. ex., a idade na Tabela 8.4 torna-se a variável V2 na Tabela 8.5).

Neste contexto, a codificação significa alocar valores numéricos às respostas. Nesta matriz dos dados, você vai inserir todas as respostas de todos os questionários. Se as perguntas (sem uma escala definida de respostas) forem usadas, as respostas (o texto observado pelo participante neste momento) têm de ser alocadas a categorias, que serão então rotuladas com valores numéricos.

Esclarecendo os dados

No próximo passo, é necessário esclarecer os dados. Em primeiro lugar, você deve testar no primeiro cálculo da frequência se os dados foram inseridos na coluna errada.

> **Quadro 8.1**
>
> **IDADE E SAÚDE NOS PERIÓDICOS: EXEMPLO DE UMA ANÁLISE DE CONTEÚDO**
>
> Neste estudo (Walter et al., 2006), quatro periódicos, sendo dois periódicos médicos e dois de enfermagem, tiveram seu conteúdo analisado. Nós selecionamos artigos que se concentravam nos tópicos de saúde, idade, envelhecimento, pessoas idosas ou muito idosas, e na prevenção e promoção da saúde para os idosos. Com este propósito, (1) o conteúdo do título dos artigos, (2) o sumário e (3) o artigo inteiro foram analisados.
>
> O número de artigos selecionados mostra que as representações de saúde, de envelhecimento e de pessoas idosas, assim como as áreas de prevenção e promoção da saúde para os idosos raramente são temas de destaque nas quatro publicações. Dos 3.028 números das publicações nos anos de 1970-2001, apenas 83 artigos tratam explicitamente de representações de saúde; 216 (7,1%) tratam de representações do envelhecimento e de pessoas idosas; e 131 (4,3%) mencionam prevenção e promoção de saúde para os idosos num período de três décadas e em quatro importantes publicações.
>
> Para uma análise de conteúdo mais detalhada, 283 publicações de 1970 a 2011 estavam disponíveis. A relevância das questões de envelhecimento e dos idosos nos periódicos médicos e de enfermagem foi muito baixa. A distribuição das 216 publicações no período de 1970-2001 mostra, em particular, que o periódico dos clínicos-gerais e o da enfermagem abordaram este tópico, enquanto os outros dois se referiram a ele mais esporadicamente. Na década de 1970, somente 37 (17,1%) artigos puderam ser identificados tratando do envelhecimento; na década de 1980, 71 (32,9%); e, na década de 1990, 91 artigos (42,1%) se referiram a esse tópico. Três dos periódicos prestaram mais atenção ao tópico no decorrer do tempo, e apenas o segundo periódico de enfermagem abordou-o mais frequentemente na década de 1970.
>
> Na maioria dos 131 artigos identificados, a prevenção e a promoção de saúde para os idosos são mencionados segundo a distinção de prevenção primária, secundária e terciária. Apenas 12% dos 131 artigos tratam da promoção da saúde segundo a Carta de Otawa da Organização Mundial de Saúde (1986).
>
> A parte quantitativa da prevenção e da promoção da saúde para pessoas idosas é menor do que 10% na maioria dos artigos. Isto significa que o tópico só é mencionado em uma a cada três sentenças. Isto já mostra a relevância marginal da prevenção e da promoção da saúde nos periódicos estudados.
>
> Com frequência, estes temas não são explicitamente mencionados nos periódicos médicos e de enfermagem na Alemanha. Isto se aplica em particular às publicações de enfermagem, que usam em vez deles o termo "auxílios profiláticos".
>
> Em suma, a distribuição da publicação identificada no decorrer da década mostra o seguinte: as representações de saúde eram uma preocupação menos frequente nos periódicos médicos e de enfermagem na década de 1990 do que nos da década de 1970; imagens de envelhecimento e de pessoas idosas têm sido cada vez mais um tema no decorrer das décadas, mas sem terem muita relevância. Além disso, as questões da prevenção e da promoção da saúde são cada vez mais mencionadas. Todas estas conclusões mostram a crescente importância destes tópicos no decorrer do tempo, mas também que eles ainda são mencionados de maneira muito limitada.

Por exemplo, se somente 10 possíveis valores foram definidos para "profissão", mas vários casos têm valores de 25 ou 35, isto indica que talvez os valores de idade tenham sido codificados na coluna referente à profissão. Esses erros nas colunas têm de ser verificados e corrigidos. Depois, os dados que estão faltando têm de ser checados. Na Tabela 8.4, para o caso 3 a idade está faltando e foi codificada com "999" para o valor que está faltando na Tabela 8.5. Você deve também realizar uma checagem de plausibili-

Tabela 8.4 — MATRIZ DOS DADOS 1

Unidade de estudo	Variável					
	Gênero	Idade	Profissão	Escolaridade	Questão 1: grau de consenso	Questão 2: grau de consenso
Caso 1	M	21	Estudante	Ensino médio	5	3
Caso 2	F	28	Vendedor	Ensino técnico	3	4
Caso 3	M	–	Motorista de táxi	Escola fundamental	1	1
Caso 4	F	25	Médico	Sem	2	5

dade para os dados. Na Tabela 8.4, você vai encontrar entradas no caso 4 que são pelo menos improváveis (um médico sem diploma e com 25 anos de idade). Aqui você deve também checar se este é um erro de codificação ou se pode ser realmente encontrada uma combinação destas respostas nos questionários. Talvez esta resposta tenha que ser tratada como "ausente". Depois desta avaliação dos dados, que pode ser muito demorada para os grandes conjuntos de dados, e depois de corrigir todos os erros identificados, você poderá analisar os dados nos vários níveis de complexidade.

Análises univariadas: referência a uma variável

Uma maneira comum de demonstrar os pontos em comum e as diferenças para certa característica de uma variável é calcular sua distribuição na amostra em estudo.

Frequências

Se houver, digamos, quatro possíveis respostas, você pode primeiro calcular suas frequências relativas dividindo o número de casos em uma categoria pelo número de casos na amostra. Se você quiser calcular a percentagem da frequência, o resultado desta divisão é multiplicado por 100. Se, digamos, 27 de uma amostra de 100 pessoas marcaram "ensino fundamental" como seu grau mais elevado, a frequência relativa do "ensino fundamental" como seu grau escolar é de 0,27 e a percentagem é de 27%. Finalmente, você pode calcular a percentagem relativa cumulativa. Se no nosso exemplo outras 33 pessoas indicaram "ensino técnico", 20 pessoas "sem escolaridade" e

Tabela 8.5 — MATRIZ DOS DADOS 2

Unidade de estudo	Variável					
	V1	V2	V3	V4	V5	V6
01	2	21	4	4	5	3
02	1	28	1	2	3	4
02	2	999	3	3	1	1
03	1	25	5	1	2	5
...						

Tabela 8.6 DISTRIBUIÇÃO DE FREQUÊNCIA DA VARIÁVEL "ESCOLARIDADE"

	Categoria	Número de casos	Frequência relativa	Percentagem	Frequência relativa acumulada	Percentagem acumulada
Sem escolaridade	1	20	0,20	20%	0,20	20%
Ensino fundamental	2	27	0,27	27%	0,47	47%
Ensino técnico	3	33	0,33	33%	0,80	80%
Ensino médio	4	20	0,20	20%	1,00	100%

20 pessoas "ensino médio", você pode classificar os valores segundo o nível de escolaridade. Acumulando (ou adicionando) os valores isolados, você pode ver, por exemplo, que aqui a frequência relativa das pessoas com não mais que o ensino técnico é de 0,80 (ver a Tabela 8.6).

Para demonstrar a distribuição das respostas em uma amostra, você pode seguir dois caminhos: por um lado, pode identificar a tendência central; por outro lado, a dispersão.

Tendência central

A medida mais proeminente para a tendência central é a média aritmética, que é calculada dividindo-se a soma dos valores observados pelo número de casos. Um exemplo familiar é a escolaridade. Um estudante tem as notas 1, 1, 4, 3 e 5 em seu boletim. Para calcular a média, você vai somar as notas isoladas e dividir pelo número de matérias (a soma é 14, o número de matérias é 5, o que perfaz uma média de 2,8). Para calcular as médias, você precisa de dados sobre o nível das escalas intervalares (as distâncias entre os valores têm que ser iguais – ver Capítulo 7). Se seus dados só consistem em uma escala ordinal, você pode calcular a tendência central com a moda ou com a mediana.

A moda é o valor que ocorre mais frequentemente. A moda no nosso exemplo de notas é 1 (pois é o que ocorre com mais frequência). A mediana é o valor médio de uma distribuição, que é onde a frequência relativa acumulada atinge 50%. Isto significa que a distribuição é separada de forma que 50% dos valores estejam abaixo e 50% estejam acima da mediana. No nosso exemplo da escolaridade (ver Tabela 8.6), a mediana deve se situar entre os respondentes "ensino fundamental" e "ensino técnico", pois 50% dos respondentes estão nesse intervalo.

Dispersão

As medidas da tendência central não lhe dirão tudo sobre uma distribuição. O exemplo da média de duas notas na escola pode demonstrar isto. Uma nota 3 e uma nota 4 têm uma média de 3,5. O mesmo se aplica às notas 1 e 6. A dispersão das notas é muito menor no primeiro caso (os dois valores são próximos um do outro) do que no segundo caso (em que a distância entre os valores é muito maior). Levando em conta esta dispersão, a primeira maneira é calcular a variação dos valores. Esta é a diferença entre o valor mínimo e o máximo. Para isto, você vai subtrair o valor mínimo do valor máximo. No nosso exemplo, no primeiro caso (notas 3 e 4) a variação é 1. No outro caso (notas 1 e 6), é 5.

A variação é também bastante influenciada por valores discrepantes, pois só é baseada nos valores mínimo e máximo; não levando em conta a frequência dos valores entre os valores discrepantes. Definindo os quartis e a distância entre eles, você pode analisar a distribuição dos valores com mais exatidão. Consequentemente, há os quartis Q_1-Q_4: 25% dos valores são menores ou iguais ao valor do primeiro quartil Q_1, 50% são menores ou iguais ao segundo quartil Q_2, e 75% são menores ou iguais ao terceiro quartil Q_3. O segundo quartil é equivalente à mediana e separa o segundo e o terceiro quartos dos valores. A variação entre os quartis é a diferença entre o terceiro e o quarto quartis.

Se os valores mensurados forem expressos em escalas intervalares ou de razão, você pode obter a dispersão calculando o *desvio padrão* e a *variância*. O desvio padrão é a quantidade média de variação em torno da média e a variância é o valor do desvio padrão ao quadrado. Estas medidas esclarecem a distribuição dos valores isolados na amostra. Com os cálculos discutidos até agora, você pode identificar a tendência central nos dados, quais são os valores médios em uma variável e como os valores são distribuídos no conjunto de dados.

Análises referentes a duas variáveis: correlações e análises bivariadas

Se você quiser identificar as relações entre duas variáveis, pode calcular sua correlação. A correlação significa que uma mudança no valor de uma variável é associada a uma mudança na outra variável. Três formas de correlação podem ser distinguidas: uma correlação positiva (quando a variável 1 tem um valor alto, a variável 2 também tem um valor alto); uma correlação negativa (quando a variável 1 tem um valor alto, a variável 2 tem um valor baixo e vice-versa); e a ausência de correlação (você não pode dizer qual será o valor da variável 2 se o valor da variável 1 for alto ou baixo). O coeficiente de correlação varia entre -1 (uma correlação fortemente negativa) e +1 (uma correlação fortemente positiva), e um valor de 0, que indica a ausência de uma correlação. Por exemplo, você encontrará uma correlação entre educação e renda (mais educação é associada a uma renda mais elevada).

As correlações precisam ser interpretadas; uma correlação em si não indica qual das variáveis é causal (p. ex., mais educação conduz a mais renda ou uma renda mais elevada torna um maior nível de escolaridade mais provável?). Além disso, uma correlação não estabelece uma conexão causal. No nosso exemplo, talvez outra variável (p. ex., o *status quo* social da família de origem) seja a razão de valores mais altos para a educação e a renda: os dois são consequências da terceira variável e não estão em uma relação causal uma com a outra. No nível dos cálculos, você pode encontrar relações inexpressivas nos cálculos (p. ex., vínculos entre o bom tempo e a renda).

Com frequência, as questões em estudo são mais complexas do que poderia ser representado por meio de uma correlação bilateral. Schnell e colaboradores (2008, p. 446-7) demonstram isto usando um exemplo de Rosenberg (1968). Aqui, as atitudes com relação aos direitos civis foram examinadas e relacionadas à classe social dos respondentes: classe média *versus* classe trabalhadora, e atitude liberal (atribuída a um alto valor) *versus* atitude conservadora (atribuída a um valor baixo). Uma pesquisa de levantamento com 240 pessoas (metade delas da classe trabalhadora e metade da classe média) conduziu aos valores mostrados na Tabela 8.7. Esta dá a impressão de que as pessoas da classe trabalhadora, mais que os membros da classe média, têm uma atitude positiva em relação aos direitos civis.

Tabela 8.7 ANÁLISE BIVARIADA

Direitos civis	Classe média	Classe trabalhadora
Alta	37%	45%
Baixa	63%	55%
N	120	120

Fonte: Schnell et al., 2008, p. 445 (Copyright: Methoden der empirischen Sozialforschung, p. 446, Tabelle 9-4, Schnell et al., 3.ed. [2005] Oldenbourg Wissenschaftsverlag GmbH).

Análises com mais de duas variáveis: análises multivariadas

Se você pretende mostrar as relações entre mais de duas variáveis, deve aplicar uma análise multivariada. Se tomarmos nosso último exemplo e acrescentarmos a diferenciação da cor da pele dos respondentes, este estudo conduzirá às distribuições mostradas na Tabela 8.8.

Vemos aqui que levar em conta a terceira variável (cor da pele) conduz a um quadro diferente. As diferenças entre as duas classes nas duas partes da tabela são mais fortes (20% e 10% do que na primeira tabela, que não considerou a cor da pele (apenas 8%). Além disso, a relação nos dois grupos está invertida. Na Tabela 8.7, nos dois subgrupos, uma porção maior dos membros da classe média deu um maior valor aos direitos civis do que a classe trabalhadora. Mas na Tabela 8.8 a relação é diferente nos dois subgrupos: quanto mais alta a classe social, mais positiva a atitude em relação aos direitos civis. Podemos ver uma avaliação mais alta dos direitos civis em 70% da classe média negra em comparação com 50% da classe trabalhadora, e em 30% na classe média branca em comparação com 20% na classe trabalhadora, em vez de 37% da classe média em comparação com 45% da classe trabalhadora na Tabela 8.7.

Descoberta das relações

Os métodos da análise multivariada também podem ser usados para testar as relações – em especial as diferenças – entre grupos, se os dados estiverem em níveis intervalares ou de razão. A regressão múltipla, por exemplo, começa pela análise das diferenças entre as médias nos grupos e mostra até que ponto um conjunto de variáveis ex-

Tabela 8.8 ANÁLISE MULTIVARIADA

Direitos civis	Negros		Brancos	
	Classe média	Classe trabalhadora	Classe média	Classe trabalhadora
Alta	70%	50%	30%	20%
Baixa	30%	50%	70%	80%
N	20	100	100	20

Fonte: Schnell et al., 2008, p. 447 (Copyright: Methoden der empirischen Sozialforschung, p. 447, Tabelle 9-5, Schnell et al., 3.ed. [2005] Oldenbourg Wissenschaftsverlag GmbH).

plica a variável dependente, no sentido de prever valores desta variável nos campos de informação sobre variáveis independentes. Além disso, a regressão avalia a direção e a força do efeito de cada variável sobre a variável dependente (ver Neuman, 2000, p. 337).

Pacotes de *software*, como o SPSS, facilitam essas análises multivariadas. Apesar disso, deve-se ter sempre em mente o seguinte:

> É característico deste e de outros métodos multivariados o fato de eles dificilmente produzirem soluções claras; em vez disso, há vários modelos e parâmetros a escolher em uma análise de agrupamento, que pode conduzir a diferentes resultados também independentes dos números ideais de agrupamentos a serem definidos. Isso conduz ao problema geral de que estes procedimentos agora podem ser utilizados muito facilmente com os atuais pacotes de programas de análise estatística. Entretanto, a questão de qual modelo escolher e a interpretação dos resultados que são produzidos ainda requerem robustas habilidades metodológicas e considerações teóricas refinadas com referência à questão dos estudos. (Weischer, 2007, p. 392)

Testagem das associações e das suas diferenças

Encontrar relacionamentos entre as variáveis nos dados muitas vezes não é suficiente para responder a uma questão de pesquisa. Em vez disso, torna-se necessário testar se os relacionamentos observados ocorrem por acaso e o quão forte é a relação observada entre duas variáveis. Pode ser necessário também saber se uma variável é a causa da outra ou se as duas são condições mútuas uma para a outra. Para responder a essas questões, você pode aplicar um teste de hipótese. Depois, você deve testar se um resultado já era esperado e previsível ou se ele representa um relacionamento entre duas variáveis que não é previsto pelo acaso.

Se, digamos, você quer estudar a ausência dos alunos da escola por motivo de doença e descobrir se isto está relacionado ao gênero, pode contar as frequências de ausência para meninos e meninas. Se você descobre que 76% das ausências documentadas ocorrem para estudantes do sexo feminino, isto pode ser notável à primeira vista e parece indicar um relacionamento entre o gênero e a ausência. Entretanto, se na escola que está sendo estudada e na amostra que você extraiu três quartos dos estudantes são meninas, pode ser esperado que também 75% das ausências se apliquem às meninas. Isso significa que você deve testar se há diferença suficiente entre o valor medido (em nosso exemplo 76%) e o valor esperado (em nosso exemplo 75%) para poder derivar um relacionamento entre as variáveis – aqui, o gênero e os tempos de ausência. Comparando os valores esperados e os valores observados, você vai testar a hipótese nula: não há diferenças entre meninos e meninas na frequência escolar. Se no nosso exemplo o valor de 76% foi observado, você pode testar em um teste de hipótese (p. ex., o teste qui-quadrado) se a diferença entre os valores esperados e observados é expressiva o suficiente para confirmar uma relação entre o gênero e a ausência. Para este propósito, estão disponíveis vários testes de hipótese que podem ser aplicados dependendo do tipo de dados que foram mensurados. Estes incluem o teste-*t* e o teste de Mann-Whitney.

No teste-*t*, dois conjuntos de dados são comparados com relação às suas diferenças – por exemplo, medidas em dois momentos ou medidas de dois subgrupos, tais como:

a) as notas de uma turma da escola no início e no fim de um semestre; ou
b) as notas de duas turmas no fim do semestre.

Com o teste-*t* é aplicado um teste de significância estatística, em que as médias e os desvios padrão dos dois conjuntos de dados são usados para calcular a probabilidade de que as diferenças entre os dois conjuntos de dados sejam devidas ao acaso. Aqui também você vai considerar que a hipótese nula esteja correta – que não há diferenças reais e que as diferenças observadas ocorrem por acaso – até que o teste estatístico demonstre que a probabilidade é expressiva o suficiente para que as diferenças encontradas sejam devidas ao acaso. O último acontece quando você pode mostrar que há uma probabilidade menor que 5% de que as diferenças sejam acidentais. O teste-*t* pode ser aplicado para amostras pequenas e também para amostras com tamanhos diferentes – como turmas da escola com 18 e 25 estudantes no nosso exemplo. Este teste requer dados intervalares.

O teste-*U* de Mann-Whitney pode ser aplicado a dados ordinais. Aqui você fará uma ordem hierárquica dos casos nos dois grupos e uma hierarquia geral de todos os casos nos dois grupos. A posição dos membros de cada grupo nesta hierarquia será a base para o cálculo e a testagem da significância estatística das diferenças entre os dois grupos.

Análise quantitativa das relações: uma conclusão

Os procedimentos para a análise das relações previamente delineados destacam a tendência central nos dados ou a distribuição dos valores neles. Eles também calculam as relações entre duas ou mais variáveis e testam o significado das relações encontradas.

A Tabela 8.9 resume as abordagens da análise quantitativa, os tipos de variáveis que cada uma requer e os testes usuais para as relações que podem ser aplicados.

A síntese apresentou apenas alguns princípios básicos das análises quantitativas. Para aplicá-los e estudá-los mais extensivamente, você deve consultar um manual mais abrangente de pesquisa quantitativa e de estatística (como Bryman, 2008 ou Neuman, 2000).

☑ Análise interpretativa

As interpretações também são relevantes na análise quantitativa. As inter-relações, que podem ser encontradas mediante cálculos, como, por exemplo, as correlações de duas variáveis, são interpretadas buscando-se uma explicação inerente a estas relações numéricas. Entretanto, o tema das interpretações não é tanto o dos dados em si, mas antes os cálculos feitos com eles e os seus resultados. Nos métodos apresentados a se-

Tabela 8.9 TIPOS DE VARIÁVEIS E TESTES DESCRITIVOS-ESTATÍSTICOS APROPRIADOS

Tipos de variáveis	Tendência central	Dispersão	Testes estatísticos
Nominal	Moda	Distribuição da frequência	Qui-quadrado
Ordinal	Mediana	Quartis	Teste-*U* de Mann Whitney
Intervalar	Média	Desvio padrão	Teste-*t*

Fonte: Segundo Denscombe, 2007, p. 271.

guir, a interpretação remete imediatamente aos dados e é a análise em si (ver Flick, 2009 para mais detalhes).

Análises para a geração de codificação de teorias na pesquisa da teoria fundamentada

No desenvolvimento de uma teoria fundamentada a partir de material empírico, a codificação é o método para análise dos dados que foram coletados para este propósito. Esta abordagem foi introduzida por Glaser e Strauss (1967) e mais profundamente elaborada por Glaser (1978), Strauss (1987) e Strauss e Corbin (1990/1998/2008) ou Charmaz (2006). No processo da interpretação, vários "procedimentos" para trabalhar com o texto podem ser diferenciados. Você não deve enxergar estes procedimentos nem como claramente distinguíveis entre si nem como fases sequenciais em um processo linear. Em vez disso, eles são maneiras diferentes de lidar com material textual entre as quais os pesquisadores transitam se necessário, combinando-as (ver também o Capítulo 31 em Flick, 2009).

Apesar de o processo de interpretação começar com a codificação aberta, próximo ao final de todo o processo é a codificação *seletiva* que vem mais à tona. A codificação aqui é entendida como representando as operações pelas quais os dados são fragmentados, conceituados e reunidos de novas maneiras. É processo central pelo qual as teorias são construídas a partir de dados (Strauss e Corbin 1990/1998, p. 3). Segundo este entendimento, a codificação inclui a constante comparação dos fenômenos, casos, conceitos, etc., além da formulação de questões que estão dirigidas ao texto. Começando pelos dados, o processo de codificação conduz ao desenvolvimento de teorias mediante um processo de abstração.

A *codificação aberta* tem como objetivo expressar os dados e os fenômenos na forma de conceitos. Para isto, os dados são primeiro desemaranhados ("segmentados"). "Unidades de significado" classificam as expressões (palavras isoladas, sequências curtas de palavras) para ligar a elas anotações e "conceitos" (códigos).

Este procedimento não pode ser aplicado ao texto completo de uma entrevista ou de um protocolo de observação. Em vez disso, você vai usá-lo para passagens particularmente instrutivas ou talvez extremamente obscuras. Com frequência, o início de um texto é o ponto de partida para a codificação. Este procedimento serve para elaborar um entendimento mais profundo do texto. Possíveis fontes para códigos de rotulação são os conceitos emprestados da literatura da ciência social (códigos *construídos*) ou extraídos de expressões dos entrevistados (códigos *in vivo*). Dos dois tipos de códigos, o último é preferível porque os códigos estão mais próximos do material estudado. As categorias encontradas desta maneira são então mais desenvolvidas. Para este fim, as propriedades que pertencem a uma categoria são rotuladas e dimensionalizadas. Isto significa que estão localizadas ao longo de um contínuo a fim de definir mais precisamente a categoria em relação ao seu conteúdo. A codificação aberta pode ser aplicada em vários graus de detalhamento. Você pode codificar um texto linha por linha, sentença por sentença ou parágrafo por parágrafo. Um código também pode estar ligado a um texto no todo (um protocolo, um caso, etc.).

Para a codificação aberta, e na verdade para outras estratégias de codificação, é sugerido que você regularmente aborde o texto com a seguinte lista das chamadas questões básicas (Strauss e Corbin, 1998):

- *O quê?* Qual é a questão aqui? Que fenômeno é mencionado?

- *Quem?* Que pessoas ou atores estão envolvidos? Que papéis eles desempenham? Como eles interagem?
- *Como?* Que aspectos do fenômeno são mencionados (ou não mencionados)?
- *Quando? Por quanto tempo? Onde?* Tempo, curso e localização.
- *Quanto? Quão forte?* Aspectos de intensidade.
- *Por quê?* Que razões são dadas ou podem ser reconstruídas?
- *Para quê?* Com que intenção, com que propósito?
- *Por meio de quê?* Meios, táticas e estratégias para atingir o objetivo.

Formulando essas questões, você pode "abrir" o texto, tornando-o mais acessível. Elas podem ser aplicadas a passagens específicas ou a textos inteiros.

Depois de terem sido identificadas várias categorias de fundo, o próximo passo é refinar e diferenciar as categorias que resultam da codificação aberta. Como um segundo passo, Strauss e Corbin sugerem a realização de uma codificação mais formal para identificar e classificar os vínculos entre as categorias substantivas. Na *codificação axial* são elaboradas as relações entre as categorias. Para formular estas relações, Strauss e Corbin (1998, p. 127) sugerem um modelo do paradigma de codificação que está simbolizado na Figura 8.2.

Isto serve para esclarecer as relações entre um fenômeno, suas causas e consequências, seu contexto e as estratégias daqueles envolvidos nele. O paradigma da codificação esboça as possíveis relações entre os fenômenos e os conceitos, sendo usado para facilitar a descoberta ou o estabelecimento das estruturas de relações entre os fenômenos, entre os conceitos e entre as categorias. Aqui também as questões referentes ao texto e as estratégias comparativas mencionadas são empregadas mais uma vez de maneira complementar. Você vai transitar entre o pensamento indutivo (desenvolvimento de conceitos, categorias e relações do texto) e o pensamento dedutivo. O último significa testar os conceitos, as categorias e as relações em oposição ao texto, especialmente em oposição a passagens ou

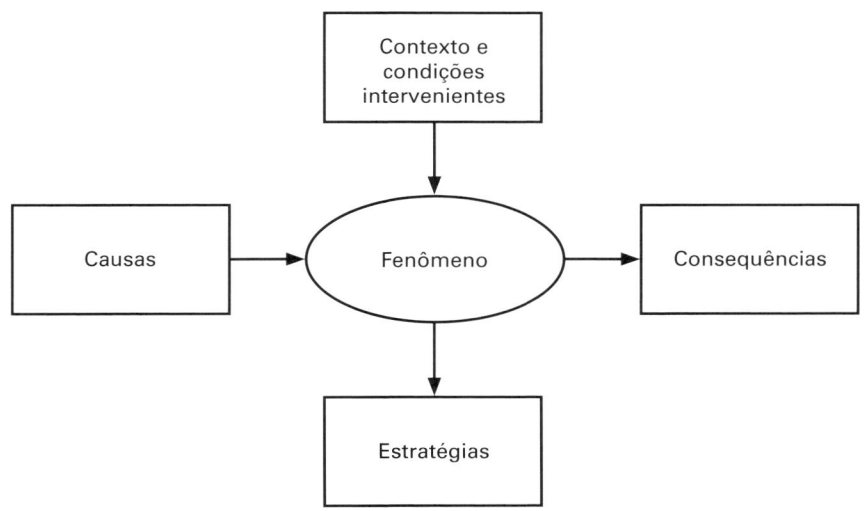

Figura 8.2
O modelo do paradigma.

casos que são diferentes daqueles a partir dos quais eles foram desenvolvidos.

No terceiro passo, isto é, a *codificação seletiva*, você vai se concentrar na elaboração dos potenciais conceitos ou variáveis principais. Isto conduz a uma elaboração ou formulação da *história do caso*. Em qualquer caso, o resultado deve ser *uma* categoria central e *um* fenômeno central. Você deve desenvolver a categoria principal mais uma vez em suas características e dimensões e vinculá-la a outras categorias (todas elas, se possível) usando as partes e relações do paradigma de codificação. A análise e o desenvolvimento da teoria visam à descoberta de padrões nos dados e às condições sob as quais estes se aplicam. Agrupar os dados segundo o paradigma de codificação dá especificidade à teoria e vai habilitá-lo a dizer, "Sob estas condições (listá-las) isto acontece; enquanto sob estas condições é isto que ocorre" (Strauss e Corbin, 1990, p. 131).

Finalmente, você vai formular a teoria em mais detalhes e mais uma vez checá-la em oposição aos dados. O procedimento de interpretação dos dados, assim como a integração do material adicional, termina no ponto em que foi alcançada a *saturação teórica*. Isto significa que a codificação adicional, o enriquecimento das categorias, etc., não mais proporcionam ou prometem novo conhecimento. Ao mesmo tempo, o procedimento é suficientemente flexível para que você possa entrar de novo nos mesmos textos de fonte e nos mesmos códigos da codificação aberta com uma questão de pesquisa diferente, visando ao desenvolvimento e à formulação de uma teoria fundamentada acerca de uma questão diferente. O Quadro 8.2 apresenta um estudo de caso deste método em operação.

Este método tem por objetivo uma fragmentação consistente dos textos. A combinação de uma codificação consistentemente aberta com procedimentos cada vez mais centrados pode contribuir para um entendimento mais profundo dos conteúdos e dos significados do texto – um entendimento que vai além da paráfrase e do sumário (as principais abordagens da análise qualitativa de conteúdo discutida no início deste capítulo). A vantagem é que, aqui, a interpretação dos textos se torna metodologicamente percebida e manejável. Ela difere de outros métodos de interpretação de textos porque deixa o nível dos textos puro durante a interpretação para desenvolver categorias e relações e, portanto, teorias.

Um problema desta abordagem é que a distinção entre método e arte torna-se nebulosa. Isto, em alguns locais, dificulta ensiná-lo ou aprendê-lo como método. Com frequência a extensão das vantagens e a potencialidade do método só fica clara quando ele é aplicado efetivamente. Se os números dos códigos e as possíveis comparações tornam-se muito expressivos, sugere-se estabelecer listas de prioridades: quais códigos têm de ser mais elaborados em todos os casos, quais aparentam ser menos instrutivos e quais podem ser omitidos quando você toma a sua questão de pesquisa como um ponto de referência?

Codificação temática

Se você quiser manter a referência aos entrevistados, por exemplo, como um caso (isolado) quando usa um procedimento de codificação, a alternativa é usar a codificação temática (ver Flick, 2009, Capítulo 23). Aqui você começa a sua análise com estudos de caso para os quais vai desenvolver uma estrutura temática (o que caracteriza entre várias áreas substantivas a forma como o entrevistado lida com a saúde? Você consegue identificar as questões que permeiam estas maneiras de lidar com as áreas?). Na codificação temática, você primeiro vai analisar os casos em seu estudo em vários estudos de caso, que você pode checar e modificar continuamente durante toda a interpretação adicional do caso, se necessário. Esta descrição vai incluir uma declaração que é típica para a entrevista, uma caracterização curta do entrevistado com respeito à questão da pesquisa (p. ex., idade, profissão, número de filhos, se isso é relevante com respeito à questão em estudo). Esta primeira descrição breve é um instrumento heurístico para a análise que se segue.

No procedimento de Strauss (1987), você vai codificar o material também entre os casos isolados, de uma maneira comparativa, desde o início. Na codificação temática, você vai se aprofundar mais no material, concentrando-se no caso isolado no próximo passo (p. ex., observando uma entrevista isolada como um todo). Esta análise de caso isolado tem vários objetivos: preserva as relações significativas com as quais a respectiva pessoa lida no tópico do estudo, motivo pelo qual um estudo de caso é feito para todas as entrevistas; e desenvolve um sistema de categorias para a análise do caso isolado.

Na elaboração adicional deste sistema de categorias (similar ao de Strauss), aplique primeiro a codificação aberta e depois a codificação seletiva. Com a codificação se-

Quadro 8.2

EXEMPLO: "CONSCIÊNCIA DA MORTE"

O exemplo a seguir representa um importante exemplo inicial de um estudo que tinha por objetivo desenvolver uma teoria a partir da pesquisa qualitativa no campo. Barney Glaer e Anselm Strauss trabalharam a partir da década de 1960 como pioneiros da pesquisa qualitativa e da teoria fundamentada no contexto da sociologia médica. Eles realizaram este estudo em vários hospitais dos Estados Unidos, na região de San Francisco. Sua questão da pesquisa era acerca do que influenciava a interação de várias pessoas com outras que estavam morrendo e como o conhecimento de que a pessoa logo morreria determinava a interação com ela. Mais concretamente, estudaram que formas de interação podiam ser observadas entre a pessoa que estava morrendo e a equipe clínica do hospital, entre a equipe e os familiares e entre os familiares e a pessoa que estava morrendo.

O ponto de partida da pesquisa foi a observação de que, quando os familiares dos pesquisados estavam no hospital, a equipe nos hospitais (naquela época) parecia não informar aos pacientes com uma doença terminal nem aos seus familiares sobre o estado ou a expectativa de vida dele. A possibilidade de que o paciente pudesse morrer ou morreria logo era tratada como um tabu. Esta observação geral e as questões que ela levantava foram tomadas como ponto de partida para uma observação mais sistemática e entrevistas em um hospital. Estes dados foram analisados e utilizados para desenvolver categorias. Essa também foi a base para decidir pela inclusão de um outro hospital e a continuação da coleta e análise dos dados lá.

Os dois hospitais – como casos – foram diretamente comparados para a verificação de similaridades e diferenças, e os resultados dessa comparação foram incluídos no estudo. Estes incluíram um hospital-escola, um hospital para Veteranos de Guerra, dois hospitais municipais, um hospital privado católico e um hospital estadual. As alas incluíam, entre outras, as alas de geriatria, câncer, cuidado intensivo, pediatria e neurocirurgia, em que os pesquisadores de campo permaneceram duas a quatro semanas cada um. Os dados de cada uma destas unidades (alas diferentes em um hospital, alas similares em hospitais diferentes, os hospitais entre si) foram contrastados e comparados para exibir as similaridades e as diferenças.

Ao final do estudo, situações e contextos comparáveis fora dos hospitais e da atenção à saúde foram incluídos como outra dimensão de comparação. A análise e comparação dos dados permitiram o desenvolvimento de um modelo teórico, que depois foi transferido para outros campos a fim de ser mais desenvolvido. O resultado deste estudo foi uma teoria dos contextos de consciência como sendo maneiras de lidar com as informações e com a necessidade de os pacientes serem mais informados sobre a sua situação.

letiva você vai visar mais à geração de domínios e categorias temáticas para o primeiro caso isolado do que ao desenvolvimento de uma categoria principal fundamentada em todos os casos.

Depois da primeira análise de caso, você vai fazer a checagem cruzada das categorias que desenvolveu com os domínios temáticos que estão ligados aos casos isolados. Uma estrutura temática resulta desta checagem cruzada, que constitui a base da análise dos casos adicionais para aumentar sua comparabilidade.

A estrutura que você desenvolveu desde os primeiros casos deve ser continuamente avaliada para todos os casos adicionais. Você deve modificá-la se emergirem aspectos novos ou contraditórios e usá-la para analisar todos os casos que fazem parte da interpretação. Para uma boa interpretação dos domínios temáticos, passagens isoladas do texto (p. ex., narrativas de situações) são analisadas mais detalhadamente. O paradigma da codificação sugerido por Strauss (1987, p. 27-8; ver anteriormente) é considerado o ponto de partida. O resultado deste processo complementado por um passo de codificação seletiva é uma exibição orientada para o caso da maneira com que ela lida com a questão do estudo, incluindo tópicos constantes (p. ex., a estranheza da tecnologia) que podem ser encontrados nos pontos de vista entre os diferentes domínios (p. ex., trabalho, lazer, família).

A estrutura temática desenvolvida também servirá para comparar casos e grupos (ou seja, para elaborar as correspondências e as diferenças entre os vários grupos do estudo). Desse modo, você analisa e avalia a distribuição social das perspectivas sobre a questão em estudo.

Este procedimento é útil, acima de tudo, para estudos em que comparações de grupo baseadas teoricamente são conduzidas em relação a uma questão específica.

Por isso, o escopo para uma teoria a ser desenvolvida é mais limitado do que no procedimento de Strauss.

Procedimentos hermenêuticos

Na pesquisa qualitativa, o pesquisador faz grandes esforços quando coleta os dados para poder entender e analisar depois as declarações em seu contexto. Por isso, nas entrevistas, são formuladas perguntas abertas. Na análise dos dados, a codificação é usada com este propósito, ao menos no primeiro passo. Os métodos analíticos que acabamos de discutir, assim como a análise qualitativa de conteúdo, partem cada vez mais da expressão original do texto: as declarações assumem uma nova ordem segundo as categorias ou – no método de Glaser e Strauss – as teorias que são desenvolvidas. Mais consequentemente orientados para a Gestalt do texto são os métodos guiados pelo princípio da análise sequencial.

Análises narrativas

Para a análise das entrevistas narrativas, Schütze sugere como um "primeiro passo analítico [isto é, a análise do texto formal] [...] eliminar todas as passagens não narrativas do texto e depois segmentar o texto narrativo 'purificado' para suas seções formais" (1983, p. 286). Segue-se uma descrição estrutural dos conteúdos, especificando as diferentes partes das narrativas ("estruturas do processo temporalmente limitadas do curso da vida, tendo por base conectores narrativos formais": Riemann e Schütze, 1987, p. 348), como "e então" ou pausas. A abstração analítica – como um terceiro passo – afasta-se dos detalhes específicos dos segmentos da vida. Em vez disso, sua intenção é elaborar "a moldagem biográfica *in toto*,* isto é, a sequência histórica da vida das estruturas processuais dominantes da experiência nos períodos da vida do indivíduo até a estrutura processual presentemente dominante" (1983, p. 286).

Somente depois desta reconstrução dos padrões do processo é que você deve integrar à análise as outras partes – não narrativas – da entrevista. Finalmente, as análises de caso produzidas desta maneira são comparadas e contrastadas entre si. O objetivo é menos reconstruir as interpretações subjetivas dos narradores acerca das suas vidas do que reconstruir a "inter-relação de cursos de processo factuais" (1983, p. 284).

Em conformidade com isso, Rosenthal e Fischer-Rosenthal (2004) sugerem a análise das entrevistas narrativas em seis passos:

1. análise dos dados biográficos (dados dos eventos);
2. análise do texto e do campo temático (análise sequencial dos segmentos textuais da autoapresentação na entrevista);
3. reconstrução da história do caso (a vida como foi vivida);
4. análise detalhada das localizações textuais do indivíduo;
5. contraste da história de vida narrada com a vida como ela foi vivida;
6. formação de tipos.

Lucius-Hoene e Deppermann (2002) propuseram um procedimento alternativo. Eles descrevem os seguintes passos, em que passam de uma análise estrutural (bruta) para uma análise refinada do material. Em primeiro lugar, a análise estrutural identifica os segmentos da apresentação no texto (transições, seções, rupturas na história de vida, mudanças temáticas) para que se possa delinear a estrutura interna do texto. Além disso, algumas passagens da entrevista são selecionadas para a análise refinada nesta etapa. O ideal é que você selecione, do início da entrevista, uma passagem que não seja longa demais e que represente completamente um episódio claro na forma narrativa. Os excertos devem ser pequenos o suficiente e distintos em seu tópico, além de determinados em sua lógica da ação e da sua estrutura narrativa.

A análise refinada deve prosseguir com um excerto selecionado em uma segmentação refinada estritamente sequencial (uma que progrida palavra por palavra, sentença por sentença, sem transitar no texto). Além disso, os aspectos estruturais do texto que vão além das sentenças isoladas (que função tem a passagem como parte da narrativa mais longa?) devem ser considerados ao mesmo tempo.

Como uma heurística da análise de um texto, os autores sugerem várias questões (2002, p. 321):

- O que é apresentado?
- Como é apresentado?
- Com que propósito isto é apresentado – e não outra questão?
- Com que propósito isto é apresentado agora – e não em um momento diferente?
- Com que propósito isto é apresentado desta maneira – e não de uma maneira diferente?

Finalmente, você vai elaborar uma estrutura de caso coletando, agrupando e comparando achados recorrentes, conceitos básicos e características estruturais mais abstratas em diferentes passagens da análise sequencial. Por exemplo, você pode desenvolver uma tipologia baseada na análise de várias narrativas; pode identificar pontos de virada em várias narrativas sobre as ex-

---

* N. de R.T.: A expressão do latim *in toto* significa "no todo" ou "em todo".

periências de doença que mostrem algum tipo de regularidade; ou pode, ainda, identificar que vários narradores passam a usar uma linguagem muito abstrata quando tratam do aspecto da terminalidade na narrativa da sua doença.

O que os métodos para análise dos dados narrativos discutidos têm em comum? Eles tomam a forma geral da narrativa como um ponto de partida para a interpretação das declarações, que são vistas no contexto do processo da narrativa. Além disso, incluem uma análise formal do material: quais passagens do texto são passagens narrativas, quais outras formas de texto podem ser encontradas?

Nestes métodos, a narrativa tem uma importância variável para a análise das questões em estudo. Se algo é apresentado na entrevista na forma de uma narrativa, Schütze encara isto como um indicador de que a situação aconteceu da maneira como foi contado. Outros autores, no entanto, encaram as narrativas como uma forma especificamente instrutiva de apresentação dos eventos e das narrativas, analisando-as como tal. Às vezes, é feita a suposição de que as narrativas como uma forma de construção dos eventos podem ser encontradas na vida cotidiana e também no conhecimento. Assim, este modo de construção pode ser utilizado para propósitos de pesquisa de uma maneira particularmente frutífera. Combinar uma análise formal com um procedimento sequencial na interpretação de apresentações e experiências é típico das análises narrativas em geral.

Entretanto, as abordagens particulares que derivam de Schütze exageram a característica da realidade nas narrativas. A influência da apresentação sobre o que foi contado é subestimada; a possível inferência da narrativa aos eventos factuais nas histórias de vida é superestimada. Somente em exemplos muito raros as análises das narrativas são combinadas com outras abordagens metodológicas para superar suas limitações. Um segundo problema é o quão estreitamente as análises se prendem aos casos individuais. O tempo e o esforço despendidos na análise de casos individuais restringem os estudos de ir além da reconstrução e comparação de alguns casos.

Hermenêutica objetiva

A hermenêutica objetiva foi originalmente formulada para a análise das interações naturais (p. ex., conversas familiares). Subsequentemente, a abordagem tem sido usada para analisar todo tipo de outros documentos, incluindo até mesmo obras de arte e fotografias. Esta abordagem faz uma distinção básica entre:

a) o significado subjetivo de uma declaração ou atividade para um ou mais participantes; e
b) o seu significado objetivo.

Este último é entendido usando-se o conceito de uma "estrutura de significado latente". Esta estrutura só pode ser examinada utilizando-se o sistema de referência de um procedimento de interpretação científico de várias etapas. Devido à sua orientação para essas estruturas, também tem sido usado o rótulo "hermenêutica estrutural".

As análises na hermenêutica objetiva devem ser "estritamente sequenciais"; ou seja, você deve seguir o curso temporal dos eventos ou do texto na condução da interpretação. Deve trabalhar como um integrante de um grupo de analistas trabalhando no mesmo texto. Em primeiro lugar, os membros definem o caso a ser analisado e em qual nível ele deve ser localizado. Ele pode, por exemplo, ser definido como uma declaração ou atividade de uma pessoa específica, de alguém que desempenha um determinado papel em um contexto institucional, ou ainda de um membro da espécie humana.

Esta definição é seguida de uma *análise bruta* sequencial destinada a analisar os contextos externos em que uma declaração está inserida para levar em conta a influência desses contextos. O foco desta análise bruta está principalmente em considerações sobre a natureza do problema da ação concreta, para o qual a ação ou interação estudada oferece uma solução. Em primeiro lugar, você vai desenvolver hipóteses de estrutura de caso que pode refutar em etapas posteriores, e a estrutura bruta do texto e do caso. A especificação do contexto externo ou da incorporação interacional do caso serve para responder perguntas sobre como os dados surgiram.

Na *análise refinada* sequencial que se segue, a interpretação das interações prossegue em nove níveis (Oevermann et al., 1979, p. 394-402):

1. explicação do contexto que precede imediatamente uma interação;
2. paráfrase do significado de uma interação de acordo com o texto literal que acompanha a verbalização;
3. explicação da intenção do sujeito interagente;
4. explicação dos motivos objetivos da interação e das suas consequências objetivas;
5. explicação da função da interação para a distribuição dos papéis da interação;
6. caracterização dos aspectos linguísticos da interação;
7. exploração da interação interpretada para figuras comunicativas constantes;
8. explicação das relações gerais;
9. teste independente das hipóteses gerais que foram formuladas no nível precedente, tendo por base as sequências de interação de casos adicionais.

O procedimento nos níveis 4 e 5 se concentra na reconstrução do contexto objetivo de uma declaração, construindo os possíveis contextos nos experimentos considerados e depois os excluindo de novo, um após outro. Aqui, a análise dos significados subjetivos das declarações e das ações desempenha um papel de menor importância. Os intérpretes refletem sobre as consequências que a declaração que eles acabaram de analisar podem ter para o próximo turno na interação. Eles perguntam: O que o protagonista poderia dizer ou fazer em seguida? Isto produz várias alternativas possíveis de como a interação *poderia* prosseguir. Então, a próxima declaração *real* é analisada, sendo comparada com aquelas possíveis alternativas que poderiam ter ocorrido (mas que na verdade não ocorreram). Excluindo cada vez mais as alternativas e refletindo por que os protagonistas não as escolheram, os analistas elaboram a estrutura do caso. Esta estrutura é finalmente generalizada para o caso como um todo. Para este propósito, ele é testado em contraposição a materiais adicionais do caso – o que significa ações e interações subsequentes no texto.

Aqui, a análise dos significados subjetivos das declarações e das ações desempenha um papel menos importante. O procedimento no nível 4 é orientado para interpretações que usam a estrutura da análise da conversa (ver em seguida), enquanto no nível 5 o foco são as características linguísticas (sintáticas, semânticas ou pragmáticas) formais do texto. No nível 6, o foco são as características linguísticas (sintáticas, semânticas ou pragmáticas) do texto.

Os níveis 7 a 9 se empenham por uma generalização crescente das estruturas encontradas (p. ex., é realizado um exame para verificar se as formas de comunicação encontradas no texto podem ser repetidamente encontradas como formas gerais – isto é, dados comunicativos – e também em outras situações). Estes números e estruturas são tratados como hipóteses e são testadas passo a passo em relação a material adicional.

Segundo Wernet (2006), as práticas interpretativas são orientadas em cinco princípios:

1. *Liberdade do contexto.* De acordo com isso, uma declaração é analisada independente do contexto específico em que ela foi feita. Por isso, são formulados contextos experimentais compatíveis com o texto (p. 23). Isto esclarece que significados a declaração pode ter, e depois disso se segue uma interpretação referida ao contexto concreto.
2. *Literalidade.* De acordo com isso, a declaração tem que ser interpretada da maneira como foi realmente feita e não como quem a expressou possivelmente teve a intenção de fazer – em particular quando é cometido um erro. "O princípio da literalidade faz uma abordagem interpretativa direta da diferença entre os significados manifestos e as estruturas significativas latentes de um texto" (p. 28).
3. *Análise sequencial.* Aqui você não procura conteúdo no texto, mas interpreta o seu processo passo a passo. "Para a análise sequencial é absolutamente importante *não* considerar o texto que segue como uma sequência que esteja sendo interpretada" (p. 28).
4. *Extensão.* Isto significa incluir uma multiplicidade de interpretações (os significados que o texto pode ter).
5. *Parcimônia.* "O princípio da parcimônia [...] define que só podem ser formuladas aquelas interpretações que são impostas pelo texto que é interpretado, sem nenhuma suposição adicional sobre o caso" (p. 35).

Seguir estes princípios deve garantir que o seu texto seja analisado de uma maneira abrangente – sem se basear em suposições adicionais fora do material ou a leitura de algo no texto que não esteja nele documentado.

A hermenêutica objetiva foi desenvolvida para analisar as interações da *linguagem do cotidiano* que estejam disponíveis na forma de gravação e transcrição como materiais para interpretação. A análise sequencial busca reconstruir a extensão dos significados sociais a partir dos processos das ações. Quando os materiais empíricos estão disponíveis como um registro em fita ou vídeo e como transcrição, você pode analisá-los passo a passo, do início ao fim. Por isso, comece sempre a análise pela sequência de abertura da interação. Quando se está analisando entrevistas que usam esta abordagem, surge o problema de que os entrevistados nem sempre relatam os eventos e os processos em sua ordem cronológica. Por exemplo, os entrevistados podem narrar algumas fases de suas vidas e depois se referirem a elas durante suas narrativas dos eventos, que têm de ser localizadas em um trecho anterior. Também na entrevista narrativa, e particularmente na entrevista semiestruturada, os eventos e as experiências não são narrados na ordem cronológica. Quando usar uma sequência de método analítico para analisar entrevistas, você primeiro tem que reconstruir a ordem sequencial da história – ou do sistema de ação em estudo – a partir das declarações do entrevistado. Portanto, rearranje os eventos relatados na entrevista na ordem temporal em que eles ocorreram. Depois oriente a análise sequencial segundo esta ordem de ocorrência, em vez de no curso temporal da entrevista: "O início de uma análise sequencial não é a análise da abertura da conversa na primeira entrevista, mas a análise daquelas ações e eventos relatados pelo entrevistado que são os primeiros 'documentos' da história de caso" (Schneider, 1988, p. 234).

Uma consequência desta abordagem é que o procedimento analítico sequencial se desenvolveu para um programa com passos metodológicos claramente demarcados. Uma consequência adicional disto é que ficou claro que as visões subjetivas proporcionam apenas *uma* forma de acesso aos fenômenos sociais: o que um indivíduo vê como o significado da sua doença está em um nível, e isto talvez esteja vinculado principalmente às formas de lidar com a situação. Há também significados sociais acerca dessa mesma doença, estes estando talvez mais ligados a estigmatizá-la do que a lidar com ela. (Sobre isto em um contexto diferente, ver Silverman, 2001.) Outro aspecto é o chamado para conduzir interpretações em grupo a fim de aumentar a variedade das versões e das perspectivas trazidas para o texto e para usar o grupo para validar as interpretações feitas.

Um problema com esta abordagem é que, devido ao grande esforço envolvido no método, ele é com frequência limitado a estudos de caso isolados. O salto para declarações gerais é com frequência realizado sem quaisquer passos intermediários. Além disso, o entendimento do método como arte, que dificilmente pode ser transformado em elaboração e mediação didáticas, dificulta mais a sua aplicação geral (para o ceticismo geral, ver Denzin, 1988).

Análise da conversa

Ao aplicar este método, você estará menos interessado em interpretar o conteúdo dos textos do que em analisar os procedimentos formais com que as pessoas se comunicam e em quais situações específicas eles são produzidos. Os estudos clássicos analisaram a organização da tomada de palavra nas conversas ou explicaram como os fechamentos das conversas foram iniciados pelos participantes. As suposições básicas da análise da conversa são que:

a) a interação procede de uma maneira ordenada; e

b) nada nela deve ser encarada como aleatório.

O contexto da interação a influencia; os participantes da interação terapêutica agem de acordo com essa estrutura, e o terapeuta fala como um terapeuta deve fazer. Ao mesmo tempo, este tipo de conversa também produz e reproduz este contexto: falando como um terapeuta deve falar, ele contribui para transformar esta situação em uma terapia e para evitar que ela assuma um formato diferente de conversa – como "fofoca", por exemplo. A decisão sobre o que é relevante na interação social e, portanto, para a interpretação só pode ser tomada mediante a interpretação, e não por opções prévias. Drew (1995, p. 70-2) formulou uma série de preceitos metodológicos para análises de conversa (AC). Ele sugere concentrar-se em como a conversa é organizada e, em particular, em como os falantes organizam a tomada da palavra nela. Outro foco está nos erros e em como eles são reparados pelos falantes. A AC busca padrões de conversa e de sua organização comparando vários exemplos de interações do tipo. Ao apresentar a análise de uma conversa, é importante que você apresente

---

Quadro 8.3

EXEMPLO: INTERAÇÕES ENTRE CONSELHEIRO E CLIENTE

Sahle (1987) utilizou este procedimento para estudar as interações dos assistentes sociais com seus clientes, entrevistando também os próprios profissionais. Ela apresenta quatro estudos de caso, tendo em cada um deles interpretado extensivamente a sequência de abertura das interações para elaborar a "fórmula da estrutura" para a interação, que é então testada em oposição a uma passagem aleatoriamente amostrada a partir do texto adicional. Das análises, ela deriva hipóteses sobre o autoconceito profissional dos assistentes sociais e depois os testa nas entrevistas. Em uma comparação muito breve, Sahle relata os estudos de caso um para o outro e finalmente discute seus resultados com os assistentes sociais envolvidos.

exemplos suficientes em citações literais para que os leitores possam avaliar sua análise. Por exemplo, se você analisa o aconselhamento, pode observar as interações de abertura e como os dois participantes chegam à definição da questão sobre a qual irá versar a consulta. Comparando vários exemplos, você pode exibir padrões de organização de um tema para a conversa e, assim, uma consulta com um foco.

O procedimento da análise da conversa do próprio material envolve os seguintes passos: primeiro você identifica uma determinada declaração ou séries de declarações nas transcrições como um potencial elemento de ordem no respectivo gênero de conversa. O segundo passo é reunir uma coleção de casos em que este elemento de ordem pode ser encontrado. Você então especificará como este elemento é usado como um meio de produzir ordem nas interações e para qual problema na organização das interações ele é a resposta (ver Bergmann, 2004). Isto é seguido por uma análise dos métodos pelos quais estes problemas organizacionais são tratados mais geralmente. Assim, um ponto de partida frequente para as análises de conversa é inquirir como algumas delas são iniciadas e que práticas linguísticas são aplicadas para terminá-las de maneira ordenada.

A pesquisa na análise da conversa é originalmente concentrada nas conversas cotidianas (p. ex., chamadas telefônicas, fofocas ou conversas de família em que não há distribuição específica dos papéis). Cada vez mais, no entanto, ela tem se ocupado das distribuições específicas de papéis e assimetrias como aquelas encontradas, por exemplo, nas conversas de aconselhamento, nas interações médico-paciente e nos experimentos (isto é, conversas que ocorrem em contextos institucionais específicos). A abordagem tem sido também estendida para incluir a análise de textos escritos, meios de comunicação de massa ou relatos, isto é, o texto em um sentido mais amplo (Bergmann, 2004).

Análise do discurso

A análise do discurso foi desenvolvida a partir de diferentes origens, entre elas a análise da conversa. Há várias versões da análise do discurso atualmente disponíveis. A psicologia discursiva, como foi desenvolvida por Edwards e Potter (1992), Harré (1998) e Potter e Wetherell (1998), está interessada em mostrar como, nas conversas, as versões conversacionais dos "participantes" dos eventos (memórias, descrições, formulações) são construídas para realizar o trabalho interativo comunicativo (Edwards e Potter 1992, p. 16). Há uma ênfase especial na construção das versões dos eventos em relatos e apresentações. Os "repertórios interpretativos" que são usados nessas construções são analisados. Estes são maneiras de falar sobre um tema específico e são chamados repertórios, pois se considera que estas maneiras não são completamente espontâneas, mas sim que as pessoas aplicam certas maneiras de falar sobre um tema. Ao mesmo tempo, por exemplo, a maneira como um tema é tratado na imprensa estabelece tais repertórios (p. ex., se uma minoria étnica específica é sempre mencionada com referência à violência e ao crime).

Willig (2003) descreveu o processo de pesquisa na análise do discurso em vários passos. Depois de selecionar os textos e a conversa que ocorre em contextos naturais – que têm de ser descritos primeiro – você vai ler atentamente as transcrições. Segue-se então a codificação e depois a análise do material a partir de questões norteadoras como: por que estou lendo esta passagem desta maneira? Que características do texto produzem esta leitura? A análise se concentra no contexto, na variabilidade e nas construções do texto e, finalmente, nos repertórios interpretativos usados neles. O último passo, segundo Willig, é a escrita de uma pesquisa analítica do discurso. Escrever deve ser parte da análise e fazer o pesquisador retornar ao material empírico.

Características dos métodos interpretativos

O que é comum nos métodos hermenêuticos discutidos é o fato de eles se concentrarem na estrutura temporal-lógica do texto e tomá-la como um ponto de partida da interpretação. Por isso, eles se concentram mais no texto do que os métodos baseados nas categorias, discutidos antes. A relação do conteúdo e dos aspectos formais é moldada aqui de diferentes maneiras. Nas análises narrativas, a diferença formal entre as passagens narrativas e argumentativas nas entrevistas informam as decisões sobre quais passagens recebem quanta atenção interpretativa e até que ponto os conteúdos são dignos de crédito. Nas análises hermenêuticas objetivas, em contraste, a análise formal dos textos é um nível mais subordinado de interpretação. A análise da conversa se concentra principalmente nos aspectos formais, que são usados para conceber as conversas – por exemplo, as conversas de aconselhamento – e como estes são empregados para a negociação dos conteúdos específicos de um tópico. A análise do discurso dá, mais uma vez, um giro, passando a analisar textos e conversas em relação aos seus conteúdos e aspectos formais.

☑ Estudos de caso e tipologias

No Capítulo 5, os estudos de caso foram discutidos como uma das concepções básicas na pesquisa não padronizada. Os métodos de interpretação dos dados discutidos até agora trabalham com estudos de caso em várias fases de tratamento do material. Os métodos hermenêuticos, em sua maioria, produzem um estudo de caso no primeiro estágio, consistindo de uma interação, documento ou entrevista isolada. A comparação dos casos é um passo posterior.

Entretanto, na abordagem de Glaser e Strauss, o caso isolado (a entrevista, um documento ou uma interação) recebe menos atenção. Quando eles falam de "caso", estão se referindo ao campo ou tema do estudo como um todo. Esta abordagem se inicia imediatamente, comparando entrevistas ou situações específicas.

Produção e leitura de estudos de caso

Às vezes, como, por exemplo, na avaliação de uma instituição, um estudo de caso pode ser o resultado da pesquisa. Em outras abordagens, os estudos de caso constituem o início, antes de a comparação se tornar mais central. Uma terceira possibilidade é usar os estudos de caso para ilustrar um estudo basicamente comparativo para destacar os vínculos entre os diferentes temas estudados na pesquisa. Neste sentido, incluímos vários estudos de caso, além de uma apresentação comparativa tematicamente estruturada, no nosso estudo sobre os conceitos de saúde e doença de adolescentes sem-teto (ver Flick e Röhnsch, 2008).

Um ponto essencial na produção e na avaliação dos estudos de caso é a localização do caso e a sua análise. O que o caso representa e o que você pretende mostrar analisando-o? A apresentação diz respeito à pessoa (ou instituição, etc.) isolada? Ela representa a pessoa como típica para um subgrupo específico no estudo ou representa uma perspectiva profissional específica

(p. ex., os médicos neste campo)? Quais foram os critérios para a seleção deste caso específico – para a coleta de dados, para a análise e para a apresentação?

Criação de tipologias

As tipologias são criadas também na pesquisa quantitativa. Entretanto, este passo de condensação e apresentação dos resultados é mais frequentemente parte da pesquisa qualitativa. Kelle e Kluge (2010) fizeram algumas sugestões para como aplicá-lo, o que pode ser usado para desenvolver o seguinte procedimento.

O primeiro passo é criar estudos de caso para os casos que estão incluídos na pesquisa ou, como alternativa, começar com análises referentes a determinadas questões. Isto é seguido por comparações sistemáticas (dos casos ou referentes às questões).

O passo seguinte é definir as dimensões relevantes da comparação. Considere qual é o foco das comparações pretendidas – por exemplo, de um lado, os conteúdos dos conceitos de saúde que foram mencionados; de outro, a idade e o gênero. Isto pode revelar aqui qual dimensão substancial caracterizou as extensões dos conceitos de saúde que foram mencionados e como as várias dimensões podem ser distribuídas na diferenciação da idade dos casos ou o que pode ser encontrado mais nos homens ou nas mulheres entrevistados.

O próximo passo é agrupar os casos (segundo a dimensão substancial e/ou idade) e analisar as regularidades empíricas (p. ex., alguns conceitos podem ser encontrados principalmente para garotas mais jovens, enquanto outros conceitos para garotos mais velhos).

Na medida do possível, a extensão das declarações deve ser documentada e delimitada a fim de desenvolver uma estrutura contrastante para declarações isoladas. Isto pode ser o resultado da compilação de todas as declarações relevantes e de sua ordenação ao longo de uma dimensão. No exemplo de Gerhardt (1988) sobre a reabilitação depois do marido ter sido acometido de uma doença crônica, este espaço característico consiste na série de atividades encontradas para o marido (trabalho profissional; em casa) e para as esposas (trabalho profissional; em casa) e para as combinações que resultam das quatro possibilidades nos casos concretos. No estudo de Gerhardt, quatro tipos resultam disso: carreira dupla (ambos têm um trabalho profissional), tradicional (marido trabalhando e esposa em casa), racional (o inverso quando o marido não pode mais desempenhar seu trabalho profissional) e desemprego (quando nenhum dos dois está trabalhando). Gerhardt comparou estes quatro tipos para ver em que circunstância a reabilitação do marido cronicamente doente foi mais bem-sucedida.

O passo seguinte na construção de uma tipologia é analisar os significados substantivos. Por isso, você vai novamente analisar os casos nos diferentes tipos para os quais os significados para as próprias práticas de uma pessoa podem ser identificados nas entrevistas e quais regularidades se tornam visíveis por meio disto.

Finalmente, você vai caracterizar os tipos criados, explorando quais características ou combinações de características caracterizam os casos que foram atribuídos aos vários tipos: o que eles têm em comum, o que distingue os casos nos diferentes tipos? Pode ser necessário remover os casos que se desviam do tipo isolado para depois combinar os grupos, com o objetivo de reduzir a variedade ou de diferenciá-los em mais grupos no caso de haver diferenças importantes dentro dos tipos construídos até então.

Este procedimento envolve analisar sistematicamente os casos, comparando-os e definindo uma tipologia. A tipologia pode se referir aos casos como um todo, o que significa, por exemplo, alocar os entrevistados aos diferentes tipos. Pode também se referir a tópicos específicos, o que conduz a uma tipologia de como os adolescentes entrevistados lidam com os riscos sexuais em suas vidas na rua e a uma tipologia que se refere à sua utilização de suporte médico no caso de problemas de saúde. A alocação dos entrevistados nestas duas tipologias não serão necessariamente idênticas.

Lista de verificação para análise dos dados

Se você for conduzir um projeto empírico, convirá considerar as questões apresentadas no Quadro 8.4 para a análise dos seus dados. Estas questões podem ser usadas para a realização do seu próprio estudo ou para avaliar a pesquisa de outros pesquisadores.

Quadro 8.4

LISTA DE VERIFICAÇÃO PARA ANÁLISE DOS DADOS

1. O método de análise que você escolheu é apropriado aos dados que você coletou?
2. Ele satisfaz a complexidade dos dados?
3. A natureza dos dados permite que você aplique a estrutura analítica que escolheu?
4. O tipo de análise permite reduzir a complexidade dos dados de tal maneira que os resultados se tornem facilmente compreensíveis?
5. Você pode responder à sua questão de pesquisa com o formato da análise que escolheu?
6. Qual é a questão da pesquisa ou o aspecto dela que se pretende que seja o foco da análise?
7. Sua análise pode avaliar se o seu resultado ocorreu por acaso ou se é um resultado singular?
8. Seus resultados quantitativos são estatisticamente importantes?
9. Algumas regularidades (p. ex., uma tipologia) tornaram-se visíveis nos resultados qualitativos?
10. Como a sua análise considera os casos ou dados desviantes?

Pontos principais

- ✓ A análise de conteúdo trabalha com textos – de uma maneira quantitativa na análise de periódicos, por exemplo, e de uma maneira qualitativa na análise de entrevistas e outros dados.
- ✓ A análise quantitativa se inicia com a elaboração, avaliação e esclarecimento dos dados.
- ✓ O próximo passo é a análise descritiva das frequências, distribuições, tendências centrais e dispersões nos dados.
- ✓ As análises quantitativas podem focar em uma, duas ou mais variáveis e no relacionamento entre elas.
- ✓ Os relacionamentos encontrados desta maneira são testados para sua significância estatística por meio de diferentes testes.
- ✓ As análises qualitativas podem ter como objetivo o desenvolvimento de uma teoria por meio do uso de vários métodos de codificação dos dados.
- ✓ Elas também podem se concentrar na análise de narrativas para os processos e as histórias de vida nelas representadas.
- ✓ A análise das interações é uma opção na análise dos dados qualitativos.
- ✓ A análise qualitativa se move, com o objetivo de desenvolver tipologias, entre a análise orientada para o caso e a análise comparativa.

✓ Leituras adicionais

Os textos a seguir proporcionam uma discussão mais detalhada das questões cobertas neste capítulo.

Bryman, A. (2008) *Social Research Methods*, 3. ed. Oxford: Oxford University Press.

Flick U. (ed.) (2011) *Coleção Pesquisa Qualitativa*, 6 vols. Porto Alegre: Artmed.

Flick U. (2009) *Introdução à Pesquisa Qualitativa*, 3. ed. Porto Alegre, Artmed. Capítulo 9.

Flick, U., Kardoff, E.v. e Steinke, I. (eds) (2004) *A Companion to Qualitative Research*. London: Sage.

9
Pesquisa *on-line*: realização de pesquisa social *on-line*

VISÃO GERAL DO CAPÍTULO

O que é pesquisa *on-line* e por que realizá-la? 164
Amostragem e acesso 165
Pesquisas de levantamento, entrevistas e grupos de discussão *on-line* 167
Etnografia virtual 170
Análise de documentos e interações da internet 172
Pesquisa *on-line* hoje: uso da Internet 2.0 172
Lista de verificação para o projeto de pesquisa social *on-line* 174

OBJETIVOS DO CAPÍTULO

Este capítulo destina-se a ajudá-lo a:

- ✓ entender o uso da internet na pesquisa social;
- ✓ avaliar as vantagens de usar a internet como um suporte para o seu estudo;
- ✓ entender como as abordagens tradicionais da pesquisa social podem ser transferidas para uma pesquisa baseada na internet;
- ✓ reconhecer os limites da realização da pesquisa social *on-line*.

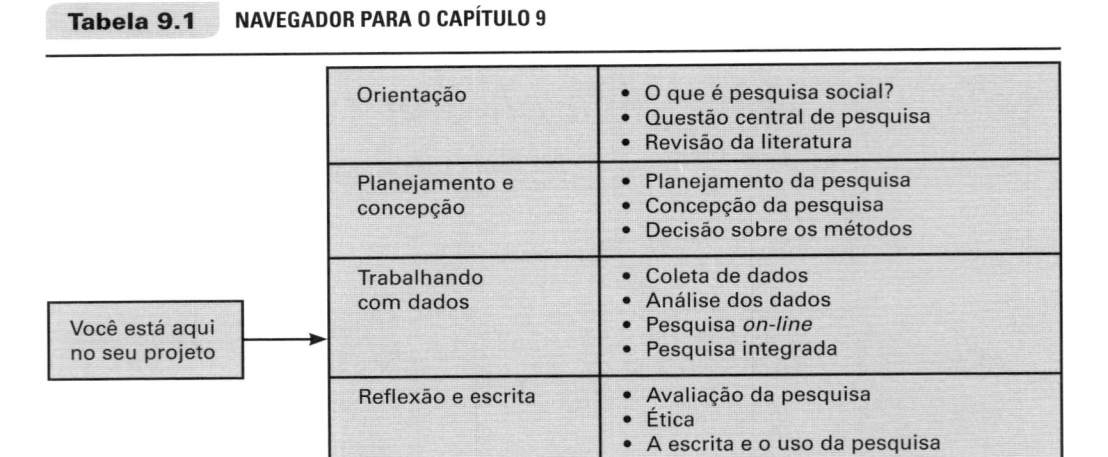

Tabela 9.1	NAVEGADOR PARA O CAPÍTULO 9	
	Orientação	• O que é pesquisa social? • Questão central de pesquisa • Revisão da literatura
	Planejamento e concepção	• Planejamento da pesquisa • Concepção da pesquisa • Decisão sobre os métodos
Você está aqui no seu projeto	Trabalhando com dados	• Coleta de dados • Análise dos dados • Pesquisa *on-line* • Pesquisa integrada
	Reflexão e escrita	• Avaliação da pesquisa • Ética • A escrita e o uso da pesquisa

☑ O que é pesquisa *on-line* e por que realizá-la?

De uma maneira ou de outra, a internet tornou-se uma parte das vidas de muitas pessoas. Por isso, pode ser interessante estudar:

a) quem está usando a internet;
b) para que propósitos; e
c) quem não a está usando.

Se você fosse levar adiante essas questões, estaria tornando a internet um *tema* da sua pesquisa.

Nesses estudos, você poderia evidentemente aplicar de modo tradicional os métodos discutidos nos capítulos precedentes. Você poderia, por exemplo, distribuir um questionário ou realizar entrevistas presenciais na sua comunidade de estudantes ou em uma amostra da população geral. Isto seria útil, especialmente para levar adiante a terceira das questões citadas acima – isto é, quem *não* está usando a internet.

Além de se tornar um tema da sua pesquisa da maneira exemplificada, a internet tornou-se um instrumento importante na realização de pesquisa – às vezes sobre temas não diretamente ligados a ela. A pesquisa que usa a internet como um instrumento para a realização de pesquisa social é às vezes chamada de "pesquisa *on-line*" e é este o foco neste capítulo. Aqui encontramos os métodos tradicionais da pesquisa social transferidos – e às vezes adaptados – à pesquisa *on-line*. Exemplos incluem pesquisas de levantamento *on-line*, entrevistas *on-line* por *e-mail*, grupos focais *on-line*, etnografia virtual e questões do tipo.

Há dois conjuntos de questões preliminares que você precisa formular a si mesmo antes de partir para a realização de uma pesquisa *on-line*.

1. Você gosta de trabalhar com computadores e usar a internet e suas várias formas de comunicação? Você se sente confortável trabalhando neste contexto?
2. Você tem as habilidades técnicas para criar e utilizar as ferramentas *on-line* (p. ex., uma pesquisa de levantamento ou uma entrevista)? Caso não tenha, você tem o suporte necessário para fazer isso?

Se a sua resposta a estas questões é "não", talvez você prefira um método diferente para o seu projeto de pesquisa.

☑ Amostragem e acesso

Assim como na pesquisa geral, também na pesquisa *on-line* o conceito da amostragem envolve uma população mais ampla da qual extrair uma amostra, e por isso a sua amostra dos participantes reais representa um grupo maior de potenciais participantes. Na pesquisa *on-line*, no entanto, você pode ter o problema de uma dupla realidade. Tomando um exemplo simples, se você quer estudar as tendências na aquisição de livros e utiliza uma loja *on-line* como a Amazon para encontrar seus participantes, estará usando uma amostra muito seletiva: você não pode necessariamente comparar os clientes desta loja com aqueles de:

a) livrarias tradicionais; ou mesmo de
b) outras lojas na internet.

Por isso, neste exemplo será difícil extrair conclusões de uma amostra (de usuários de livrarias na internet) para a população de compradores de livros em geral. Este exemplo envolve questões não somente de até que ponto são representativas as amostras *on-line* para as populações do mundo real, mas também de acesso – onde você vai encontrar os participantes, como vai entrar em contato com eles, e assim por diante.

Podemos aqui considerar várias formas de acesso para uma pesquisa de levantamento *on-line* (ver a seguir) que tenham por objetivo uma amostra aleatória (ver Baur e Florian, 2009). São elas:

- pesquisas de levantamento *on-line* sem apelos científicos;
- pesquisas de levantamento abertas na rede, sem limitações sobre quem se espera que participe; todos são convidados (por meio, digamos, de um *banner* em um *site*) e podem até participar várias vezes;
- painéis de voluntários que lidem com os potenciais participantes atraídos por um determinado tema;
- captação de pesquisas de levantamento que desenhem uma amostra aleatória de todas as pessoas que visitam uma certa página, convidando então os membros desta amostra a participarem de uma pesquisa;
- pesquisas de levantamento baseadas em lista, que usam instituições com uma lista completa de *e-mails* dos seus membros (p. ex., uma universidade com todos os seus estudantes e funcionários), todos eles sendo convidados a participar da pesquisa (ou da qual é extraída uma amostra aleatória);
- pesquisa de levantamento de modo misto, que usa uma amostra aleatória da população; os membros da amostra podem então escolher entre participar por meio de questionários em papel ou *on-line*;
- painel da população previamente recrutada, extraído de uma amostra aleatória da população e em que, se os membros desta amostra não tiverem acesso à internet, os pesquisadores lhes proporcionam acesso.

Estas alternativas diferem em relação a onde você encontra uma população a partir da qual extrair uma amostra e também em até que ponto você pode conceber a ideia de uma amostragem aleatória neste contexto. A população pode consistir em usuários de um *site* ou de um portal da internet, ou da população geral de um país. No último caso, você tem que levar em conta que os usuários da internet constituem uma seleção da população geral: de forma alguma todos usam a internet. Por exemplo, os usuários dela tendem a ser mais jovens do que a média da população e têm uma maior probabilidade de terem recebido um nível maior de educação. Isto pode conduzir a problemas de *subcobertura* na sua amostra da internet em comparação com a população geral: ou seja, alguns grupos da população (p. ex., pessoas idosas ou aquelas sem filhos) estarão sistematicamente subrepresentadas em sua amostra baseada na rede. Ao mesmo tempo, você pode estar diante da *cobertura excessiva* como um problema: pessoas que não estão no seu grupo-alvo ou amostra podem responder ao seu questionário, às vezes sem revelar sua identidade, o que torna difícil excluí-las do seu conjunto de dados; além da possibilidade de algumas pessoas preencherem seu questionário várias vezes. Outros problemas incluem a não resposta a determinados itens/perguntas ou os respondentes que se retiram, por exemplo, depois de responder ao primeiro conjunto (ou página) de questões e então perdem o interesse, ou devido ainda a uma queda na conexão com a internet.

Outro problema de acesso é o que e quanto você realmente saberá sobre seus participantes se usar o endereço de *e-mail* ou o nome fictício que eles usam nos grupos de discussão ou redes sociais para identificá-los. Em alguns casos, você não saberá mais sobre elas ou terá que confiar nas informações que elas lhe deram sobre seu gênero, idade, localização, etc. Isto pode levantar dúvidas sobre a confiabilidade dessas informações demográficas e conduzir a problemas de contextualização das declarações na entrevista posterior. Como indaga Markham, "O que significa entrevistar alguém por quase duas horas antes de perceber que ele (ou ela) não pertence ao gênero que o pesquisador achou que ele (ela) pertencesse?" (2004, p. 360).

Além disso, usar o endereço de *e-mail* como o identificador para os partipantes em seu estudo pode levantar outras questões. Muitas pessoas usam mais de um endereço de *e-mail* ou vários provedores da internet ao mesmo tempo. Por outro lado, várias pessoas dentro da mesma casa podem usar o mesmo computador (ver Bryman, 2008, p. 647).

Várias respostas a estes problemas de amostragem têm sido sugeridas. Uma delas é que nem todo estudo necessita de uma amostra tão rigorosamente representativa quanto possível da "população em geral", o que se aplica tanto à pesquisa *on-line* quanto à pesquisa *off-line* (Hewson et al., 2003). Os estudos qualitativos seguem uma lógica de amostragem diferente e talvez faça mais sentido estudar as tendências de compras dos clientes da amazon.com (em nosso exemplo citado) para o mesmo propósito. Então, tal amostra pode ser adequada contanto que você evite generalizar seus resultados para populações inadequadas (p. ex., aos compradores de livros em geral). Você precisa ter cautela na generalização dos seus resultados para outras populações e refletir sobre o que é adequado e o que não é. Finalmente, para alguns estudos e questões de pesquisa pode não ser um problema que os participantes respondam repetidas vezes ou usem identidades duvidosas, pois isto pode representar as práticas do usuário típico da internet. As questões e temas mencionados por Gaiser e Schreiner neste contexto podem ser úteis:

> Pense em quem você quer que participe do seu estudo e onde você vai encontrar essas pessoas. Quem é provável que frequente seu tipo de ambiente *on-line*? Como você vai conseguir que essas pessoas participem do seu *site*? Como um pesquisador pode criar uma maior proximidade com uma determinada população? Que tecnologias os participantes da amostra usam ou têm maior probabilidade de usar? (2009, p. 15)

Em geral, como em outras formas de pesquisa de levantamento, você deve considerar dois passos para aumentar o índice de resposta. Antes de enviar um questionário para os potenciais participantes, você deve contatá-los e pedir sua permissão para incluí-los no seu estudo. Você deve repetir o contato com os não respondentes pelo menos uma vez (Bryman, 2008, p. 648).

☑ Pesquisas de levantamento, entrevistas e grupos de discussão *on-line*

Os três métodos básicos para a coleta das declarações dos participantes – isto é, extrair suas opiniões, histórias e outras formas de dados verbais – foram transferidos para a pesquisa *on-line*.

Pesquisas de levantamento *on-line*

Há várias avaliações das pesquisas de levantamento *on-line*. A maior parte das pesquisas que usam a internet é quantitativa e consiste em pesquisas de levantamento *on-line*, questionários baseados na rede ou experimentos na internet (ver Hewson et al., 2003). Tem sido estimado que pelo menos um terço de todas as pesquisas de levantamento no mundo são realizadas *on-line* (Evans e Mathur, 2005, p. 196) e a tendência é que este número aumente. Bryman (2008) discute as pesquisas de levantamento por *e-mail* e na internet. Os primeiros, como o nome sugere, são enviados por *e-mail* a destinatários previamente selecionados. O questionário é anexado a uma mensagem com a expectativa que os recipientes respondam às perguntas e devolvam o questionário anexado à sua resposta por *e-mail*. Uma alternativa é enviar o questionário incorporado ao próprio *e-mail*, e as respostas são dadas adicionando-se um "x" às perguntas ou escrevendo o texto na própria mensagem, e enviadas de volta clicando na opção "responder". Embora a última versão seja mais fácil de lidar para o respondente, alguns programas de *e-mail* podem produzir problemas com a formatação. As pesquisas de levantamento pela rede são mais flexíveis na formatação do questionário todo e nas opções de resposta. Os questionários podem ser concebidos de maneira atrativa e é fácil incluir perguntas com filtro ou perguntas com salto (a resposta dirige o participante para perguntas diferentes a serem respondidas em seguida, ou algumas perguntas são deixadas de fora após uma resposta específica). É possível captar os participantes colocando um *banner* similar a uma propaganda em uma página da rede em que os participantes podem clicar no questionário e preenchê-lo. Há também ferramentas e serviços eletrônicos disponíveis na internet que podem facilitar a realização da sua pesquisa *on-line*: muitas companhias oferecem estes serviços profissionalmente (ou seja, você tem de pagar por eles). Se você buscar o Google Survey, vai encontrar uma longa lista desses serviços, como o Survey Monkey ou o Bristol Online Surveys (http://survey.bris.ac.uk).

Comparados com as pesquisas de levantamento por questionários postais, as pesquisas de levantamento *on-line* têm várias vantagens. Estas incluem:

- *Baixo custo*. Como você não tem que imprimir seus questionários, pode economizar dinheiro em envelopes e selos. Os questionários que você recebe de volta já estão inseridos no computador e são mais facilmente transferidos para o *software* estatístico.
- *Tempo*. Os questionários *on-line* retornam mais rapidamente do que os questionários enviados pelo correio.
- *Facilidade do uso*. Os questionários *on-line* são mais fáceis de formatar e mais fáceis de navegar para o participante (ver anteriormente).
- *Ausência de restrições espaciais*. Você pode alcançar pessoas em longas distâncias sem esperar que os questionários cheguem ao seu destino.

- *Índice de resposta*. O número de perguntas não respondidas na maioria dos casos é menor nas pesquisas de levantamento *on-line*, enquanto os questionários abertos tendem a ser respondidos de uma maneira mais detalhada e as respostas já são dadas em formato digital.

Entretanto, há também várias desvantagens nos questionários *on-line* em comparação com as pesquisas de levantamento tradicionais. Os índices de resposta podem ser mais baixos em alguns casos; você só atingirá populações que já estão *on-line* (ver anteriormente). Há ceticismo com relação ao anonimato, especialmente por parte dos potenciais participantes; o que pode reduzir a motivação para responder. Por outro lado, as pessoas às vezes respondem mais de uma vez (ver Bryman, 2008, p. 648; Hewson et al., 2003, p. 43).

Sue (2007, p. 20-1) traçou um cronograma de pesquisa para as pesquisas de levantamento *on-line* para ser completado em 13 semanas. As primeiras três semanas são dedicadas a estudar os objetivos, examinar a literatura e rever os objetivos. As três semanas seguintes são dedicadas a escolher o *software* da pesquisa de levantamento e ao desenvolvimento, pré-teste e revisão do questionário. Na 7ª semana, é realizada a coleta dos dados e as respostas que chegam são monitoradas. A 8ª e a 9ª semanas estão focadas em fazer um novo contato com os não respondentes e analisar os dados. Nas quatro semanas restantes, você vai escrever os rascunhos do seu primeiro e segundo relatórios da pesquisa e apresentá-los. Este cronograma parece muito rígido, em particular na parte em que a pesquisa é realizada – mas ele dá, ao menos, uma indicação inicial de como avançar.

Entrevistas *on-line*

Você pode organizar as entrevistas *on-line* de várias maneiras, como com a forma *sincrônica*, por exemplo. Isto significa que você contata o seu participante enquanto ambos estão *on-line* ao mesmo tempo – por exemplo, em uma sala de bate-papo onde você pode trocar diretamente perguntas e respostas. Isto é o que mais se aproxima ao intercâmbio verbal na entrevista presencial. Como alternativa, você pode organizar as entrevistas *on-line* de uma forma *assincrônica*, em que você envia suas perguntas aos participantes e eles encaminham suas respostas de volta mais tarde: neste caso vocês não precisam necessariamente estar conectados ao mesmo tempo. Esta última versão é realizada principalmente mediante trocas de *e-mails* ou pelas redes sociais e se aproxima do que você faz em um estudo de ques-

---

Quadro 9.1

ESTUDO DE CASO: MONITORAMENTO LONGITUDINAL DAS AVALIAÇÕES DE QUALIDADE DOS ESTUDANTES

Na universidade de Potsdam, foi estabelecido um painel *on-line* para monitorar as biografias, as avaliações de curso e as avaliações da qualidade do programa de estudo dos estudantes em uma perspectiva longitudinal. Os estudantes foram convidados para se juntar ao painel *on-line* mediante contatos *on-line* e *off-line*. Eles foram contatados antes de iniciarem seus estudos e antes de se inscreverem nos programas e foram motivados por um sorteio para os participantes. Apesar disso, dos 18 mil estudantes da universidade, somente 700 permaneceram no painel após um ano. A equipe da pesquisa tomou muitas precauções para garantir o anonimato dos participantes e para conseguir vincular os dados das várias ondas da pesquisa de levantamento (ver Pohlenz et al., 2009, para mais detalhes).

tionário. Você também pode usar serviços de mensagens e imagens como o *Skype* para estabelecer um diálogo *imediato* no formato de pergunta e resposta. Se recursos técnicos estiverem disponíveis, você pode inclusive estabelecer um diálogo em vídeo, em que pode ver seu respondente e vice-versa.

Cada uma destas alternativas necessita de recursos técnicos (como uma câmera, uma conexão rápida em banda larga, etc.) de ambos os lados. Mann e Stewart (2000, p. 129), acompanhando Baym (1995), citam cinco questões importantes a serem consideradas para uma interação mediada por computador nas entrevistas. São elas:

1. Qual o propósito da interação/entrevista? Isto vai influenciar o interesse dos possíveis participantes no que se refere a se vão ou não se envolver no estudo.
2. Qual a estrutura temporal da pesquisa? Os métodos utilizados são sincrônicos ou assincrônicos, e haverá ou não uma série de interações na pesquisa?
3. Quais são as possibilidades e limitações do *software* que vão influenciar a interação?
4. Quais são as características do entrevistador e dos participantes? E quanto à sua experiência em relação à tecnologia e à sua atitude quanto a utilizá-la? E quanto ao seu conhecimento dos tópicos, escrita das habilidades, *insights*, etc.? A interação individual ou a interação pesquisador-grupo é planejada? Houve alguma interação anterior entre o pesquisador e o participante? Como a estrutura do grupo é tratada pelo pesquisador (pela hierarquia, o gênero, a idade, a etnia, o *status quo* social, etc.)?
5. Qual é o contexto externo da pesquisa – as culturas internacionais/nacionais e/ou as comunidades significativas estão envolvidas? Como realizar suas práticas comunicativas fora da influência de pesquisa destas últimas?

Se você realiza suas entrevistas de forma assincrônica, o tempo transcorrido entre a pergunta e a resposta pode influenciar a qualidade dos seus dados e o fio condutor da entrevista pode ficar perdido. No transcurso da própria entrevista, você pode enviar uma ou duas perguntas, esperar as respostas e então se aprofundar (como em uma entrevista presencial), ou continuar enviando as perguntas seguintes. Se houver um intervalo de tempo mais longo antes da chegada das respostas, você pode enviar um lembrete (após alguns dias, por exemplo). Bampton e Cowton (2002) percebem um declínio na extensão e na qualidade das respostas, assim como uma tendência para as respostas chegarem mais lentamente, como um sinal de um interesse declinante por parte do participante e um sinal para um encerramento da entrevista.

As vantagens mencionadas para as entrevistas *on-line* são as mesmas que para a pesquisa *on-line* em geral. Você pode economizar tempo e custos e alcançar pessoas que estão a grandes distâncias. Uma vantagem adicional é o maior anonimato para a participação, particularmente nas entrevistas por *e-mail*. Se você optar por uma chamada em vídeo, a anonimidade proporcionada ao participante não é tão grande quanto na entrevista por *e-mail*, onde apenas as declarações são trocadas como texto. Ao mesmo tempo, você pode mais facilmente contextualizar as declarações em contextos paralinguísticos, como nas expressões faciais. As desvantagens são as dúvidas sobre as identidades "reais" (com quem eu estou falando), a perda no relacionamento direto com os participantes e os problemas na sondagem quanto às respostas que permanecem obscuras. Estas últimas se aplicam mais às entrevistas por *e-mail*, que se aproximam mais da situação do preenchimento de um questionário (ver Salmons, 2010, para mais detalhes do planejamento e da realização de entrevistas *on-line* de maneira sincrônica).

Grupos focais *on-line*

Tem havido um interesse particular nos grupos focais *on-line*. Mais uma vez, podemos distinguir entre grupos sincrônicos (ou em tempo real) e assincrônicos (não em tempo real). O primeiro tipo de grupo focal *on-line* requer que todos os participantes estejam conectados ao mesmo tempo. Eles podem participar via sala de bate-papo ou usando um *software* específico para conferência. Esta última opção requer que todos os participantes tenham este programa em seus computadores ou que este lhes seja proporcionado. Além dos problemas técnicos que isto pode causar, muitas pessoas podem hesitar em receber e instalar programas com o propósito de participar de um estudo. Os grupos focais assincrônicos não requerem que todos os participantes estejam conectados ao mesmo tempo (e isto previne os problemas de coordenação).

Para que os grupos focais *on-line* funcionem, o pronto acesso aos participantes é necessário. Mann e Stewart (2000, p. 103-5) descrevem com alguns detalhes o programa que você pode utilizar para montar grupos focais sincrônicos ("*software* de conferência"). Eles também descrevem as alternativas de como criar *sites* e como estes podem facilitar o acesso daqueles que se deseja que participem e excluir outros aos que não se deseja dar acesso. Os autores também discutem como os conceitos de naturalidade e neutralidade relacionados ao local de encontro de um grupo focal também se aplicam *on-line*. Por exemplo, é importante que os participantes possam participar das discussões a partir de seus computadores em casa ou em seu local de trabalho, em vez de partindo de um *site* específico de pesquisa. Para começar, é importante criar uma mensagem de boas-vindas que convide os participantes, explique os procedimentos e o que é esperado deles, e descreva as regras de comunicação que deverão existir entre os participantes (p. ex., "por favor, seja educado com todos") e assim por diante (ver 2000, p. 108 para um exemplo). O pesquisador deve – assim como com qualquer outro grupo focal – criar um ambiente relaxado.

As vantagens de realizar grupos focais *on-line* são que você pode economizar tempo e custos, pois não terá que resumir seu grupo no mesmo tempo e lugar e economizará em custos de transcrição se os dados já chegarem na forma digital. Outras vantagens são que há um maior grau de anonimato para os participantes e que a dinâmica de grupo desempenha um papel menor em comparação com os grupos focais no mundo real: aqui, é menos provável que os participantes dominem o grupo ou inibam outra contribuição dos participantes.

Ao mesmo tempo, há desvantagens. Um grupo assincrônico pode demorar um longo tempo para responder. As contribuições também podem "vir tarde": a discussão pode já ter progredido quando, após algum tempo, os respondentes se referem a um estado anterior da discussão. A tendência para a não resposta pode ser mais elevada do que nas entrevistas presenciais. As exigências e os problemas técnicos (p. ex., dificuldades de conexão) podem influenciar a qualidade dos dados e também o processo de uma discussão assincrônica.

☑ Etnografia virtual

Se você transferir os métodos de pesquisa de levantamento ou as entrevistas individuais e de grupo para a pesquisa *on-line*, você recorre à internet como um *local* ou como uma ferramenta por meio da qual estudar pessoas às quais você não teria acesso de outra forma (para estas três perspectivas, ver Markham, 2004). Nestes casos, você pode estudar a internet como uma forma de meio ou cultura em que as pessoas desenvolvem formas específicas de comunicação ou, às vezes, identidades específicas. Isto requer uma transferência dos métodos etnográficos para a pesquisa na internet e para estudar os modos de comunicação e de autoapresentação na rede: "Conseguir um entendimento da percepção de si dos participantes e dos significados que eles atribuem à sua participação *on-line* requer despender algum tempo com os participantes para observar o que eles fazem *on-line* e também o que eles dizem que fazem" (Kendall, 1999, p. 62). O Quadro 9.2 apresenta um estudo de caso da etnografia *on-line*.

Em geral, o interesse na realização de etnografias da internet – também chamadas "netnografias" (Kozinets, 2010) – está aumentando. Estruturas de entrevistas são usadas com frequência, em oposição a métodos etnográficos no senso estrito do termo.

Quadro 9.2

ESTUDO DE CASO: ETNOGRAFIA VIRTUAL

Em seu estudo, Hine (2000) tomou como ponto de partida um julgamento amplamente discutido (o caso de Louise Woodward – uma babá britânica processada pela morte de uma criança pela qual ela era responsável em Boston). Ela queria descobrir como este caso foi construído na internet, analisando as páginas relacionadas a esta questão. Ela também entrevistou por *e-mail* escritores da internet sobre suas intenções e experiências e analisou as discussões em grupos de discussão em que foram postadas 10 ou mais intervenções referentes aos casos. Ela usou o www.dejanews.com* para encontrar os grupos de discussão. Neste *site*, todas as postagens dos grupos de discussão são armazenadas e podem ser recuperadas usando-se palavras-chave. Sua busca se limitou a um mês em 1998.

Hine postou uma mensagem para vários dos grupos de discussão que haviam tratado mais intensivamente da questão. Entretanto, as respostas foram muito limitadas, como outros pesquisadores obviamente apontaram repetidamente (2000, p. 79). Hine também montou sua própria página na internet e a mencionou enquanto entrava em contato com os potenciais participantes ou enviava mensagens sobre a sua pesquisa. Ela fez isto para torná-la e à sua pesquisa transparentes para os potenciais participantes.

Resumindo seus resultados, ela declarou que:

> A etnografia constituída por minhas experiências, meus materiais e os escritos que produzo sobre o tópico é definitivamente incompleta... Em particular, a etnografia é parcial em relação à sua escolha de aplicações particulares da internet ao estudo. Comecei a estudar "a internet" sem ter tomado uma decisão específica com relação a que aplicações eu pretendia estudar em detalhes. (2002, p. 80)

Não obstante, Hine produziu resultados interessantes sobre como as pessoas lidam com a questão da internet. Suas ideias e discussões sobre a etnografia virtual são muito instrutivas para além do seu estudo. No entanto, elas também mostram as limitações de transferência da etnografia – ou, de maneira mais geral, da pesquisa qualitativa – para a pesquisa *on-line*, como ilustra o comentário crítico de Bryman: "Estudos como estes estão claramente nos convidando a considerar a natureza da internet como um domínio a ser investigado, mas também nos convidam a considerar a natureza e a capacidade de adaptação dos nossos métodos de pesquisa" (2008, p. 636).

---

* N. de R.T.: Famoso *site* de arquivos de *newsgroup* – grupos públicos de debate e ajuda na internet.

☑ Análise de documentos e interações da internet

Bergmann e Meier (2004) vão um passo além. Partindo de uma conversa analítica, eles sugerem a análise das partes formais da interação na rede. A análise da conversa está interessada nas ferramentas linguísticas e interativas (como as tomadas da palavra, reparos, aberturas de fechamentos: ver Capítulo 8) que as pessoas utilizam quando se comunicam sobre uma questão. De um modo similar, os autores sugerem que você identifique os vestígios que a comunicação *on-line* deixa para o entendimento de como a comunicação é praticamente produzida na *web*. Por isso, elas usam os dados do processo eletrônico, ou seja, "todos os dados que são gerados no decorrer dos processos de comunicação e atividades de trabalho auxiliados pelo computador – quer automaticamente, quer tendo por base os ajustamentos feitos pelo usuário" (2004, p. 244). Estes dados não estão simplesmente prontos para serem manuseados: em vez disso, devem ser reconstruídos tendo por base uma documentação detalhada e contínua do que está acontecendo na tela (e, se possível, diante dela), por exemplo, quando alguém envia um *e-mail*. Isto inclui os comentários do remetente quando está digitando um *e-mail*, além de aspectos paralinguísticos como risos, etc. É importante documentar a estrutura temporal da comunicação mediada por computador. Aqui você pode usar um *software* especial (como o Lotus ScreenCam), que permite a filmagem do que está acontecendo na tela do computador juntamente com o registro da interação diante da tela com vídeo, por exemplo.

Do mesmo modo, você utilizar as páginas da internet como um meio de interação *on-line* e analisá-las por seu conteúdo e pelos meios que são utilizados para a comunicação destes conteúdos. Você pode usar métodos qualitativos para um estudo desse tipo – como uma abordagem hermenêutica ou uma análise qualitativa de conteúdo, abordar estes objetos com métodos quantitativos como análise de conteúdo ou analisar as frequências com que eles são tratados ou usados.

Uma característica específica das páginas de internet é a intertextualidade dos documentos na rede, organizada e simbolizada por *links* (eletrônicos) de um texto (em uma página) para outros textos. Este tipo de referência cruzada vai além da definição e dos limites tradicionais de um texto e vincula um grande número de páginas (ou textos) isolados a um grande (e às vezes infinito) texto. Muitas páginas são constantemente atualizadas, modificadas, desaparecendo e reaparecendo na *web*. É necessário, por isso, sempre mencionar a data em que você acessou a página quando se referir a ela como uma fonte. Como acontece com outras formas de analisar documentos como meios de interação, você deve perguntar: quem produziu estas páginas, para quem e com que intenções? Que meios foram utilizados para atingir estes objetivos?

☑ Pesquisa *on-line* hoje: uso da Internet 2.0

As abordagens mencionadas até agora foram possibilitadas pelo desenvolvimento da internet nas duas últimas décadas. Mais recentemente, de cerca de 2005 em diante, uma série de novos desenvolvimentos mudou novamente as formas de comunicação na rede. Em conjunto, eles são em geral referidos como a "Internet 2.0". Novas formas de comunicação (os *blogs*, por exemplo) e os *sites* de rede social (como Facebook, YouTube ou Twitter) tornaram-se públicos e amplamente usados.

Mais uma vez, estes desenvolvimentos podem ser um tema para a pesquisa (quem os utiliza e para que propósitos?). Eles podem também ser usados como instrumentos para a realização de pesquisas, em conjunto com outros desenvolvimentos da Internet 2.0. Um estudo recente (RIN 2010) concentrou-se no uso das ferramentas desta para propósitos de pesquisa e sobre quem já as está utilizando e a que desenvolvimentos elas vão conduzir.

O que é a Internet 2.0?

A definição a seguir destaca o que é característico na Internet 2.0 e o que a torna relevante para propósitos de pesquisa:

> A Internet 2.0 engloba uma diversidade de diferentes significados que incluem uma ênfase aumentada no conteúdo gerado pelo usuário, nos dados e no conteúdo compartilhado e no esforço colaborativo, juntamente com o uso de vários tipos de *software* sociais, novas maneiras de interagir com os aplicativos baseados na rede, e no uso dela como uma plataforma para gerar, redirecionar e consumir conteúdo. (Anderson, 2007, citado em RIN 2010, p. 14)

Uma característica fundamental da maneira como a comunicação e a produção do conhecimento são organizadas:

> Os serviços da Internet 2.0 enfatizam a geração descentralizada e coletiva, a avaliação e a organização das informações, frequentemente com novas formas de intermediação tecnológica. (2010, p. 14)

Como você pode fazer uso da Internet 2.0 para realizar a sua própria pesquisa?

Para usar esta abordagem no contexto da pesquisa social, o compartilhamento das informações é uma questão fundamental. Isto envolve:

a) recuperar informações (publicações, por exemplo);

b) tornar as informações acessíveis (compartilhamento de dados, conjuntos de dados públicos, etc.); e

c) divulgar pesquisas (resultados, relatórios, etc.).

Por isso, a questão principal é saber como esta nova mídia é usada para organizar e facilitar a comunicação acadêmica. Você pode usar esta mídia para a pesquisa colaborativa por meio do compartilhamento dos seus dados e experiências com outros pesquisadores. Assim, você pode trabalhar com os mesmos conjuntos de dados com outras pessoas, usar *blogs* para este propósito e tornar públicos seus resultados neste contexto.

A variedade dos desenvolvimentos está evidente no que foi estudado na pesquisa mencionada:

> Incluímos formas comuns como *blogs* e *wikis*, serviços genéricos amplamente adotados como compartilhamento de vídeos, marcação ou compartilhamento de referências e sistemas de rede social oferecidos por provedores comerciais. Além disso, investigamos serviços proporcionados por agentes como editores e bibliotecas, alguns editores e agregados de acesso individual aberto, juntamente com mais algumas ferramentas especializadas para fluxos de trabalho ou comunidades de pesquisa específicos. (2010, p. 14)

Exemplos da aplicação destas formas de comunicação são usar e contribuir para *wikis* públicos (o mais conhecido pode ser a *Wikipedia*, mas há outros exemplos), ou para *wikis* privados estabelecidos para um propósito específico. Outras formas são escrever *blogs* ou comentários neles de forma a postar publicamente apresentações, *slides*, imagens ou vídeos. Estas formas podem ser usadas para trabalhar em equipes colaborativas em uma instituição ou em várias instituições (ver também http://www.oii.ox.ac.uk/microsites/oess/ para mais informações nesta área em geral).

Comunicação sobre a sua pesquisa

Uma questão importante neste contexto é o uso de *software* de acesso aberto, e ainda mais o uso de publicações *on-line* de acesso aberto para as próprias publicações dos autores, para a busca das publicações existentes e para comentários sobre as publicações de outros autores. Há também serviços comerciais como o SlideShare (www.slideshare.net), em que apresentações de *slides* podem ser tornadas públicas como uma maneira mais informal de comunicação sobre a pesquisa e os achados. E, finalmente, há uma forte tendência para repósitorios de acesso aberto disponibilizando a literatura *on-line* e gratuitamente (p. ex., Social Science Open Acess Repository in http://www.ssoar.info/).

Estes desenvolvimentos vão modificar a pesquisa social em um futuro próximo ao facilitar a criação de novas formas de colaboração, de recuperação de informações e de publicação de resultados e relatórios.

☑ Lista de verificação para o projeto de pesquisa social *on-line*

Quando você realiza seu projeto de pesquisa na internet, deve considerar as questões listadas no Quadro 9.3. Estas questões podem ser úteis para a realização do seu próprio estudo *on-line*, mas também para avaliar os estudos deste tipo feitos por outros pesquisadores.

Quadro 9.3

LISTA DE VERIFICAÇÃO PARA O PROJETO DE PESQUISA SOCIAL *ON-LINE*

1. Por que você quer realizar sua pesquisa *on-line* em vez de *in loco*?
2. Seu grupo-alvo é uma população especificamente ligada à internet, motivo pelo qual se faz necessário um estudo *on-line*?
3. Sua população-alvo tem provavelmente o acesso à internet requerido para participar do seu estudo?
4. As vantagens de aplicar os seus métodos *on-line* superam as desvantagens?
5. Você possui as habilidades necessárias com computador para criar os seus instrumentos de pesquisa e para administrar o seu projeto *on-line*?
6. Qual é o potencial da comunicação da Internet 2.0 para a realização da sua pesquisa?

Pontos principais

- ✓ Pesquisa de levantamento, entrevistas, observação e pesquisa documental são os principais métodos na pesquisa social que foram transferidos para a pesquisa *on-line*.
- ✓ A pesquisa *on-line* requer conhecimento de computação e da internet por parte dos pesquisadores, mas também por parte dos potenciais participantes.
- ✓ As questões de amostragem são duplicadas aqui: que inferências você pode fazer da amostra da sua pesquisa *on-line* para (a) as populações no mundo virtual e (b) as populações do mundo real?
- ✓ Pode ser difícil preservar as características específicas de um método quando ele é usado *on-line* – por exemplo, impedir que uma entrevista por *e-mail* se torne um questionário por *e-mail*.
- ✓ Para analisar a comunicação *on-line* como um tópico de pesquisa, os métodos precisam ser mais desenvolvidos.
- ✓ Novas formas de comunicação *on-line* dão suporte e modificam a maneira de realizar e publicar pesquisa.

☑ Leituras adicionais

Os cinco textos listados a seguir proporcionam uma síntese útil da pesquisa *on-line*.

Flick U. (2009) *Introdução à Pesquisa Qualitativa*, 3. ed. Porto Alegre, Artmed. Capítulo 9.

Gaiser, T.J. e Schreiner, A.E. (2009). *A Guide to Conducting Online Research*. London: Sage.

Hewson, C., Yule, P., Laurent, D. e Vogel, C. (2003) *Internet Research Methods: A Practical Guide for the Social and Behavioral Sciences*. London: Sage.

RIN (2010) "If You Build It, Will They Come? How Researchers Perceive and Use Web 2.0", http://www.rin.ac.uk/our-work/communicating-and-disseminating-research/use-and-relevance-web-20-researchers (acesso em 21 ago. 2010).

Salmons, J. (2010) *Online Interviews in Real Time*. London: Sage.

10
Pesquisa social integrada: combinação de diferentes abordagens de pesquisa

VISÃO GERAL DO CAPÍTULO

Limites da pesquisa quantitativa 178
Limites da pesquisa qualitativa 180
Combinação de diferentes abordagens 182
Triangulação 183
Métodos mistos 185
Pesquisa social integrada 186
A pesquisa *on-line* como estratégia complementar 188
O pragmatismo e o tema como pontos de referência 188
Pesquisa social integrada e seus limites 189
Lista de verificação para a concepção de combinações de métodos 190

OBJETIVOS DO CAPÍTULO

Este capítulo destina-se a ajudá-lo a:

✓ entender os limites da pesquisa social;
✓ avaliar os argumentos para combinar vários procedimentos em um projeto de pesquisa;
✓ entender o conceito de triangulação;
✓ entender a ideia da pesquisa social integrada;
✓ perceber que combinar métodos pode ser produtivo se você utilizá-los para coletar ou analisar os dados em diferentes níveis.

Tabela 10.1	NAVEGADOR PARA O CAPÍTULO 10	
	Orientação	• O que é pesquisa social? • Questão central de pesquisa • Revisão da literatura
	Planejamento e concepção	• Planejamento da pesquisa • Concepção da pesquisa • Decisão sobre os métodos
Você está aqui no seu projeto	Trabalhando com dados	• Coleta de dados • Análise dos dados • Pesquisa *on-line* • Pesquisa integrada
	Reflexão e escrita	• Avaliação da pesquisa • Ética • A escrita e o uso da pesquisa

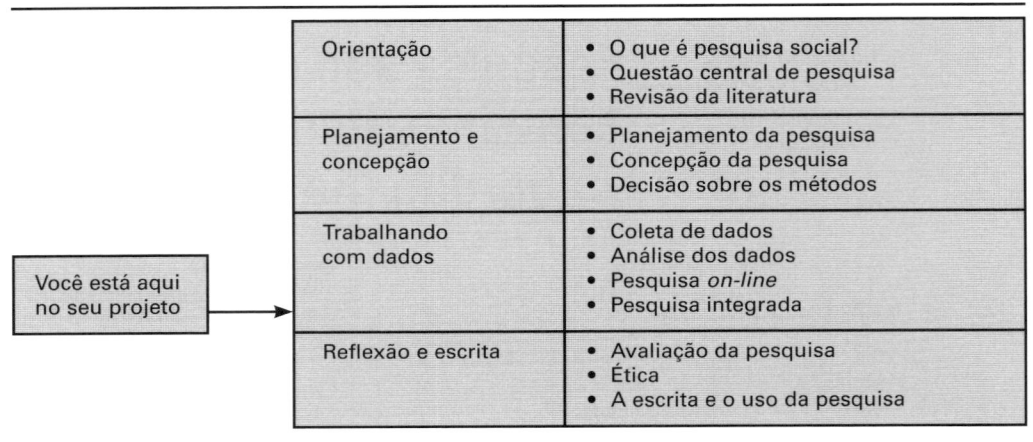

Apesar de todo o valor da pesquisa social, deve-se reconhecer que ela tem seus limites. Não se pode estudar tudo – por razões éticas (ver Capítulo 12), metodológicas e às vezes práticas. Os projetos de pesquisa limitados a métodos isolados são particularmente limitados. Este capítulo destina-se tanto a tornar mais claras estas limitações quanto a lhe mostrar como o uso de uma combinação de métodos pode ampliar a extensão do que é possível na pesquisa.

✓ Limites da pesquisa quantitativa

Vamos primeiro considerar as principais limitações da pesquisa padronizada.

Limites da representatividade

Para garantir que os estudos sejam representativos, os pesquisadores precisam extrair amostras apropriadas. Mas falar disto é mais fácil do que fazer. Em muitos casos, você vai descobrir que surgem vieses na amostra. Por exemplo, você pode achar que não consegue alcançar alguns dos potenciais participantes: eles podem ter se mudado para outro lugar ou morrido, por exemplo, ou podem se recusar a participar do seu estudo. Em particular, o número crescente de pesquisas por telefone no contexto da pesquisa de mercado pode resultar em resistência por parte dos potenciais participantes. Às vezes, um aumento nos recursos para uma determinada área de pesquisa resulta em uma abordagem excessivamente frequente dos participantes, que se tornam, por isso, esquivos. Como resultante, obter uma amostra representativa pode exigir um esforço considerável.

Limites das pesquisas de levantamento padronizadas

As pesquisas de levantamento padronizadas destinam-se a coletar opiniões sobre as questões em estudo, independentemente da situação em que os dados são coletados e do entrevistador. Esse é o objetivo, não importa se você está usando questionários a serem completados pelo participante ou entrevistas padronizadas com um catálogo de perguntas a serem formuladas por um entrevistador. Ainda sim, há dificuldades com estes métodos. As características dos entrevistados – por exemplo, sua idade ou gênero – podem influenciar a maneira como eles abordam as questões em uma situação de entrevista (ver Bryman, 2008, p. 2010-11). As respostas podem ser influenciadas por ideias sobre conveniência social: os entrevistados podem perguntar a si mesmos "Que resposta esperam de mim? Que opinião eu prefiro não expressar?" Outro problema é que os entrevistados podem responder a todas as perguntas com respostas consistentemente positivas (ou consistentemente negativas).

Além disso, há o problema de que os entrevistados podem interpretar as perguntas diferentemente um do outro. Por exemplo, será que você pode assumir que todos que tenham marcado "concordo completamente" em uma resposta a tenham entendido da mesma maneira que todos os outros que deram a mesma resposta, e que esta resposta representa a mesma atitude em todos os casos? O entrevistado e o entrevistador compartilham o mesmo significado das palavras na pergunta? Ambas seriam uma precondição para resumir respostas idênticas sob a mesma categoria.

Limites da observação estruturada

Para a observação estruturada que usa um esquema de observação ou diretrizes com categorias pré-definidas, há também limitações. Tais instrumentos podem forçar uma estrutura inapropriada ou irrelevante ao cenário que você observa. A observação estruturada documenta mais os comportamentos do que as intenções subjacentes, em geral prestando pouca atenção ao seu contexto (2008, p. 269).

Limites da análise de conteúdo qualitativa

As análises de conteúdo são apenas tão boas quanto os documentos que você estuda com elas. Além disso, é difícil desenvolver um sistema de categorias que até certo ponto não dependa da interpretação do codificador. Os significados subjacentes ou latentes são muito difíceis de captar mediante a análise de conteúdo: essa análise, em geral, permanece em um nível superficial. Também é difícil identificar as razões que estão por trás de algumas declarações. Finalmente, este método tem sido criticado por sua ausência de referência teórica (sobre isto, ver Bryman, 2008, p. 291).

Limites na análise de dados secundários

A principal limitação dos dados secundários (estatísticos ou de rotina) é que os pesquisadores podem estar apenas parcialmente familiarizados com os dados. Você pode ficar desafiado em demasia pela complexidade dos dados (seu volume, sua estrutura interna, etc.). Além disso, vai ter pouco controle sobre a qualidade dos dados (até que ponto era exata a documentação na estatística, quem conduziu a controle de erros ou o esclarecimento dos dados, e como?). Ademais, às vezes podem estar faltando entradas ou valores importantes para a sua questão de pesquisa (2008, p. 300). Em muitos casos, será impossível você voltar aos dados brutos, pois os dados são acessíveis apenas na forma agregada (sumários, cálculos, distribuições). Se você usa estatísticas oficiais como dados, vai precisar se assegurar que os rótulos de categoria não sejam enganosos e que as suas definições são as mesmas que aquelas usadas na coleta de dados.

Limites da pesquisa padronizada

A pesquisa padronizada tem a vantagem de trabalhar com um grande número de casos e ter uma base de dados claramente estruturada. Por isso, frequentemente proporciona resultados representativos. O preço disto, entretanto, é que a coleta e a análise dos dados têm que ser fortemente estruturadas e focadas de antemão. O escopo para novos aspectos, para as experiências específicas dos participantes individuais e para se levar em conta contextos concretos na coleta de dados permanece muito limitado. Os dados disponíveis para a análise são então significativamente reduzidos na sua diversidade e riqueza devido à maneira como são coletados (p. ex., os participantes podem estar limitados a cinco respostas alternativas). As visões subjetivas que fiquem de fora da gama prevista quando você concebeu seus instrumentos serão difíceis de manejar. Isto pode limitar o que você conseguirá estudar por meio de métodos padronizados.

☑ Limites da pesquisa qualitativa

A pesquisa qualitativa também tem suas limitações, como descrito em seguida.

Limites da amostragem teórica

Se você usa a amostragem teórica, vai adaptar, na medida do possível, a seleção do material às lacunas existentes no conhecimento. Os casos adicionais são então selecionados segundo aqueles aspectos da questão da pesquisa que a análise não respondeu até então. O problema aqui é que nem o início nem o fim da seleção do material podem ser definidos e planejados previamente. A menos que você possa aplicar esta estratégia com muita sensibilidade, experiência e flexibilidade, o escopo do material que você depois analisa e a generalizabilidade dos seus resultados podem permanecer muito limitados.

Limites da entrevista

Quando você utiliza questões previamente preparadas como a base das suas entrevistas, há um risco de que elas possam omitir pontos que são na verdade essenciais para os entrevistados. Entretanto, em comparação com os estudos de questionário, isto pode se tornar mais facilmente um problema, mas pode também ser reparado mais facilmente. Apesar do uso de uma programação da entrevista, você só será capaz de prever de maneira relativamente limitada o que vai acontecer em suas entrevistas. Isto também se refere a até que ponto as situações em suas entrevistas serão comparáveis entre si. A flexibilidade na realização da entrevista permite mais sensibilidade em relação ao entrevistado, mas ao mesmo tempo reduz a comparabilidade dos dados coletados. As narrativas são mais orientadas para o caso isolado quando você coleta seus dados. Por isso, o caminho do entrevistado isolado para as declarações (teoricamente) generalizadas é ainda mais longo. A qualidade dos seus dados vai depender muito do seu "sucesso" na situação da entrevista: você consegue fazer a mediação entre o que o entrevistado menciona e as suas perguntas, ou iniciar narrativas que incluam os aspectos relevantes para o seu estudo? Em qualquer caso, os dados serão limitados aos relatos sobre um evento ou uma atividade e não lhe darão acesso direto a eles.

Limites da observação participativa

O ponto forte da observação participativa é que, como observador, você esteja realmente envolvido nos eventos. Devido à sua participação, você terá *insights* sobre a perspectiva interna do local. Como acontece em outras formas de observação, a observação participativa tem acesso apenas ao que acontece durante o tempo em que os pesquisadores participam e observam. O que aconteceu antes ou além do local ou das situações concretas permanece fechado à observação e só pode ser coberto mediante conversas com o grau de formalidade adequado. A proximidade do que é estudado é, ao mesmo tempo, o ponto forte e o ponto fraco do método. Em muitos relatos (p. ex., Sprenger, 1989), é evidente que a situação da pesquisa pode oprimir os pesquisadores; seu distanciamento da situação ou as pessoas que são observadas estão então sob risco. Ao mesmo tempo, há a questão de como as situações – e o acesso a elas – são selecionadas. Nós podemos perguntar: até que ponto os períodos em que você realiza suas observações lhe permitem obter os *insights* que você busca? Suas observações realmente elucidam a questão que você está pesquisando e mostram a sua relevância para o campo?

Limites da análise de conteúdo qualitativa

Em comparação com a análise de conteúdo quantitativa, haverá na pesquisa qualitativa uma consideração mais forte do contexto e do significado dos textos. Comparada com outras abordagens interpretativas ou hermenêuticas, será obtida uma análise muito mais baseada em regras e em pragmatismo. Com frequência, as regras que são formuladas para uma análise de conteúdo são tão exigentes na sua aplicação quanto outros métodos. A necessidade de interpretar o texto durante sua classificação pode dificultar a manutenção da clareza do procedimento, o que coloca mais uma vez em perspectiva a prometida clareza de procedimento do método e de suas regras. A categorização do material que emprega mais categorias derivadas externamente ou de teorias do que do próprio material pode direcionar o foco dos pesquisadores mais para o conteúdo do que para a exploração dos significados e para a profundidade do texto. A interpretação do texto mediante métodos analíticos, como a hermenêutica objetiva ou a análise da teoria fundamentada, só desempenha um papel importante na análise qualitativa de conteúdo de uma maneira sistemática – na análise explicativa do conteúdo (como descrito no Capítulo 8). Outro problema é que na análise qualitativa de conteúdo se trabalha frequentemente com paráfrases: estas podem ser úteis para explicar o material original, mas causam problemas se usadas no lugar do material original para a análise de conteúdo.

Limites das análises qualitativas dos documentos

A vantagem dos documentos é que eles com frequência já estão disponíveis, pois foram produzidos para outros propósitos além da pesquisa. As instituições produzem registros, notas, declarações e outros documentos que você pode usar para a sua pesquisa. No entanto, mais uma vez você enfrenta o problema de não poder influenciar na qualidade dos dados (produção). Os documentos podem ter outros pontos de foco e conteúdos diferentes daqueles requeridos para responder às suas questões da pesquisa. Às vezes os documentos não foram produzidos de uma forma suficientemente sistemática para permitir sua comparação entre as instituições. Finalmente, podem surgir problemas de acesso a documentos específicos.

Limites da pesquisa não padronizada

A pesquisa qualitativa também tem limitações importantes. As próprias abertura, flexibilidade e riqueza dela podem dificultar comparações entre os dados ou a visão do quadro amplo – o pesquisador fica perdido nos detalhes.

A pesquisa qualitativa também pode invadir mais as vidas e as esferas privadas dos participantes do que a pesquisa padronizada. Por exemplo, se uma doença conduziu a uma situação estressante na vida de uma pessoa, pode ser mais fácil responder a algumas perguntas em um questionário do que contar em uma entrevista narrativa todo o processo de adoecimento.

Em geral, podemos ver por esta síntese acerca das limitações típicas associadas aos métodos de pesquisa isolados que tanto a pesquisa qualitativa quanto a padronizada têm seus limites. Podemos agora considerar se estes limites podem ser superados por meio da combinação de diferentes métodos.

☑ Combinação de diferentes abordagens

No final do Capítulo 6, foi destacada a importância de se decidir entre a pesquisa qualitativa e a quantitativa. Entretanto, para muitos problemas de pesquisa uma decisão pode conduzir a um estreitamento da perspectiva na questão em estudo. O número de problemas de pesquisa que requerem uma *combinação* de abordagens qualitativas e quantitativas, e por isso de várias perspectivas sobre o que é estudado, está aumentando. Por isso, vamos considerar abordagens para:

a) combinar os métodos dentro da pesquisa qualitativa ou quantitativa;
b) combinar a pesquisa qualitativa e quantitativa dentro do mesmo estudo.

Bryman (1988; 1992) identificou 11 maneiras de se integrar as duas formas de pesquisa:

1. A lógica da triangulação significa checar os achados qualitativos em comparação com os resultados quantitativos.
2. A pesquisa qualitativa pode apoiar a pesquisa quantitativa.
3. A pesquisa quantitativa pode apoiar a pesquisa qualitativa.
4. A integração pode proporcionar um quadro mais geral da questão em estudo.
5. As características estruturais são analisadas com métodos quantitativos, e os aspectos processuais, com abordagens qualitativas.
6. A perspectiva dos pesquisadores direciona as abordagens quantitativas, enquanto a pesquisa qualitativa enfatiza os pontos de vista dos participantes.
7. O problema da generalizabilidade pode ser resolvido para a pesquisa qualitativa por meio da adição de achados quantitativos.
8. Os achados qualitativos podem facilitar a interpretação dos relacionamentos entre as variáveis em conjuntos de dados quantitativos.
9. O relacionamento entre os níveis micro e macro na área que está sendo estudada pode ser esclarecido combinando-se as pesquisas qualitativa e quantitativa.
10. O uso da pesquisa qualitativa ou da pesquisa quantitativa pode ser apropriado em diferentes estágios do processo da pesquisa.
11. Formas híbridas podem usar a pesquisa qualitativa em concepções quase-experimentais (ver Bryman, 1992, p. 59-61).

Em geral, esta classificação inclui uma ampla série de variantes. Os itens 5, 6 e 7 baseiam-se na ideia de que a pesquisa qualitativa capta aspectos diferentes daqueles captados pela pesquisa quantitativa. As considerações teóricas não são muito proeminentes na lista das 11 variantes que Bryman identifica, pois o foco está mais voltado para a pragmática da pesquisa.

✓ Triangulação

Nas ciências sociais, triangulação significa encarar um tema de pesquisa a partir de pelo menos duas perspectivas privilegiadas. A análise de dois ou mais pontos é realizada principalmente utilizando-se várias abordagens metodológicas. Como uma estratégia para a pesquisa empírica fundamental e seus resultados (ver Capítulo 11), a triangulação tem atraído muita atenção no contexto da pesquisa qualitativa. Em particular, a conceituação apresentada por Denzin tem-se provado popular (1970/1989). Este autor inicialmente entendia a triangulação como uma estratégia de validação (ver Capítulo 11), mas depois desenvolveu um conceito mais amplo. Como resultado, Denzin distinguiu quatro formas de triangulação:

- A *triangulação dos dados* combina dados extraídos de fontes diferentes e em momentos diferentes, em locais diferentes ou de pessoas diferentes.
- A *triangulação do investigador* é caracterizada pelo uso de diferentes observadores ou entrevistadores para equilibrar as influências subjetivas dos indivíduos.
- A *triangulação das teorias* significa "abordar os dados tendo em mente perspectivas e hipóteses múltiplas [...] Vários pontos de vista teóricos podem ser colocados lado a lado para avaliar sua utilidade e seu poder" (1970, p. 297).
- O conceito central de Denzin é a *triangulação metodológica* "dentro do método" (p. ex., mediante o uso de subescalas diferentes dentro de um questionário) e "entre os métodos". "Para resumir, a triangulação metodológica envolve um processo complexo de colocar cada método em confronto com o outro a fim de maximizar a validade dos esforços de campo" (1970, p. 304).

A partir destas formas, podemos desenvolver a definição de triangulação apresentada no Quadro 10.1.

A triangulação na pesquisa qualitativa

A triangulação pode envolver a combinação de diferentes abordagens qualitativas. O caso apresentado no Quadro 10.2 ilustra a definição de triangulação apresentada no Quadro 10.1.

Quadro 10.1

DEFINIÇÃO DE TRIANGULAÇÃO

Triangulação significa você assumir diferentes perspectivas sobre um tema que você esteja estudando ou no responder às suas questões de pesquisa. Estas perspectivas podem ser fundamentadas mediante o uso de vários métodos ou várias abordagens teóricas. Além disso, a triangulação pode se referir à combinação de diferentes tipos de dados no pano de fundo das perspectivas teóricas que você aplica aos dados. Na medida do possível, você deve tratar estas perspectivas em condições de igualdade. Ao mesmo tempo, a triangulação (de diferentes métodos ou de tipos de dados) deve proporcionar um conhecimento adicional. Por exemplo, a triangulação deve produzir conhecimento em diferentes níveis, ou seja, ela vai além do conhecimento possibilitado por uma abordagem única e, desse modo, contribui para a promoção da qualidade na pesquisa.

> **Quadro 10.2**
>
> **A TRIANGULAÇÃO NA PESQUISA QUALITATIVA: ESTUDO DE CASO**
>
> No Capítulo 2, mencionei o nosso estudo sobre a situação dos adolescentes sem-teto com doenças crônicas (Flick e Röhnsch, 2007/2008). Neste estudo, combinamos três abordagens metodológicas: (a) observações participativas nas vidas cotidianas dos adolescentes; (b) entrevistas episódicas com os adolescentes sobre seus conceitos de saúde e doença e suas experiências em relação ao sistema de saúde; e (c) entrevistas de especialistas com assistentes sociais e médicos sobre a situação da atenção à saúde dos adolescentes que vivem nessas circunstâncias. Desse modo, conseguimos uma triangulação entre os métodos e entre os diferentes tipos de dados (declarações e observações). Também conseguimos a triangulação dentro do método, pois as entrevistas episódicas combinaram duas abordagens ("questões" e "estímulos narrativos"), conduzindo a dois tipos de dados ("respostas" e "narrativas") (ver Capítulo 7). Ao mesmo tempo, diferentes abordagens teóricas foram reunidas:
>
> a) uma abordagem orientada para as interações e as práticas no grupo em observação;
> b) uma abordagem mais baseada nas teorias narrativas nas entrevistas com os adolescentes; e
> c) uma abordagem concentrada no conhecimento especializado como uma forma específica de conhecimento nas entrevistas com especialistas.

A triangulação na pesquisa quantitativa

Similarmente, você pode usar a triangulação para combinar várias abordagens quantitativas. Por exemplo, você pode usar várias subescalas em um questionário ou combinar vários questionários, ou ainda complementar os questionários com observações padronizadas.

A triangulação das pesquisas qualitativa e quantitativa

Finalmente, a triangulação pode envolver a combinação das pesquisas qualitativa e quantitativa. A triangulação das pesquisas qualitativa e quantitativa com frequência se torna concreta no nível dos resultados produzidos. E é neste nível que Kelle e Erzberger (2004) se concentram na sua discussão, acerca da combinação das duas abordagens. Eles discutem três alternativas:

1. Os resultados podem *convergir*. Ou seja, os resultados confirmam uns aos outros. Eles podem também confirmar apenas parcialmente uns aos outros e corroborar as mesmas conclusões. Por exemplo, as declarações de uma pesquisa de levantamento representativa com questionários padronizados podem se alinhar com declarações de entrevistas semiestruturadas com uma parte da amostra na pesquisa de levantamento.

2. Os resultados podem se concentrar em diferentes aspectos de uma questão (p. ex., os significados subjetivos de uma doença específica e sua distribuição social na população), mas serem *complementares* uns aos outros e conduzirem a um quadro mais amplo. Por exemplo, as entrevistas podem proporcionar resultados que complementem (mediante, digamos, aprofundamento, detalhamento, explicitação ou extensão) os resultados obtidos dos dados do questionário.

3. Os resultados podem ser *divergentes* ou *contraditórios*. Por exemplo, você recebe nas entrevistas opiniões diferentes daquelas proporcionadas pelos questionários. Você pode então tomar isso como o ponto de partida para outro

esclarecimento teórico ou empírico da divergência e das razões por trás dela.

Em todas as três alternativas surgem questões similares. Por exemplo: até que ponto você leva em conta a base teórica específica dos dois métodos que usou na coleta e análise de seus dados? Algumas diferenças são simplesmente o resultado do entendimento diferente das realidades e questões nas abordagens qualitativas e quantitativas? Deveriam as convergências mais acentuadas deixá-lo cético, em vez de vê-las como uma simples confirmação de um resultado pelo outro? E, finalmente: até que ponto as duas abordagens e seus resultados são vistos como achados igualmente relevantes e independentes, de forma que o uso do conceito da triangulação seja justificado? Até que ponto uma das abordagens é reduzida a um papel subordinado, como meramente tornando plausíveis os resultados da outra abordagem – a mais dominante?

☑ Métodos mistos

Quando se está vindo da direção oposta – isto é, vindo *da* pesquisa quantitativa – o termo "métodos mistos" tende a ser preferível à "triangulação". Aqueles que apoiam as metodologias mistas estão interessados em combinar pragmaticamente as pesquisas qualitativa e quantitativa, procurando pôr um fim às "guerras de paradigma" entre as duas abordagens. Tashakkori e Teddlie (2003b, p. ix) declaram que esta abordagem é um "terceiro movimento metodológico", encarando a pesquisa quantitativa como o primeiro movimento; a pesquisa qualitativa como o segundo movimento; e a pesquisa de métodos mistos como o terceiro movimento – aquele que resolve todos os conflitos e diferenças entre o primeiro e o segundo movimentos.

Concepções de métodos mistos

Quando você usar métodos mistos em seu próprio projeto, a questão de como conceber um estudo com métodos deste tipo será mais interessante em um nível prático. Creswell (2003) distinguiu três formas de concepção de métodos mistos, sendo elas:

1. Concepções de fase, em que os métodos qualitativos e quantitativos são aplicados separadamente um do outro (não importa em que ordem). Essas concepções podem incluir duas ou mais fases.
2. Concepção dominante/menos dominante, que esteja principalmente comprometida com uma das abordagens e use a outra de um modo apenas marginal.
3. Concepções de metodologia mista, que vinculam as duas abordagens em todas as fases do processo da pesquisa.

Para a abordagem de metodologias mistas, Tashakkori e Teddlie (2003a), Creswell (2003) e Creswell e colaboradores (2003) sugeriram uma versão mais elaborada das concepções que combinam as pesquisas qualitativa e quantitativa. Creswell e colaboradores (2003, p. 211) encaram os métodos mistos como concepções por excelência vinculados às ciências sociais, e usam a seguinte definição:

> Um *estudo de métodos mistos* envolve a coleta ou análise de dados quantitativos e/ou qualitativos em um único estudo em que os dados sejam coletados concomitantemente ou sequencialmente, recebam prioridade e envolvam a integração dos dados em um ou mais estágios no processo da pesquisa. (2003, p. 212)

Em geral, os métodos mistos têm sido usados cada vez mais desde o final da década de 1990 para superar as tensões entre a pesquisa qualitativa e quantitativa. Aqui, é escolhida uma abordagem metodológica mais pragmática.

✓ Pesquisa social integrada

Como veremos, o conceito de pesquisa *integrada* vai um passo além dos conceitos que foram discutidos até então. Este conceito baseia-se na extensão das alternativas e abordagens metodológicas descritas neste livro.

Relevância da pesquisa social integrada

Um argumento para a pesquisa integrada foi aprofundado em meados do século XX por Barton e Lazarsfeld (1955). Os autores se referem à capacidade da pesquisa qualitativa com pequenos números de casos para tornar visíveis as relações, causas, efeitos e dinâmicas dos processos sociais que não podem ser encontrados mediante as análises estatísticas de amostras maiores. Segundo eles, a pesquisa qualitativa e a quantitativa serão usadas em diferentes estágios de um projeto de pesquisa. A pesquisa qualitativa seria principalmente usada no início, embora possa ser também empregada subsequentemente para a interpretação e o esclarecimento das análises estatísticas.

O debate sobre as pesquisas qualitativa ou quantitativa, que foi originalmente suscitado por pontos de vista epistemológicos e filosóficos (ver Becker, 1996 ou Bryman, 1988 para visões gerais), deslocou-se para questões de pesquisa prática, relacionadas à adequabilidade de cada abordagem. Wilson declara que, para a relação das duas tradições metodológicas, "as abordagens qualitativa e quantitativa são métodos mais complementares do que competitivos [e o] uso de um método particular [...] muito mais baseado na natureza do problema de pesquisa real em questão" (1982, p. 501).

Procedimentos da pesquisa social integrada

1. Em um primeiro passo, você deve considerar o quão desenvolvido está o conhecimento atual sobre a questão da sua pesquisa e quais abordagens empíricas são requeridas, talvez em combinação.
2. Seguindo a abordagem da pesquisa social integrada, você deve levar em conta as diferentes posições e distinções teóricas das abordagens quando planejar seus procedimentos metodológicos concretos.
3. Ao planejar um estudo na pesquisa social integrada, você pode tomar como orientação as diferentes concepções sugeridas por Miles e Huberman (1994, p. 41), como ilustrado na Figura 10.1. Na primeira concepção, você busca as duas estratégias em paralelo. Na segunda, uma estratégia (p. ex., a observação contínua do campo de pesquisa) vai lhe proporcionar uma base. Você pode usar esta base para planejar as ondas[*] de uma pesquisa de levantamento. As várias ondas estão relacionadas à observação de onde estas ondas foram derivadas e moldadas. Na terceira combinação, você vai começar com um método qualitativo, como, por exemplo, uma entrevista semiestruturada. Estas entrevistas são seguidas por um estudo de questionário como um passo intermediário, antes de você se aprofundar e avaliar os resultados de ambos os passos em uma segunda fase qualitativa. Na quarta concepção, você fará um estudo de campo complementar para adicionar mais profundidade aos resultados de uma pesquisa de levantamento no primeiro

---

[*] N. de R.T.: Nas pesquisas de levantamento é comum fazer a chamada ou "lembrança" dos participantes por meio de "ondas", isto é, como uma grande parte das pessoas demora a responder, faz-se: 1ª onda: distribuição e convite de pesquisa; 2ª onda: lembrança aos que não responderam a pesquisa; 3ª onda: idem; 4ª onda: idem.

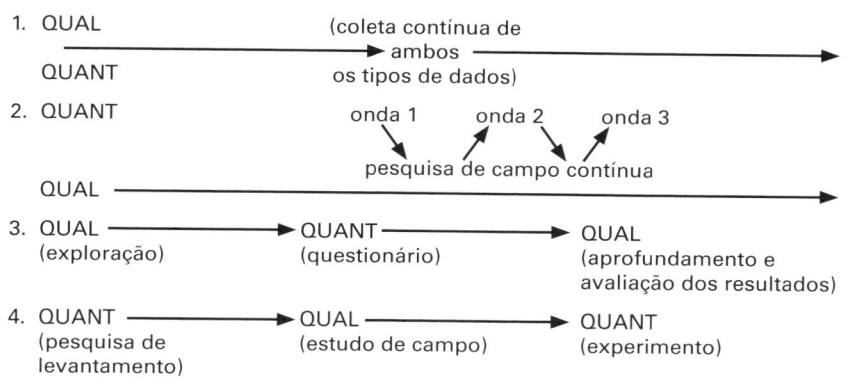

```
1. QUAL ─────────────┐
                     ├──→ (coleta contínua de ambos os tipos de dados) ────────────→
   QUANT ────────────┘

2. QUANT ──────────────────────────────────────────────────────────────────────
                            onda 1    onda 2    onda 3
                               ↘       ↘        ↘
                            pesquisa de campo contínua
   QUAL ───────────────────────────────────────────────────────────────────────

3. QUAL ──────────→ QUANT ──────────→ QUAL
   (exploração)    (questionário)    (aprofundamento e
                                      avaliação dos resultados)

4. QUANT ──────────→ QUAL ──────────→ QUANT
   (pesquisa de     (estudo de campo) (experimento)
   levantamento)
```

Figura 10.1
Concepções de pesquisa para a integração da pesquisa qualitativa e quantitativa (adaptada de Miles e Huberman, 1994, p. 41).

passo. O último passo é uma intervenção experimental no campo para a testagem dos resultados dos dois passos iniciais.
4. As abordagens metodológicas de coleta e análise dos dados baseiam-se nos conceitos de triangulação metodológica e dos dados formulados por Denzin.
5. Finalmente, a apresentação dos resultados (ver Capítulo 13) reflete a combinação das abordagens da pesquisa – combinando os estudos de caso com visões gerais nas tabelas ou nos gráficos, por exemplo.

Convém considerar aqui um exemplo de pesquisa integrada. O Quadro 10.3 descreve um desses casos.

Quadro 10.3

PESQUISA SOCIAL INTEGRADA: UM EXEMPLO

Na realização de um estudo sobre as questões do sono e dos transtornos ligados a ele na vida cotidiana institucional em casas de repouso (ver Flick et al., 2010; Garms-Homolová et al., 2010), assumimos diferentes perspectivas com relação a este problema na análise de sua relevância para as rotinas de cuidado dos pacientes e do desenvolvimento de doenças. Em várias instituições de cuidado, analisamos os dados rotineiros em uma perspectiva longitudinal. Repetidas avaliações de cerca de 4 mil residentes em casas de repouso foram analisadas três vezes após períodos de um ano. Buscamos inter-relações entre problemas do sono documentados nelas, os números e a intensidade de doenças neste período. Paralelamente a essas análises secundárias, realizamos entrevistas com enfermeiras e médicos nas mesmas instituições e as complementamos com entrevistas de familiares dos residentes neste contexto. Estas entrevistas concentraram-se na percepção do problema nas rotinas de cuidado e em como estes problemas são tratados. A concepção foi orientada de acordo com a segunda sugestão de Miles e Huberman (1994; ver Figura 10.1). Este estudo permite a análise da questão em dois níveis:

a) a realidade do cuidado dos pacientes;
b) a percepção profissional acerca do problema.

Para este propósito, ele combina duas perspectivas metodológicas: uma análise quantitativa secundária dos dados rotineiros e uma coleta e análise qualitativas primárias das entrevistas. No nível metodológico, foi realizada uma triangulação de várias abordagens. Este projeto de pesquisa é um exemplo de pesquisa social integrada, não apenas porque os resultados das análises qualitativas e quantitativas remetem uns aos outros, mas também porque as duas abordagens estão integradas em uma concepção abrangente.

No geral, a abordagem da pesquisa social integrada pode nos levar além de algumas limitações da pesquisa unilateral. Ela usa para seu objetivo a triangulação teórica e metodológica de várias abordagens em uma concepção complexa, o que possibilita um entendimento mais abrangente da questão em estudo.

☑ A pesquisa *on-line* como estratégia complementar

Devido às limitações das formas tradicionais de pesquisa social, a internet é com frequência utilizada como um contexto para este tipo de pesquisa. Algumas destas limitações são práticas, relacionadas aos custos e ao tempo. Entretanto, há também limitações mais genéricas. Por exemplo, você pode atingir pessoas de distâncias maiores quando usa uma pesquisa de levantamento feita pela internet em vez de uma pesquisa de levantamento em papel. Você vai atingir algumas pessoas apenas por meio da rede, como, por exemplo, membros de uma comunidade específica *on-line* (ver Capítulo 9). Ao mesmo tempo, foram identificadas limitações da pesquisa *on-line*. Elas incluem índices de resposta limitados, estruturas de amostragem pouco claras, restrição das amostras a pessoas que usam a internet, e assim por diante.

Para superar estas limitações, vários autores sugerem combinar pesquisas de levantamento em papel e pela internet (ver Bryman, 2008, p. 651-2). Isto pode ser feito de duas maneiras. Ou você realiza seu estudo em duas fases, enviando um questionário por correio para um grupo de destinatários e enviando um segundo eletronicamente para outro grupo via internet; ou oferece aos seus respondentes em uma pesquisa de levantamento de questionário via correio a opção de preencher o questionário em papel ou *on-line*. Nos dois casos, você combina as vantagens das duas formas de pesquisa. Similarmente, você pode complementar as entrevistas presenciais com entrevistas (ou grupos focais) *on-line*. Em tudo e por tudo, a pesquisa *on-line* estende as opções para quais métodos misturar ou quais perspectivas triangular ou integrar ao seu estudo.

☑ O pragmatismo e o tema como pontos de referência

As partes precedentes deste capítulo demonstraram que uma retórica de separação (ou incompatibilidade) rígida entre as abordagens de pesquisa isoladas tem seus limites. O ponto de referência para a escolha e a combinação das abordagens de pesquisa deve ser as exigências da questão em estudo, e não certezas e reivindicações metodológicas unilaterais. As combinações podem significar que você vincula as pesquisas qualitativa e quantitativa, assim como triangula diferentes abordagens qualitativas ou diferentes abordagens quantitativas. Ao mesmo tempo, você deve encarar pragmaticamente a combinação das abordagens da pesquisa. Ou seja, você pode perguntar a si mesmo: o que é necessário para um entendimento suficientemente abrangente dos temas do seu estudo? O que é possível nas dadas circunstâncias dos seus recursos e no campo que você estuda? Quando vale a pena fazer um esforço extra para combinar métodos? Para tomar tal decisão, considere se os diferentes métodos irão realmente se concentrar em diferentes aspectos ou níveis ou se eles irão meramente captar a mesma coisa de várias maneiras semelhantes.

É útil aqui diferenciar entre os vários níveis de pesquisa possíveis, como os quatro a seguir, cada um dos quais sendo explicado mediante exemplos.

Significado subjetivo e estrutura social

Para o entendimento do significado subjetivo de um fenômeno – por exemplo, de uma doença – pacientes são entrevistados. Isto é complementado pela análise da frequência e da distribuição da doença na população ou em subpopulações com diferentes origens sociais (ver Flick, 1998b).

Estado e processo

A situação e as práticas atuais de adolescentes que vivem nas ruas são analisadas para questões de saúde e doença utilizando a observação participativa como uma abordagem. Esta descrição de um estado é combinada com entrevistas que revelam quais processos nas biografias isoladas dos adolescentes os levaram à sua situação atual (ver Flick e Röhnsch, 2007).

Conhecimento e práticas

As teorias subjetivas da confiança que os conselheiros mantêm nas relações com os clientes são reconstruídas em entrevistas. Estas são justapostas com análises das conversas nas consultas mantidas entre os conselheiros e os clientes para descobrir como a confiança é criada ou prejudicada (ver Flick, 1992).

Conhecimento e rotinas

O conhecimento das enfermeiras sobre os efeitos dos problemas do sono sobre a saúde dos residentes em casas de repouso é analisado em entrevistas. Além disso, são analisados os dados rotineiros baseados nos diagnósticos de algumas doenças e em documentações do transtornos do sono (ver Flick et al., 2010).

✓ Pesquisa social integrada e seus limites

Discutimos no início deste capítulo as limitações da pesquisa social, iniciando pelas limitações dos métodos isolados. Isto teve a intenção de mostrar que nenhum método isolado em si pode proporcionar um acesso abrangente a um fenômeno que esteja sendo estudado ou pode ser sempre aquele em que se confia sem restrições para proporcionar a abordagem apropriada. Também deve ter ficado claro que as abordagens quantitativa e qualitativa em geral têm suas limitações.

Um passo rumo à superação das limitações específicas de métodos ou abordagens particulares é a combinação ou o uso integrado de vários métodos. Isto não resolve totalmente o problema da limitação da pesquisa, pois cada um dos métodos usados permanece seletivo naquilo que pode captar. Entretanto, a combinação ou integração pode tornar um projeto de pesquisa menos restritivo no que ele pode alcançar.

Além destas limitações, limites fundamentais à pesquisa social permanecem. Além das questões éticas discutidas no Capítulo 12, há questões que não podem ser "traduzidas" para conceitos ou abordagens empíricas. Por exemplo, não é muito realista tentar estudar empiricamente o significado da vida! (Você pode, é claro, perguntar aos participantes de um estudo qual, para eles pessoalmente, seria o significado de suas vidas – mas o fenômeno "significado da vida", em um sentido abrangente, vai escapar em um estudo empírico.) Além disso, a pesquisa social atinge seus limites quando são esperadas soluções *imediatas*. O fato de isto ser um problema menos metodológico do que fundamental deve ter ficado evidente no Capítulo 1.

☑ Lista de verificação para a concepção de combinações de métodos

Ao decidir sobre o uso e a combinação de vários métodos, você deve considerar as questões listadas no Quadro 10.4. Estas questões podem ser usadas para informar o planejamento do seu próprio estudo e também para avaliar os estudos de outros pesquisadores.

Quadro 10.4

LISTA DE VERIFICAÇÃO PARA A CONCEPÇÃO DE COMBINAÇÕES DE MÉTODOS

1. Quais são os limites do método isolado que podem ser superados combinando-se vários métodos?
2. Qual é o ganho extra em conhecimento que você pode esperar da combinação dos métodos?
3. Os métodos realmente lidam com diferentes níveis ou características nos dados, justificando a sua combinação?
4. O esforço extra requerido para combinar os métodos pode ser acomodado na estrutura da sua pesquisa (recursos, tempo, etc.)?
5. Estes esforços são proporcionais ao ganho em conhecimento que eles possibilitam?
6. Os métodos combinados são compatíveis um com o outro?
7. Como você deve sequenciar os métodos que vai usar? Como a sequenciação irá afetar o estudo?
8. Até que ponto os métodos são aplicados de acordo com suas características, de forma que suas forças específicas sejam levadas em conta?

Pontos principais

- ✓ Todo método tem suas limitações quanto ao que ele pode captar e como ele pode fazê-lo.
- ✓ Limites distintos podem ser identificados para a pesquisa quantitativa e para a pesquisa qualitativa.
- ✓ As combinações de estratégias de pesquisa podem ajudar a superar esses limites.
- ✓ A triangulação, os métodos mistos e a pesquisa social integrada proporcionam maneiras para combinação de métodos.
- ✓ As combinações devem ser fundamentadas no tema em estudo e no ganho adicional de conhecimento que elas possibilitam.

☑ Leituras adicionais

Os dois primeiros livros tratam da abordagem da triangulação, enquanto as obras seguintes se concentram na pesquisa de métodos mistos.

Denzin, N.K. (1989) *The Research Act: A Theoretical Introduction to Sociological Methods*, 3. ed. Englewood Cliffs, NJ: Prentice Hall.

Flick, U. (2009) *Qualidade na Pesquisa Qualitativa*. Porto Alegre: Artmed.

Kelle, U. e Erzberger, C. (2004) "Quantitative and Qualitative Methods: No Confrontation", in U. Flick, E. v. Kardorff e I. Steinke (eds), *A Companion to Qualitative Research*. London: Sage, p. 172-7.

Tashakkori, A. e Teddlie, Ch. (eds) (2003) *Handbook of Mixed Methods in Social and Behavioral Research*. Thousand Oaks, CA: Sage.

Parte IV
Reflexão e escrita

A pesquisa social bem-sucedida envolve muito mais do que meramente a aplicação de métodos de pesquisa. Também é importante refletir sobre como os métodos foram aplicados – e tornar seus procedimentos transparentes para outras pessoas. Por isso, esta parte final do livro está concentrada nas questões de reflexão e escrita.

Em primeiro lugar, consideramos a avaliação da qualidade nas pesquisas quantitativa e qualitativa, nos concentrando em seguida nestas questões no contexto da pesquisa *on-line* (Capítulo 11).

Em segundo lugar, discutimos a ética na pesquisa e o que significa realizar um projeto de pesquisa eticamente sólido. Consideramos no processo os comitês e os códigos de ética, assim como problemas específicos da pesquisa *on-line* neste contexto (Capítulo 12).

O capítulo final considera como escrever a pesquisa e os resultados de maneira transparente, como dar retorno disto aos participantes e como usar os dados e os resultados em contextos práticos ou políticos (Capítulo 13).

☑ 11
O que é boa pesquisa? Avaliação do seu projeto de pesquisa

VISÃO GERAL DO CAPÍTULO

Avaliação de estudos empíricos 194
Qualidade e avaliação da pesquisa quantitativa 194
Qualidade e avaliação da pesquisa qualitativa 200
Generalização 202
Padrões e qualidade na pesquisa *on-line* 205
Lista de verificação para a avaliação de um projeto de pesquisa 205

OBJETIVOS DO CAPÍTULO

Este capítulo destina-se a ajudá-lo a:

- ✓ identificar os critérios mais importantes para a avaliação da pesquisa empírica;
- ✓ perceber que estes critérios foram originalmente desenvolvidos para a pesquisa padronizada;
- ✓ compreender que, para a pesquisa qualitativa, outros critérios e abordagens de avaliação são aplicáveis;
- ✓ reconhecer que a generalização dos resultados constitui uma parte importante na avaliação da pesquisa social;
- ✓ distinguir entre a pesquisa quantitativa e a pesquisa qualitativa no que se refere às abordagens para a avaliação.

Tabela 11.1 NAVEGADOR PARA O CAPÍTULO 11

	Orientação	• O que é pesquisa social? • Questão central de pesquisa • Revisão da literatura
	Planejamento e concepção	• Planejamento da pesquisa • Concepção da pesquisa • Decisão sobre os métodos
	Trabalhando com dados	• Coleta de dados • Análise dos dados • Pesquisa *on-line* • Pesquisa integrada
Você está aqui no seu projeto →	Reflexão e escrita	• Avaliação da pesquisa • Ética • A escrita e o uso da pesquisa

☑ Avaliação de estudos empíricos

Além da questão da utilidade da pesquisa empírica, precisamos também examinar sua qualidade. Aqui precisamos avaliar se os métodos aplicados são confiáveis, e até que ponto os resultados obtidos podem reivindicar validade e objetividade. Este último fator é essencialmente uma questão de até que ponto os resultados podem ter sido obtidos por outros pesquisadores, sendo independentes do pesquisador que realizou o estudo. Para avaliar a qualidade da pesquisa empírica, é necessário formular critérios que facilitem a avaliação dos procedimentos metodológicos que conduziram aos resultados. Aqui podemos perguntar se um conjunto de critérios uniforme é adequado a todas as formas de pesquisa empírica ou se devemos diferenciar entre que critérios são apropriados para pesquisa qualitativa e para pesquisa quantitativa. Em conformidade com isso, neste capítulo vamos primeiro discutir os critérios de confiabilidade, validade e objetividade, que são em geral aceitos na pesquisa quantitativa, considerando em seguida as abordagens específicas na pesquisa qualitativa.

Uma questão fundamental aqui é até que ponto os resultados podem ser generalizados. Ou seja, até que ponto eles podem ser transferidos para outras situações além da situação da pesquisa? Devemos aqui, mais uma vez, questionar se os procedimentos ou as reivindicações de generalização devem ser formulados de maneira unificada para todos os tipos de pesquisa empírica ou se necessitamos de abordagens diferenciadas.

☑ Qualidade e avaliação da pesquisa quantitativa

Confiabilidade[*]

O primeiro critério geralmente aceito para avaliar estudos origina-se da teoria do teste: "A confiabilidade [...] indica o grau de exatidão na mensuração (precisão) de um instrumento. A confiabilidade é mais elevada quanto menor é a parte de erro E vinculado a um valor X de medida" (Bortz e Döring,

---

[*] N. do R.T.: Confiabilidade é um conceito da Psicometria e significa que aplicações repetidas, por exemplo, de uma escala do tipo de Likert, produzem resultados semelhantes.

2006, p. 196). Podemos avaliar a confiabilidade de uma medida de diferentes maneiras.

Confiabilidade do reteste

Para avaliar a confiabilidade do reteste, você vai necessitar aplicar uma medida (um teste ou questionário) *duas vezes* para a mesma amostra, calculando depois a correlação entre os resultados das duas aplicações. Em um caso ideal, você obterá resultados idênticos. Entretanto, isso pressupõe que o atributo que foi medido é em si estável e não mudou entre os dois momentos da mensuração. Quando se está repetindo os testes de desempenho, as diferenças nos resultados podem se originar de uma mudança no desempenho nesse meio tempo (p. ex., devido ao conhecimento adicional obtido). É possível ainda que haja diferenças nas mensurações porque na segunda ocasião as questões são reconhecidas pelos participantes, podendo haver ocorrido efeitos de aprendizagem.

Confiabilidade do teste paralelo

Para avaliar a confiabilidade do teste paralelo, você precisará aplicar dois instrumentos diferentes de forma a operacionalizar o mesmo constructo em paralelo. Por exemplo, se você quiser descobrir até que ponto um determinado teste de inteligência é confiável, pode aplicar um segundo teste em paralelo. Se o primeiro mediu a inteligência de um modo confiável, o segundo teste deve produzir o mesmo resultado – isto é, o mesmo quociente de inteligência. "Quanto mais parecidos forem os dois testes, obviamente menos efeitos de erro estão envolvidos" (Bortz e Döring, 2006, p. 197).

Avaliação bipartida *(split half)*

Em um teste ou questionário, você pode calcular as pontuações resultantes para cada metade dos itens (questões), comparando em seguida os dois escores. Mas asim os resultados vão depender do método de divisão dos instrumentos em duas metades (p. ex., a primeira e a segunda metade das questões, números pares e ímpares das questões, atribuição aleatória das questões a uma ou outra metade). A fim de excluir os efeitos da posição das questões, é calculada a consistência interna. Para isto, você vai tratar cada questão separadamente como testes independentes e computar a correlação entre os resultados, isto é, as respostas dadas às várias questões.

Confiabilidade entre os codificadores

Quando você usa a análise de conteúdo, pode calcular a confiabilidade entre os codificadores para avaliar a extensão em que diferentes analistas distribuem as mesmas declarações para as mesmas categorias, advindo disto a confiabilidade do sistema de categoria e sua aplicação.

Validade

A validade é testada tanto para as concepções da pesquisa quanto para os instrumentos de mensuração.

Validade das concepções da pesquisa

No caso das concepções da pesquisa, o foco será a avaliação dos resultados. Você vai precisar checar a validade *interna* de uma concepção da pesquisa. A validade interna caracteriza até que ponto os resultados de um estudo podem ser analisados de maneira não ambígua. Se você pretende estudar os efeitos de uma intervenção, deve checar se as mudanças nas variáveis dependentes podem ser rastreadas até as mudanças na variável independente ou se elas podem resultar de mudanças em alguma outra variável (ver Figura 11.1).

Considere, por exemplo, o caso de um projeto de pesquisa sobre cuidado intensivo, em que a introdução de cuidado ainda mais intensivo constitui a variável independente, sendo a satisfação dos pacientes a variável dependente. Se você quer estudar a hipótese "cuidado mais intensivo conduz a mais satisfação dos pacientes", deve esclarecer como a relação entre o cuidado intensivo e a satisfação pode ser mensurada de maneira não ambígua. Para avaliar a validade interna, você deverá tentar excluir outras influências: até que ponto outras condições têm-se modificado em paralelo para aumentar a intensidade do cuidado, e até que ponto o aumento na satisfação dos pacientes advém dessas condições.

Para assegurar a validade interna, as condições precisam ser isoladas e controladas. Uma maneira de avaliar o efeito de uma intervenção é aplicar uma concepção de grupo-controle (ver Capítulo 5). No nosso exemplo, em um segundo grupo, comparável ao primeiro tanto quanto possível, a intervenção não seria introduzida – ou seja, a intensidade do cuidado não seria aumentada. Seria então possível checar se o efeito encontrado no grupo experimental – isto é, o aumento na satisfação dos pacientes – é evidente.

A validade interna é conseguida se as mudanças nas variáveis dependentes puderem ser rastreadas até a influência da variável independente, ou seja, se não houver explicações alternativas mais plausíveis que a da hipótese do estudo. (Bortz e Döring, 2006, p. 53)

A validade interna é mais bem atingida no laboratório e na pesquisa experimental. Entretanto, isto acontece às custas da segunda forma de validade de uma concepção de pesquisa, ou seja, da validade *externa*. Aqui a questão geral é: até que ponto podemos transferir os resultados para além das situações e das pessoas para as quais eles foram produzidos, para situações e pessoas fora da pesquisa? Por exemplo, podemos transferir uma relação entre a intensidade do cuidado e a satisfação dos pacientes para outras alas, hospitais ou situações de cuidado em geral, ou isto só é válido sob as condições concretas sob as quais ela foi estudada e encontrada (ver Figura 11.2)?

Há uma dificuldade aqui. Embora no laboratório e sob condições controladas, em maior ou menor grau, a validade interna venha a ser alta, a validade externa, em contraste, será mais limitada. Em pesquisa no campo de estudo e sob condições naturais, a validade externa é mais alta e a interna é mais baixa, pois aqui o controle das condições só é possível de maneira muito limitada: "A validade externa é obtida quando o resultado encontrado no estudo de uma amostra pode

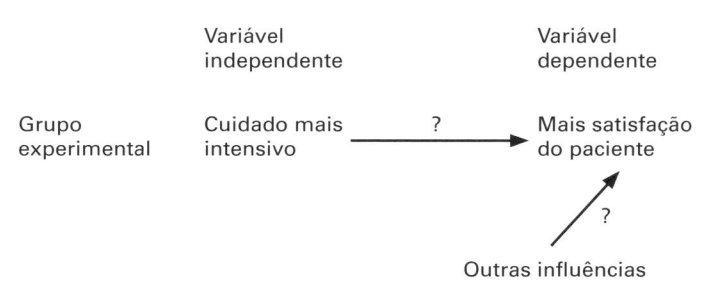

Figura 11.1
Validade interna.

```
                    Outros locais (grupos de pacientes, hospitais, etc.)
                                    ↑
                       Transferibilidade ?                    Validade
                                    |                         externa
  Grupo          Cuidado mais          ?           Mais satisfação
  experimental   intensivo       ────────────→     do paciente
                                        ?
                    Outras influências                        Validade
                                                              interna
  Grupo-          ~~Cuidado mais~~        ?        Mais satisfação
  -controle       ~~intensivo~~    ────────────→   do paciente
```

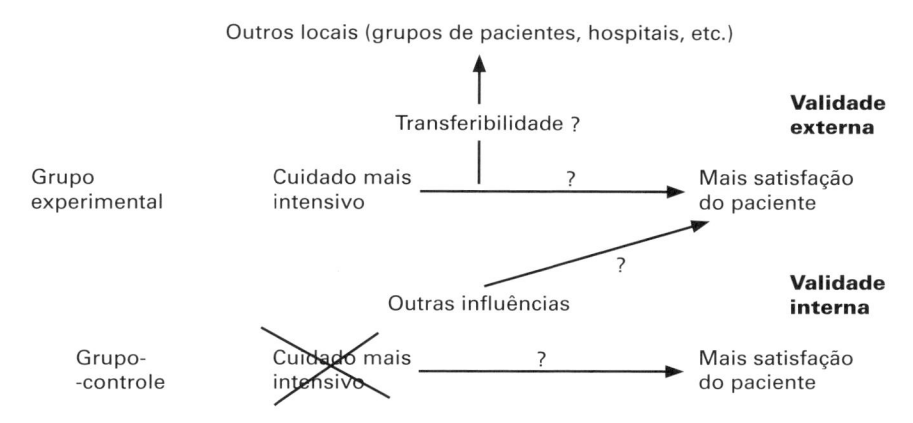

Figura 11.2
Validade externa.

ser generalizado para outras pessoas, situações ou momentos" (Bortz e Döring, 2006, p. 53). Satisfazer aos dois critérios em uma concepção de pesquisa ao mesmo tempo e na mesma extensão é considerado difícil (Bortz e Döring, 2006). Aqui enfrentamos um dilema da pesquisa empírica, algo difícil de resolver em uma concepção de pesquisa.

As validades externa e interna são avaliadas em relação às concepções da pesquisa. A validade, no entanto, é também avaliada em relação aos instrumentos da mensuração.

Validade dos instrumentos de mensuração

A questão da validade de um instrumento de pesquisa pode ser resumida na questão: o método mensura o que se espera que ele mensure? Para responder a esta pergunta, você pode aplicar várias formas de checagens de validade, ou seja:

a) validade do conteúdo;
b) validade do critério; e
c) validade do constructo.

A *validade do conteúdo* é alcançada quando o método ou instrumento de mensuração capta a questão em estudo em seus aspectos essenciais e de maneira exaustiva. Você mesmo pode checar isto com base em seu julgamento subjetivo – refletindo sobre até que ponto seu instrumento cobre todos os aspectos importantes da sua questão e se isso acontece de uma maneira apropriada a esta questão. Ainda melhor é ter o instrumento de mensuração avaliado por especialistas ou por leigos. Os erros devem chamar a atenção nessas avaliações. Assim, o termo "validade de face" é usado para esta situação. Continuando o nosso exemplo, considere se você documentaria a intensidade do cuidado nas situações relevantes das rotinas diárias em um hospital ou apenas em uma situação específica – por exemplo, na admissão dos pacientes.

A *validade do critério* é obtida se o resultado de uma mensuração corresponde a um critério externo. Este será o caso, por exemplo, se o resultado do teste vocacional corresponde ao sucesso profissional da pessoa testada (ver Figura 11.3). Esses critérios externos podem ser definidos em paralelo, o que permite checar a validade concorrente. Isto significa que você pode aplicar uma segunda mensuração ao mesmo tempo. Por exemplo, você realiza o teste e observa ao mesmo tempo o comportamento do candi-

```
┌─────────────┐         ╭──────────────────╮
│    Teste    │    △    │ Sucesso profissional │   ?
│  vocacional │         ╰──────────────────╯
└─────────────┘
```

Figura 11.3
Validade do critério.

dato em um grupo de discussão. Em seguida, compara os resultados das duas mensurações – até que ponto a parte do teste vocacional sobre as habilidades de comunicação corresponde à comunicação no grupo. Como alternativa, você checa posteriormente a mensuração, em cujo caso a validade prevista será avaliada – por exemplo, os resultados de um teste vocacional permitem a previsão de sucesso profissional?

Um problema aqui é que o critério externo tem de ser válido em si se será usado como um meio para a checagem das mensurações. Aqui você tem que levar em conta a validade diferencial: a concordância entre a pontuação do teste e o critério externo pode ser diferente em diferentes populações. Se tomarmos de novo o nosso exemplo, o comportamento comunicativo nos grupos de discussão pode ser sistematicamente diferente para participantes homens e mulheres, enquanto o teste original concentrou-se principalmente nos aspectos gerais da qualificação vocacional. Então, a relação entre a pontuação do teste e os critérios externos será diferente para os dois subgrupos de gênero. Os métodos em geral devem poder captar as diferenças em grupos diversos.

Finalmente, deve ser avaliada a *validade do constructo*. Aqui você vai checar se o constructo que é captado por seu método está vinculado suficientemente de perto às variáveis que podem ser teoricamente justificadas. Você também deverá checar aqui até que ponto o constructo permite a derivação de hipóteses que possam ser testadas empiricamente. Uma maneira de avaliar a validade do constructo é usar várias mensurações: os constructos são medidos por vários métodos. Quando vários métodos mensuram o mesmo constructo com resultados correspondentes, consegue-se uma *validade convergente*. Por exemplo, você pode estudar a satisfação dos pacientes com um questionário e com uma entrevista. Quando os dois métodos produzem resultados que confirmam um ao outro, isto mostra a validade convergente do seu constructo. Isto indicaria se o seu conceito teórico de "satisfação dos pacientes" é válido e se o seu estudo corresponde a este critério de validade. A *validade discriminante* refere-se à questão de até que ponto suas mensurações são capazes de distinguir o constructo do seu estudo de outros constructos. No nosso exemplo, você avaliaria até que ponto seu conceito teórico e suas mensurações realmente captam a satisfação dos pacientes com o cuidado que recebem. Ou elas apenas captam um estado geral do bem-estar, em vez da satisfação específica com aspectos da situação de cuidado? Nesse caso, o seu conceito de "satisfação dos pacientes" não é válido e o seu estudo falha neste critério de validade (ver Figura 11.4).

Validade dos índices

Um índice vai precisar ser construído quando algo não pode ser diretamente observado ou medido (ver Capítulo 7), porque vários aspectos de um constructo teórico estão integrados nele. Por exemplo, a satisfação geral dos pacientes com a sua estada em um hospital não pode ser mensurada diretamente. Essa satisfação inclui satisfação com o tratamento, com a cordialidade da equipe, com a alimentação, com a atmosfera e assim por diante. Para mensurar a "satisfação geral" do constructo você teria que selecionar um ou mais indicadores. Para reduzir ao máximo os vieses na mensuração de constructos complexos, vários indicadores devem ser usados para aumentar a qualidade da mensuração. (p. ex., a nota atribuída a um trabalho escolar combina avaliações de ortografia, de estilo, de conteúdo e de forma – quer em partes iguais ou com pesos diferentes, porque o estilo é visto como mais importante do que o número de erros de ortografia).

De um modo similar, seria possível tentar avaliar a satisfação do paciente a partir de vários indicadores. Por exemplo, você poderia usar um instrumento para avaliar a qualidade de vida, um questionário para mensurar a satisfação com o serviço prestado pelo pessoal do hospital e outro tratando da satisfação com a infraestrutura do hospital. Então, a questão é como pesar as variáveis isoladas. Por exemplo, ao construir um índice de satisfação do paciente, quanto peso deve ser atribuído aos resultados do questionário sobre o serviço dos funcionários em comparação com, digamos, os resultados relacionados à qualidade de vida no hospital?

Outro problema aqui é que se você quer avaliar a validade do índice, as próprias variáveis incluídas – por exemplo, qualidade de vida, satisfação com a equipe – têm que ser mensuradas de uma maneira válida para que o índice como um todo possa ser válido. Por isso, as avaliações de validade se tornam relevantes em dois níveis aqui: no nível do indicador isolado e no nível do índice construído com estes indicadores. "A qualidade de um índice depende essencialmente de até que ponto todas as dimensões relevantes foram selecionadas e ponderadas adequadamente" (Bortz e Döring, 2006, p. 144). Para os índices, a validade geral é composta da validade de:

a) itens ou questões isoladas;
b) as escalas construídas com estes itens; e
c) o peso ou ponderações dos componentes.

A construção de um índice é baseada no uso de vários indicadores para mensurar um valor que não pode ser diretamente observado ou medido. Isto levanta problemas específicos com relação à validade dos índices. Por isso, você deve checar se:

- as dimensões relevantes foram adequadamente selecionadas e pesadas;
- os instrumentos para mensuração dos indicadores selecionados são válidos;
- os itens nos indicadores são válidos.

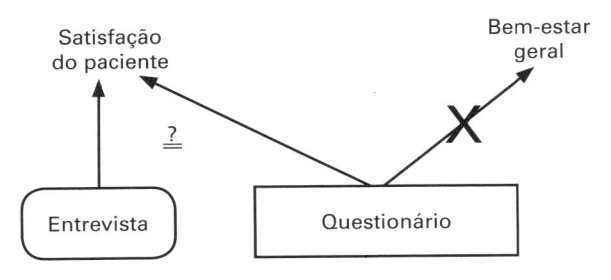

Figura 11.4
Validade do constructo.

A validade trata de diferentes aspectos para checar a qualidade dos resultados do estudo. Se você considerar a validade externa, isto já inclui aspectos da possibilidade de transferência e generalização dos resultados.

Objetividade

A objetividade dos instrumentos, como testes ou questionários, depende da extensão em que a aplicação do instrumento independe da pessoa que o aplica. Se vários pesquisadores aplicam o mesmo método para as mesmas pessoas, os resultados têm que ser idênticos. Três formas podem ser distinguidas:

- A objetividade na *coleta* dos dados diz respeito a até que ponto as respostas ou resultados do teste do participante são independentes do entrevistador ou do indivíduo pesquisador. Isto será obtido pela padronização da coleta dos dados (instruções padronizadas para a aplicação do instrumento e condições padronizadas na situação da coleta dos dados).
- A objetividade da *análise* diz respeito a até que ponto a classificação das respostas em um questionário ou teste é independente da pessoa que faz a classificação no caso concreto (p. ex., atribuindo uma resposta a uma pontuação específica).
- A objetividade da *interpretação* significa que qualquer interpretação das declarações ou pontuações em um teste deve ser independente dos indivíduos dos pesquisadores e de suas opiniões ou valores subjetivos. Por isso, os valores da norma (p. ex., idade, gênero ou educação) podem ser identificados com amostras representativas, que podem ser usadas para classificar a realização ou os valores do participante no estudo concreto.

Conseguir a objetividade de um instrumento ou de um estudo requer principalmente a padronização das maneiras em que os dados são coletados, analisados e interpretados. Isto vai excluir as influências subjetivas ou individuais do pesquisador ou a situação concreta em que os dados foram coletados.

☑ Qualidade e avaliação da pesquisa qualitativa

Os critérios discutidos até agora estão bem estabelecidos para a pesquisa quantitativa. Eles são, em maior ou menor grau, baseados na padronização da situação da pesquisa. Algumas vezes tem sido sugerido que os critérios clássicos da pesquisa social empírica – confiabilidade, validade e objetividade – podem ser aplicados também à pesquisa qualitativa (ver Kirk e Miller, 1986). Isso levanta a questão de até que ponto esses critérios, com sua forte ênfase na padronização dos procedimentos e na exclusão das influências comunicativas por parte da pesquisa, podem fazer justiça à pesquisa qualitativa e aos seus procedimentos, que são baseados principalmente na comunicação, na interação e nas interpretações subjetivas do pesquisador. Com frequência estas bases são vistas não como vieses, mas como pontos fortes ou mesmo precondições da pesquisa. De acordo com isso, Glaser e Strauss

> levantam dúvidas quanto à aplicabilidade dos cânones da pesquisa quantitativa como critérios para julgar a credibilidade da teoria substantiva baseada na pesquisa qualitativa. Em vez disso, eles sugerem que os critérios de julgamento sejam baseados nos elementos genéricos dos métodos qualitativos para coleta, análise e apresentação dos dados e para a maneira como as pessoas interpretam as análises qualitativas. (1965, p. 5)

À luz de tal ceticismo, várias tentativas foram feitas ao longo do tempo para iniciar um debate sobre os critérios na pesquisa qualitativa (ver Flick, 2009, Capítulo 28). Também é possível encontrar várias tentativas de desenvolver "critérios apropriados ao método" (ver Flick, 2008a) para substituir critérios como a validade e a confiabilidade.

Reformulação dos critérios tradicionais

Sugestões para reformular o conceito de confiabilidade com uma ênfase mais procedural têm se concentrado na questão de como os dados são produzidos. Uma exigência é que:

a) as declarações dos participantes e
b) a interpretação por parte do pesquisador sejam claramente distinguíveis.

Finalmente, uma maneira de aumentar a confiabilidade de todo o processo é documentá-lo de maneira detalhada e reflexiva. Isto se refere principalmente a documentar e refletir sobre as decisões tomadas no processo de pesquisa – mostrando quais foram tomadas e por que (ver Capítulo 6 para a questão da tomada de decisão no processo da pesquisa).

O conceito de validade também requer reformulação. Uma sugestão é que os pesquisadores examinem de perto as situações da entrevista para quaisquer sinais de comunicação estratégica. Isso significa que o entrevistado não reagiu abertamente às questões, mas foi seletivo ou relutante ao dar as respostas, o que conduz a uma questão de até que ponto você pode confiar nas declarações dele. Você deve também checar se ocorreu uma forma de comunicação na entrevista que não seja adequada à situação dela. Por exemplo, se a entrevista produziu uma conversa tipo terapia, isto deve levantar dúvidas sobre a validade das declarações do entrevistado (Legewie, 1987).

Uma segunda sugestão é checar a validade integrando os participantes como indivíduos ou grupos no processo adicional da pesquisa. Uma maneira é incluir a validação comunicativa num segundo encontro, depois de uma entrevista ter sido conduzida e transcrita (para sugestões concretas ver Flick, 2009, p. 159). A validação comunicativa tem sido algumas vezes discutida para validar as interpretações dos textos. Devido aos problemas éticos na confrontação dos participantes com interpretações das suas declarações, esta forma de validação comunicativa só é raramente aplicada. Para uma aplicação mais geral da validação comunicativa, permanecem duas questões a ser respondidas, ou seja:

- Como se pode conceber o procedimento metodológico na validação comunicativa (ou checagens do membro) de uma maneira que faça justiça às questões em estudo e aos pontos de vista dos participantes?
- Como se pode responder à questão da validade além do acordo dos participantes em relação aos dados e às interpretações?

Mishler (1990) vai um passo adiante na reformulação do conceito da validade. Ele parte do *processo* da validação (em vez do *estado* da validade). Ele define "a validação como a construção social do conhecimento" (1990, p. 417) por meio da qual nós "avaliamos a 'fidedignidade' das observações, interpretações e generalizações relatadas" (1990, p. 419).

Critérios apropriados ao método

Os critérios usados para avaliar a objetividade precisam ser apropriados aos métodos da pesquisa qualitativa. Além da validação e da triangulação comunicativas já mencionadas (ver Capítulo 10), encontramos várias sugestões para novos critérios na discussão americana (ver Flick, 2009, Capítulo 29; 2008a). Por exemplo, Lincoln e Guba (1985) propuseram:

a) a fidedignidade;
b) a credibilidade;
c) a fidelidade;
d) a transferência; e
e) a confirmação como critérios apropriados para a pesquisa qualitativa.

Destas, a fidedignidade é considerada a mais importante. Lincoln e Guba descreveram cinco estratégias para aumentar a credibilidade da pesquisa qualitativa:

- atividades para aumentar a probabilidade de que resultados dignos de crédito sejam produzidos por um "engajamento prolongado" e pela "observação persistente" no campo e na triangulação de diferentes métodos, pesquisadores e dados;
- "inquirição dos pares": encontros regulares com outras pessoas que não estejam envolvidas na pesquisa, com o intuito de revelar os pontos cegos desta através da discussão de hipóteses de trabalho e resultados;
- a análise de casos negativos no sentido de indução analítica;
- adequação dos termos de referência das interpretações e de sua avaliação;
- "checagem dos membros" no sentido da validação comunicativa dos dados e das interpretações com os membros dos campos em estudo.

Para avaliar a fidelidade, sugere-se um processo de verificação baseado no procedimento das auditorias no domínio da contabilidade. O objetivo é produzir um caminho da verificação (Guba e Lincoln, 1989) cobrindo:

- os dados brutos, sua coleta e registro;
- redução dos dados e resultados das sínteses por meio de resumos, anotações teóricas, memorandos, sumários, descrições breves dos casos, etc.;
- reconstrução dos dados e resultados das sínteses de acordo com a estrutura das categorias (temas, definições, relacionamentos), descobertas (interpretações e inferências) e os relatos produzidos com sua integração de conceitos e de vínculos com a literatura existente;
- anotações do processo, isto é, anotações e decisões metodológicas relacionadas à produção da fidedignidade e da credibilidade dos achados;
- materiais relacionados às intenções e disposições, como os conceitos da pesquisa, anotações pessoais e expectativas dos participantes;
- informações sobre o desenvolvimento dos instrumentos, incluindo a versão-piloto e planos preliminares.

A questão da transferência dos resultados já foi discutida no contexto da validade externa. Vamos tratar disso novamente em seguida, desta vez em relação à avaliação.

☑ Generalização

Na pesquisa quantitativa, a extensão em que os resultados podem ser generalizados pode ser checada de duas maneiras. Pela avaliação da validade externa, pode-se:

a) assegurar que os resultados encontrados para a amostra são válidos para a população; e também
b) testar até que ponto eles podem ser transferidos para outras populações comparáveis.

Bortz e Döring afirmaram que a "generalização na pesquisa quantitativa é atingida pela inferência de uma amostra aleatória (ou parâmetros da amostra) para as populações (ou parâmetros da população), que se baseiam na teoria da probabilidade" (2006, p. 335).

Vários procedimentos de amostragem (ver Capítulo 5) podem ser usados para garantir isso. Um procedimento é usar uma amostra aleatória, em que todos os elementos da população têm a mesma chance de ser um elemento dela. Este procedimento permite a exclusão de quaisquer vieses resultantes da distribuição desproporcionalmente pesada das características da amostra comparadas com a população. Assim sendo, ela é representativa da população. Uma inferência da amostra para a população com respeito à validade dos resultados é, portanto, justificada. Outros procedimentos têm como objetivo representar a distribuição na população de uma maneira mais focada, como, por exemplo, quando se extrai uma amostra estratificada. Nesse caso você vai levar em conta que a sua população consiste em vários subgrupos distribuídos irregularmente. Você vai tentar cobrir essa distribuição na sua amostra. Isto lhe permitirá generalizar seus achados da amostra para a população em geral.

A generalização pode ser checada avaliando-se a validade externa de um estudo (ver tópico "Validade", no subcapítulo "Avaliação e estudos empíricos"). Esta generalização se baseia no grau de semelhança entre os participantes do estudo e das populações para as quais o estudo e seus resultados devem ser válidos. Campbell (1986) usa o termo "similaridade proximal" em vez de validade externa: nas dimensões que são relevantes para o estudo e seus resultados, a amostra deve ser o mais similar possível à população para a qual os resultados devem ser transferidos.

A generalização na pesquisa quantitativa

Na pesquisa quantitativa, a generalização é fundamentalmente um problema numérico, a ser resolvido por meios estatísticos. Na pesquisa qualitativa, esta questão é mais difícil. Na raiz disso está a questão familiar da generalização: um número limitado de casos – ou algumas vezes um caso isolado – que foram selecionados segundo critérios específicos são estudados e se afirma que os resultados são válidos além do material do estudo. O caso ou os casos são considerados representativos de situações, condições ou relações mais gerais. Mas a questão da generalização na pesquisa qualitativa surge com frequência de uma maneira fundamentalmente diferente. Em algumas pesquisas qualitativas, o objetivo é desenvolver teoria a partir de material empírico (segundo Glaser e Strauss, 1967) – tipo de caso em que é levantada a questão de até que ponto a teoria resultante pode ser aplicada a outros contextos.

Em conformidade com isso, uma abordagem para a avaliação da pesquisa qualitativa é perguntar que medidas foram tomadas para definir ou estender a área de validade de resultados empíricos (e na verdade de quaisquer teorias desenvolvidas a partir deles). Os pontos de partida são a análise dos casos e as inferências a partir deles para declarações mais gerais. O problema aqui é que o ponto de partida é com frequência uma análise concentrada em um contexto específico ou em um caso concreto, tratando de condições, relações e condições específicas. Mas, com frequência, é precisamente a referência a um contexto específico que proporciona valor à pesquisa qualitativa. Se depois se passa a generalizar, porém, o contexto específico é perdido e se deve considerar até que ponto os achados são válidos independentes do contexto original.

Chamando a atenção para este dilema, Lincoln e Guba (1985) sugeriram que "a única generalização é que não existe generalização". Entretanto, em termos da "transferência dos achados de um contexto para outro" e da "adequação em relação ao grau de comparabilidade de diferentes contextos", eles descrevem critérios para julgar a generalização de achados além de um dado contexto. Um primeiro passo é esclarecer o grau de generalização que a pesquisa está visando e que será possível de atingir. Um segundo passo envolve a integração cautelosa de diferentes casos e contextos em que as relações em estudo são empiricamente analisadas. A generalização dos resultados está com frequência intimamente ligada à maneira como a amostragem é realizada. A amostragem teórica, por exemplo, oferece uma maneira de conceber a variação das condições nas quais um fenômeno é estudado da forma mais abrangente possível. O terceiro passo consiste na comparação sistemática do material coletado.

O método comparativo constante

No processo do desenvolvimento de teorias, Glaser (1969) sugere o "método comparativo constante" como um procedimento para interpretar textos. Este consiste em quatro estágios: "(1) comparar os incidentes aplicáveis a cada categoria, (2) integrar as categorias e suas propriedades, (3) delimitar a teoria e (4) escrever a teoria" (1969, p. 220). Para Glaser, a circularidade sistemática deste processo é uma característica essencial:

> Embora este método seja um processo de crescimento contínuo – cada estágio depois de algum tempo se transforma no seguinte – os estágios anteriores permanecem em operação durante toda a análise e proporcionam um desenvolvimento contínuo para o estágio seguinte, até que a análise esteja terminada. (1969, p. 220)

Este procedimento se torna um método de comparação *constante* quando os intérpretes cuidam para que comparem repetidamente a codificação com códigos e classificações que já foram realizados. O material que já foi codificado não é considerado acabado depois desta classificação; ao contrário, ele é continuamente integrado ao processo adicional de comparação.

Comparação dos casos com a análise do tipo ideal

O processo de comparação constante pode ser ainda mais sistematizado mediante as estratégias de comparação dos casos. Gerhardt (1988) fez sugestões muito consistentes baseadas na construção dos tipos ideais. Esta estratégia envolve vários passos. Depois de reconstruir e comparar os casos um com o outro, os tipos são construídos. Então os casos "puros" são localizados. Comparados com estes tipos ideais de processos, o entendimento do caso individual pode se tornar mais sistemático. Depois de construir outros tipos (ver Capítulo 8), este processo culmina em um entendimento estrutural (isto é, o entendimento dos relacionamentos que apontam para além do caso individual).

Os principais instrumentos aqui são:

a) a comparação *mínima* dos casos que sejam tão similares quanto possível; e
b) a comparação *máxima* dos casos que sejam tão diferentes quanto possível.

Eles são comparados em relação às suas diferenças e às correspondências.

A generalização na pesquisa qualitativa envolve a transferência gradual dos achados dos estudos de caso e do seu contexto para as relações mais gerais e abstratas – por exemplo, na forma de uma tipologia. A expressividade desses padrões pode então ser especificada de acordo com até que ponto as diferentes perspectivas teóricas e metodológicas sobre a questão – se possível por diferentes pesquisadores – foram trianguladas e como foram tratados os casos negativos. O grau de generalização declarado para um estudo deve também ser levado em consideração. Então, a questão de se o nível pretendido de generalização foi atingido proporciona um critério a mais para avaliar o projeto de pesquisa qualitativa em questão.

☑ Padrões e qualidade na pesquisa *on-line*

Tudo o que foi dito neste capítulo sobre os critérios e a qualidade das pesquisas quantitativa e qualitativa se aplica em princípio tanto à pesquisa *on-line* quanto à pesquisa tradicional. No entanto, algumas questões de qualidade podem ser levantadas aqui tendo como foco específico a pesquisa *on-line*. Por exemplo, na pesquisa *on-line* a questão da generalização se refere não apenas a até que ponto se pode inferir a partir de uma amostra de usuários *on-line* (que participaram de uma pesquisa de levantamento) à população de usuários da internet em geral, mas também a até que ponto essa amostra específica *on-line* se relaciona a populações além da rede. Há também questões específicas de proteção dos dados que precisam ser consideradas. Por esta razão, têm sido formulados "padrões extras para a garantia de qualidade para as pesquisas de levantamento realizadas *on-line*" (ver ADM 2001) que são úteis para avaliar a (sua) pesquisa com esta abordagem específica (ver também Capítulo 9 para algumas destas questões).

☑ Lista de verificação para a avaliação de um projeto de pesquisa

Para a avaliação de um projeto empírico na pesquisa social, as questões no Quadro 11.1 foram criadas de forma a informar a sua prática. Estes aspectos são relevantes para avaliar a sua própria pesquisa e também para avaliar os estudos de outros pesquisadores.

Quadro 11.1

LISTA DE VERIFICAÇÃO PARA A AVALIAÇÃO DE UM PROJETO DE PESQUISA

1. Em um estudo quantitativo, foram checados os critérios de (a) confiabilidade, (b) validade e (c) objetividade?
2. Em um estudo qualitativo, quais critérios ou abordagens de avaliação da qualidade foram aplicados?
3. Até que ponto você tornou o estudo e a avaliação da qualidade dele transparentes e explícitos na apresentação dos resultados e dos procedimentos?
4. O que você fez com relação aos resultados desviantes ou aos casos negativos?
5. Como você examinou a possibilidade de generalização dos seus resultados? Quais foram os objetivos disto e como eles foram atingidos?

Pontos principais

- ✓ Para avaliar a pesquisa quantitativa, os critérios estabelecidos são confiabilidade, validade e objetividade.
- ✓ Na pesquisa qualitativa, na maioria dos casos estes critérios não podem ser imediatamente aplicados. Em vez disso, eles têm primeiro que ser reformulados. Várias sugestões foram feitas para como fazer esta reformulação.
- ✓ Além disso, foram desenvolvidos critérios apropriados ao método para a pesquisa qualitativa.
- ✓ A generalização na pesquisa quantitativa é baseada na inferência (estatística) da amostra para a população.
- ✓ Na pesquisa qualitativa, ao contrário, a generalização teórica pode ser o objetivo.
- ✓ Na pesquisa qualitativa, a construção de tipologias e a comparação dos casos desempenham um papel importante.

☑ Leituras adicionais

A primeira e a terceira referências a seguir discutem as questões de qualidade na pesquisa quantitativa; já a segunda e a última cobrem a questão da qualidade na pesquisa qualitativa.

Campbell, D.T. e Russo, M.J. (2001) *Social Measurement*. London: Sage.

Flick, U. (2009) *Qualidade na Pesquisa Qualitativa*. Porto Alegre: Artmed.

May, T. (2001) *Social Research: Issues, Methods and Process*. Maidenhead: Open University Press. Capítulo 1.

Seale, C. (1999) *The Quality of Qualitative Research*. London: Sage.

12
Questões éticas na pesquisa social

VISÃO GERAL DO CAPÍTULO

Princípios da pesquisa eticamente aceitável 208
Consentimento informado 209
Confidencialidade, anonimato e proteção dos dados 211
Como evitar danos aos participantes 211
Códigos de ética 213
Comitês de ética 214
Regras da boa prática científica 215
Ética na pesquisa: casos e pesquisa em massa 216
Ética na pesquisa *on-line* 217
Conclusão 217
Lista de verificação para a consideração de questões éticas 218

OBJETIVOS DO CAPÍTULO

Este capítulo destina-se a ajudá-lo a:

- ✓ ver como as questões éticas estão envolvidas nos projetos de pesquisa social;
- ✓ desenvolver sua sensibilidade para as questões éticas na pesquisa social;
- ✓ apreciar a complexidade das considerações éticas;
- ✓ planejar e conduzir seu projeto de pesquisa dentro de uma estrutura ética.

| Tabela 12.1 | NAVEGADOR PARA O CAPÍTULO 12 |

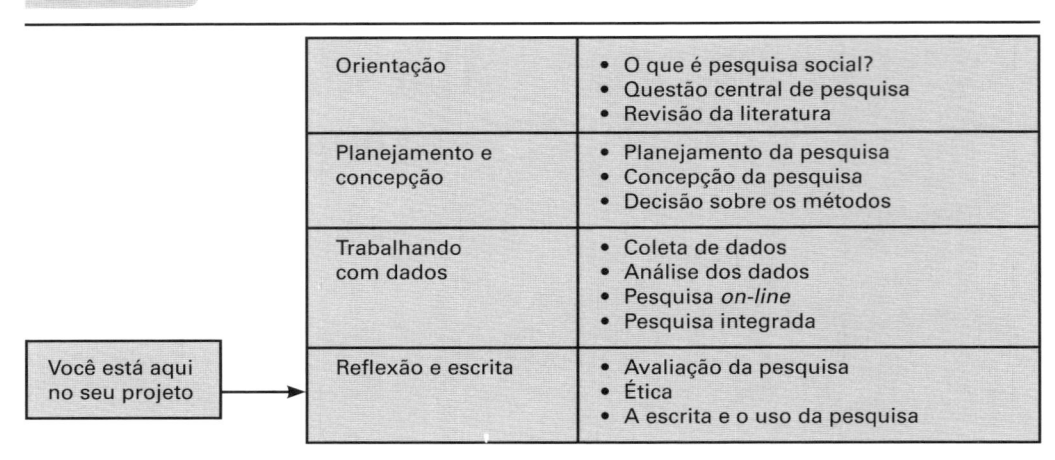

	Orientação	• O que é pesquisa social? • Questão central de pesquisa • Revisão da literatura
	Planejamento e concepção	• Planejamento da pesquisa • Concepção da pesquisa • Decisão sobre os métodos
	Trabalhando com dados	• Coleta de dados • Análise dos dados • Pesquisa *on-line* • Pesquisa integrada
Você está aqui no seu projeto →	Reflexão e escrita	• Avaliação da pesquisa • Ética • A escrita e o uso da pesquisa

No Capítulo 10, consideramos as limitações da pesquisa social. Nele, o principal foco foram as limitações metodológicas ou técnicas. Consideramos questões como: o que podemos captar com um método, o que foi esquecido por ele, como podemos superar isto usando vários métodos? Também consideramos uma limitação mais fundamental, perguntando: quando você deve preferir evitar a realização da sua pesquisa?

Este capítulo também se concentra nas limitações da pesquisa social, embora de um tipo diferente. Exploramos questões como: quais problemas éticos devem ser levados em conta na pesquisa? Quais limites éticos são tocados e como você pode abordar questões éticas ao realizar o seu projeto de pesquisa social? Como veremos, estas questões nos envolvem em algumas regras e problemas muito gerais.

✓ Princípios da pesquisa eticamente aceitável

Definições de ética na pesquisa

As questões éticas são relevantes para a pesquisa em geral, sendo especialmente relevantes na pesquisa médica e de enfermagem. Aqui, encontramos a seguinte definição de ética da pesquisa, que pode ser aplicável também a outras áreas da pesquisa:

> A ética na pesquisa trata da questão de quais problemas eticamente relevantes causados pela intervenção de pesquisadores pode-se esperar que causem impacto nas pessoas com as quais ou sobre as quais eles pesquisam. Ela também está preocupada com os passos tomados para proteger àqueles que participam da pesquisa, se isto for necessário. (Schnell e Heinritz, 2006, p. 17)

Princípios

No contexto das ciências sociais, Murphy e Dingwall (2001, p. 339) desenvolveram uma "teoria ética", que proporciona uma estrutura útil para este capítulo. Sua teoria é baseada em quatro princípios:

• *Não prejuízo* – os pesquisadores devem evitar causar danos aos participantes.
• *Beneficência* – a pesquisa sobre seres humanos deve produzir alguns benefícios positivos e identificáveis, em vez de ser simplesmente realizada em benefício próprio.

- *Autonomia ou autodeterminação* – os valores e decisões dos participantes da pesquisa devem ser respeitados.
- *Justiça* – todas as pessoas devem ser tratadas igualmente.

A seguir, vamos examinar mais detalhadamente como estes princípios se aplicam à pesquisa social.

Além disso, Schnell e Heinritz (2006, p. 21-4), trabalhando no contexto das ciências sociais, desenvolveram um conjunto de princípios especificamente relacionados à ética da pesquisa. Seus oito princípios estão listados no Quadro 12.1.

Em geral, esses princípios têm por objetivo garantir que os pesquisadores sejam capazes de tornar seus procedimentos transparentes (necessidade, objetivos, métodos do estudo), que possam evitar ou eliminar qualquer dano ou logro aos participantes, e que cuidem da proteção dos dados.

✓ Consentimento informado

O consentimento informado como um princípio geral

Deve ser evidente que os estudos devem, em geral, envolver apenas pessoas que:

a) tenham sido informadas de estar sendo estudadas; e
b) estejam participando voluntariamente.

Os princípios de consentimento informado e de participação voluntária para a pesquisa social podem ser encontrados no código de ética da Associação Sociológica Alemã. Por exemplo:

> Uma regra geral para a participação nas investigações sociológicas é que esta participação seja voluntária e que ocorra tendo por base as informações mais completas possíveis sobre os objetivos e métodos da pesquisa em questão. O princípio do consentimento informado nem sempre pode ser aplicado na prática – por exemplo, caso informações prévias abrangentes possam distorcer os resultados da pesquisa de uma maneira injustificável. Nesses casos, deve-se fazer uma tentativa de usar outros modos possíveis de consentimento informado. (Ethik-Kodes, 1993: I B2)

Evidentemente, aqui encontramos algumas dificuldades. Como foi mencionado na citação, informar previamente os participantes pode prejudicar os objetivos de um estudo. Além disso, há locais de pesquisa em que não é possível informar com

Quadro 12.1

PRINCÍPIOS DA ÉTICA NA PESQUISA (SCHNELL E HEINRITZ, 2006, P. 21-4)

1. Os pesquisadores têm que ser capazes de justificar por que a pesquisa sobre o seu tema é realmente necessária.
2. Os pesquisadores devem ser capazes de explicar qual é o objetivo da sua pesquisa e sob que circunstâncias os indivíduos participam dela.
3. Os pesquisadores devem ser capazes de explicar os procedimentos metodológicos em seus projetos.
4. Os pesquisadores devem ser capazes de estimar se os atos da sua pesquisa terão consequências positivas ou negativas eticamente relevantes para os participantes.
5. Os pesquisadores devem avaliar as possíveis violações e danos decorrentes da realização do seu projeto – e ser capazes de fazê-lo *antes* de iniciá-lo.
6. Os pesquisadores têm de tomar medidas para evitar as violações e danos identificados de acordo com o princípio 5.
7. Os pesquisadores não devem fazer declarações falsas sobre a utilidade da sua pesquisa.
8. Os pesquisadores têm que respeitar as regulamentações atuais de proteção dos dados.

antecipação todas as pessoas que podem se tornar parte dela. Por exemplo, em observações em espaços abertos (mercados, estações de trem, etc.) muitas pessoas que estão simplesmente passando podem se tornar parte da observação por momentos muito breves. Seria muito difícil obter o consentimento destas pessoas. No entanto, se este não for o caso e o consentimento *puder* ser praticamente obtido, você nunca deve se abster de fazê-lo. Em conformidade com isso, é em geral presumido que o consentimento informado é uma precondição para a participação na pesquisa. Para aplicar este princípio em termos concretos, você pode encontrar alguns critérios na literatura:

- o consentimento deve ser dado por alguém competente para fazê-lo;
- a pessoa que dá o consentimento deve estar adequadamente informada;
- o consentimento é dado voluntariamente (Allmark, 2002, p. 13).

O consentimento informado na pesquisa de grupos vulneráveis

A pesquisa com pessoas que, por razões especiais, são incapazes de dar o seu consentimento levanta problemas éticos específicos. Estas pessoas são chamadas de grupos vulneráveis:

> Indivíduos vulneráveis [...] são pessoas que, devido à sua idade ou às suas habilidades cognitivas limitadas, não podem dar seu consentimento informado ou que, devido à sua situação específica, ficariam particularmente estressadas ou até sob risco devido à sua participação em um projeto de pesquisa. (Schnell e Heinritz 2006, p. 43)

Então, como proceder se você quer realizar uma pesquisa com pessoas que não são capazes ou não são vistas como capazes de entender seus procedimentos concretos ou avaliá-los e decidir independentemente? Exemplos disso incluem crianças pequenas ou pessoas que estão muito velhas ou que sofrem de demência ou de problemas mentais (para pesquisa com pessoas vulneráveis, ver Liamputtong, 2007). Nesses casos, você deve pedir a outras pessoas que deem o consentimento como substitutos – os pais das crianças, membros da família ou equipes médicas ou de enfermagem responsáveis no caso de pessoas idosas ou doentes. Mas, nesse caso, você satisfez os critérios do consentimento informado? Você pode sempre presumir que essas outras pessoas vão ter a mesma perspectiva dos participantes que você quer estudar? Se você aplicar o princípio do consentimento informado em um sentido muito estrito nesses casos, a pesquisa não é permitida com estes grupos de participantes, e, com isso, a pesquisa sobre questões relevantes do ponto de vista daqueles envolvidos seria perdida. Se você está conduzindo uma pesquisa envolvendo pessoas vulneráveis, certamente não deve ignorar o princípio do consentimento informado. Você deve estabelecer uma maneira por meio da qual o consentimento informado possa ser obtido dos participantes ou em nome deles, considerando com cuidado quem é capaz de dar este consentimento junto com ele ou em nome dele. Entretanto, estas são alternativas que só podem ser usadas para um estudo específico, não geral. Não há regra geral sobre o modo de lidar com este problema: você terá que pensar, para o seu estudo específico e para o seu grupo-alvo específico, como resolver este dilema entre a realização da pesquisa necessária e evitar qualquer tratamento inadequado dos seus participantes.

☑ Confidencialidade, anonimato e proteção dos dados

O Quadro 12.2 proporciona um exemplo de uma forma de lidar com essa questão, desenvolvida para os projetos de pesquisa do próprio autor. Convém considerá-lo aqui como uma maneira de se concentrar tanto nas questões do consentimento informado (anteriormente discutido) quanto no anonimato e na proteção dos dados dos participantes.

O formulário deve ser completado e assinado tanto pelo pesquisador quanto pelo participante. Um acordo oral pode algumas vezes ser usado como um substituto para o contrato escrito, caso o participante não queira assiná-lo. Observe que o formulário especifica certo período após o qual os participantes podem retirar seu consentimento. Além disso, o formulário especifica quem terá acesso aos dados e se estes poderão ser usados para o ensino após a anonimização.

A confidencialidade e o anonimato podem ser particularmente relevantes se a pesquisa envolver vários participantes em um local específico, muito pequeno. Se você entrevistar empregados da mesma empresa ou membros da família independentemente um do outro, será necessário assegurar a confidencialidade, não apenas com respeito ao público além desse local, mas também dentro dele. Os leitores de uma publicação não devem ser capazes de identificar os indivíduos que participaram como entrevistados, por exemplo. Por isso, você deve mudar os dados pessoais, tais como nomes, endereços, locais de trabalho, etc., para que as inferências às pessoas, etc., tornem-se impossíveis ou, no mínimo, sejam dificultadas. Em conformidade com isso, o pesquisador tem de assegurar que os outros participantes não possam identificar seus colegas na apresentação do seu local de trabalho em comum ou no que o pesquisador revelar sobre o seu estudo. Para este propósito, são necessários uma constante anonimização dos dados e um uso cuidadoso das informações do contexto.

Se crianças forem entrevistadas, os pais com frequência querem saber o que seus filhos disseram nas entrevistas – o que pode ser problemático no caso de entrevistas que se refiram às relações entre pais e filhos ou a conflitos entre eles. Para evitar este problema, pode ser necessário informar aos pais antecipadamente quando tais informações não puderem ser repassadas a eles.

É particularmente importante armazenar os dados (questionários, gravações, transcrições, anotações de campo, interpretações, etc.) fisicamente, em um lugar seguro e trancado (cofres de dados, armários que possam ser trancados, por exemplo), para que ninguém além das pessoas com direito aos dados tenha acesso aos mesmos (ver Lüders, 2004b). As mesmas precauções têm de ser tomadas se os dados forem armazenados eletronicamente – sendo que neste caso eles deverão estar ao menos protegidos por senha, além de que o número de pessoas com acesso ao *site* seja estritamente limitado.

☑ Como evitar danos aos participantes

O risco de danos aos participantes é uma questão ética importante na pesquisa social. Por exemplo, se você pergunta em uma entrevista ou em um questionário como as pessoas convivem com sua doença crônica ou como a enfrentam, vai confrontar seus respondentes com a gravidade da sua condição e talvez com os limites da sua vida ou com a sua ausência de expectativa de vida, repetida ou adicionalmente. Isto pode causar uma crise ou provocar um estresse adicional aos entrevistados. Será eticamente correto produzir um risco deste tipo para os participantes da pesquisa?

Um problema específico na testagem dos efeitos de medicações (ou de outros tipos de intervenção) surge em estudos controle randomizados (ver Capítulos 5 e 11). Aqui, as pessoas com um diagnóstico são aleatoriamente alocadas a um grupo de

---

Quadro 12.2

Acordo sobre a proteção dos dados para entrevistas científicas

- A participação na entrevista é voluntária. Ela tem o seguinte propósito: [tema do estudo]
- Os responsáveis pela realização e a análise da entrevista são:
  Entrevistador:
  [nome]
  [nome da instituição]
  Supervisor do projeto:
  [nome]
  [nome e endereço da instituição]
  As pessoas responsáveis vão garantir que todos os dados serão tratados confidencialmente e apenas para o propósito aqui acordado.
- O entrevistado concorda que a entrevista seja gravada e cientificamente analisada. Depois de terminar a gravação, ele pode pedir para apagar do gravador determinados trechos da entrevista.
- Para garantir a proteção dos dados, os acordos a seguir são feitos (por favor, apague o que não é aceito):
  O material será processado segundo o acordo a seguir sobre a proteção dos dados:
  Gravação
  1. A gravação da entrevista será armazenada em um armário trancado e em mídia de armazenamento protegida por senha pelos entrevistadores ou supervisores e apagada após o final do estudo ou, no máximo, ao final de dois anos.
  2. Somente o entrevistador e os membros da equipe do projeto terão acesso ao registro para análise dos dados.
  3. Além disso, a gravação pode ser usada para propósitos de ensino. (Todos os participantes do seminário serão obrigados a manter a proteção dos dados.)
  Análise e arquivamento
  1. Para a análise, a gravação será transcrita. Os nomes e locais mencionados pelo entrevistado serão anonimizados na transcrição – no grau que for necessário.
  2. Nas publicações, é garantido que uma identificação do entrevistado não será possível.
- O entrevistador ou o supervisor do projeto detém os direitos autorais das entrevistas.
- O entrevistado pode revogar sua declaração de consentimento, completa ou parcialmente, dentro de 14 dias.

Local, data:
Entrevistador:
Entrevistado:

No caso de um acordo oral:
Confirmo que informei aos entrevistados sobre o propósito da coleta de dados, expliquei os detalhes deste acordo sobre a proteção dos dados e obtive a sua concordância.

Local, data:
Entrevistador:

intervenção (recebendo tratamento com a medicação) e a um grupo-controle (recebendo em vez disso um placebo sem efeito, o que significa não receber tratamento). É eticamente justificado privar este segundo grupo de um tratamento ou fornecê-lo a eles somente após o final do estudo? Você deve realizar estudos randomizados nesses casos – em particular, caso se trate de uma doença séria ou ameaçadora à vida? (Para esta questão, ver Thomson et al., 2004.)

Os exemplos dados são extraídos da pesquisa médica. No entanto, a necessidade de evitar dano se aplica a *todas* as pesquisas, não apenas aos estudos médicos. Segundo o código de ética da Associação Sociológica Alemã:

> As pessoas que são observadas, questionadas ou envolvidas de alguma outra maneira nas investigações, por exemplo, em conexão com a análise de documentos pessoais, não estarão sujeitas a quaisquer desvantagens ou perigos como resultado da pesquisa. Todos os riscos que excedam o que é normal na vida cotidiana devem ser explicados às partes interessadas. O anonimato dos entrevistadores ou informantes deve ser protegido. (Ethik-Kodex, 1993: I B 5)

Exigências aos participantes resultantes da pesquisa

Os projetos de pesquisa sempre fazem exigências aos participantes (ver Wolff, 2004). Por exemplo, pode ser requerido que os participantes sacrifiquem tempo para preencher um questionário ou para responder às perguntas dos entrevistadores. Além disso, eles podem esperar lidar com perguntas e questões embaraçosas e dar aos pesquisadores acesso à sua privacidade.

De um ponto de vista ético, você deve refletir sobre se as demandas que a sua pesquisa faria aos participantes são razoáveis – especialmente à luz das situações específicas deles. Por exemplo, você deve considerar se um confronto com a sua própria história de vida e doença em uma entrevista ou pesquisa de levantamento poderá até mesmo intensificar a doença dos seus participantes.

Regra de parcimônia de demandas e estresse

Se você está solicitando informações pessoais, deve sempre considerar se realmente necessita de toda a história de vida (em uma entrevista narrativa, por exemplo) para responder à sua questão de pesquisa, ou se respostas a perguntas mais focadas podem ser suficientes. Entretanto, podemos observar uma tendência na pesquisa padronizada para adicionar este questionário à coleta de dados ou para incluir essa questão na pesquisa de levantamento. Isso conduz, por um lado, a uma extensão dos conjuntos de dados em um estudo individual. Por outro lado, vejo isso como uma demonstração de que as questões de parcimônia não são apenas uma questão da pesquisa qualitativa. Nos dois contextos você deve checar quais são as demandas justificáveis de serem feitas aos participantes, o que já é estressante e não mais justificado como uma demanda, e quando o dano aos participantes inicia.

☑ Códigos de ética

Muitas associações científicas têm publicado códigos de ética. Eles são formulados a fim de regulamentar as relações entre os pesquisadores, as pessoas e os campos que eles estudam. Às vezes, eles também regulamentam como os terapeutas ou cuidadores devem trabalhar com seus clientes ou pacientes, como na psicologia e na enfermagem. Alguns deles se referem a questões específicas da pesquisa na área, como na pesquisa com crianças na educação.

Exemplos de códigos de associações científicas, disponíveis na internet, incluem:*

- A Sociedade Britânica de Psicologia (Britain Psychological Society – BPS) publicou um Código de Conduta, Princípios Éticos e Diretrizes (www.bps.org.uk).
- A Sociedade Britânica de Sociologia (British Sociological Association – BSA) formulou uma Declaração de Prática Ética (www.britsoc.co.uk).
- A Sociedade Americana de Sociologia (American Sociological Association – ASA) refere-se ao seu Código de Ética (www.asanet.org).
- A Associação de Pesquisa Social (Social Research Association – SRA) formulou as Diretrizes Éticas (www.the-sra.org.uk/).
- A Associação Alemã de Sociologia (German Sociological Association – GSA) desenvolveu um Código de Ética (www.soziologie.de/index_english.htm).

Esses códigos de ética exigem que a pesquisa seja realizada apenas sob as condições de consentimento informado e sem prejudicar os participantes. Isto inclui uma exigência de que a pesquisa não invada de maneira inadequada a privacidade do participante e que ele não seja iludido com respeito aos objetivos da pesquisa.

✓ Comitês de ética

As associações profissionais, os hospitais e as universidades normalmente têm comitês de ética para garantir que seus padrões éticos sejam cumpridos.

Os comitês de ética estão encarregados de avaliar se os pesquisadores fizeram considerações éticas suficientes antes de iniciar a pesquisa que planejam. Para este propósito, estes comitês têm dois instrumentos. Eles podem decidir sobre os projetos aceitando-os ou rejeitando-os. Em segundo lugar, podem se tornar ativos na consulta aos pesquisadores e discutindo com eles sugestões para o planejamento ético de um projeto. (Schell e Heinritz, 2006, p. 18)

Para este propósito, os comitês avaliam os projetos e métodos de pesquisa propostos antes de eles serem aplicados aos seres humanos. Essas avaliações normalmente consideram três aspectos (ver Allmark, 2002, p. 9):

a) qualidade científica;
b) o bem-estar dos participantes; e
c) o respeito à dignidade e aos direitos dos participantes.

Uma questão relevante para o comitê de ética é se um projeto de pesquisa vai proporcionar novos *insights* a serem acrescentados ao conhecimento existente. Um projeto que simplesmente duplica resultados anteriores pode ser visto como não ético – em particular, a pesquisa que repetidamente realiza os mesmos estudos de novo (ver, por exemplo, Department of Health 2001). É levantada aqui a questão de como o estresse para os participantes é justificado pelos benefícios à ciência e pelo ineditismo dos resultados. As exceções são estudos com o objetivo explícito de testar se é possível replicar achados de estudos anteriores.

Na consideração da qualidade da pesquisa, podemos enxergar uma fonte de conflito. Para conseguir julgar a qualidade da pesquisa, os membros do comitê de

---

*N. de R.T.: No Brasil, há comitês de ética nas principais universidades, que têm preceitos pautados pela Comissão Nacional de Ética na Pesquisa – CONEP (www.conselho.saude.gov.br/web_comissoes/conep/index.html).

ética devem ter o conhecimento necessário para avaliar uma proposta de pesquisa em um nível metodológico. Na verdade, isto pode significar que os membros do comitê – ou ao menos alguns deles – devem ser, eles próprios, pesquisadores. Mas, se você conversar durante algum tempo com os pesquisadores sobre suas experiências com os comitês de ética e com as propostas a eles submetidas, encontrará muitas histórias sobre como uma proposta de pesquisa foi rejeitada porque os membros não entenderam sua premissa, não dispunham da base metodológica do requerente ou simplesmente não gostaram do estilo da pesquisa. Por isso, na prática, os comitês podem terminar rejeitando propostas de pesquisa por razões não éticas. Uma reserva desse tipo pode ser particularmente forte quando uma proposta de pesquisa qualitativa é abordada por comitês ou membros que pensam apenas nas categorias das ciências sociais, ou onde a pesquisa experimental é abordada por comitês que pensam principalmente em categorias interpretativas.

Nas avaliações dos comitês de ética, as questões do bem-estar com frequência envolvem ponderar os riscos (para os participantes) contra os benefícios (do novo conhecimento e de *insights* sobre um problema ou de encontrar uma nova solução para um problema existente). Por exemplo, se você quer descobrir os efeitos de uma medicação em um estudo de grupo--controle (ver Capítulo 5), isto significa que você vai dar aos participantes deste grupo um placebo, em vez da medicação que está sendo estudada. Para que este grupo seja comparável ao grupo do estudo, você vai precisar de pessoas que também estejam necessitando de um tratamento com a medicação. Assim, surge o dilema entre privar os membros do grupo--controle de um possível tratamento (pelo menos no momento) e, por outro lado, ser incapaz de estudar adequadamente os efeitos desta medicação (ver Thomson et al., 2004). Mais uma vez, encontramos aqui um conflito potencial: pesar os riscos e benefícios é com frequência relativo, em vez de claro e absoluto.

A dignidade e os direitos dos participantes estão conectados a questões de:

a) o consentimento dado pelo participante;
b) informações suficientes proporcionadas como uma base para o consentimento dado; e
c) a necessidade de que o consentimento seja voluntário (Allmark, 2002, p. 13).

Além disso, os pesquisadores precisam garantir a confidencialidade dos participantes. Isto requer que as informações sobre eles sejam utilizadas apenas de maneira que impossibilite a outras pessoas identificarem os participantes ou que qualquer instituição as utilize contra os interesses deles.

Os comitês de ética examinam e canonizam os princípios aqui discutidos. Para uma discussão detalhada desses princípios, ver Hopf (2004) e Murphy e Dingwall (2001).

✓ Regras da boa prática científica*

Infelizmente, os pesquisadores têm sido por vezes considerados culpados de ocultar seus resultados (para exemplos, ver Black, 2006).

---

* N. de R.T.: No Brasil, há diversas manifestações sobre as boas práticas na pesquisa científica. Ver, por exemplo, o portal da Fapesp (www.fapesp.br/boaspraticas/FAPESP-codigo_de_boas_praticas_cientificas_jun2012.pdf).

Devido a isso, o Conselho Alemão de Pesquisa desenvolveu propostas para a salvaguarda da boa prática científica. Estas estão descritas no Quadro 12.3 e estão disponíveis (em inglês) em http://www.dfg.de/antragstellung/gwp/index.html. Estas regras definem padrões relacionados à honestidade no uso de dados, à fraude científica e à documentação dos dados originais (questionários preenchidos, registros e transcrições de entrevistas, etc.).

Ética da pesquisa: casos e pesquisa em massa

Os princípios éticos na pesquisa social se aplicam tanto à pesquisa qualitativa quanto à quantitativa – embora as questões e os detalhes concretos envolvidos possam ser muito diferentes. A proteção dos dados e a anonimização podem ser mais facilmente garantidos para um participante isolado na amostragem aleatória e na análise estatística dos dados do

---

Quadro 12.3

REGRAS PARA A BOA PRÁTICA CIENTÍFICA (EXCERTO)
(Deutsche Forchungsgemeinschaft 1998)

Recomendação 1
As regras da boa prática científica incluem os princípios para as seguintes questões (em geral, e especificadas, quando necessário, para as disciplinas individuais):

- fundamentos do trabalho científico, tais como:
  - observar os padrões profissionais;
  - documentar os resultados;
  - questionar consistentemente os próprios achados;
  - praticar uma honestidade inabalável com relação às contribuições de parceiros, concorrentes e antecessores.
- cooperação e responsabilidade da liderança nos grupos de trabalho [...];
- aconselhamento para jovens cientistas e acadêmicos (recomendação 4);
- garantia e armazenamento de dados primários (recomendação 7);
- publicações científicas (recomendação 11).

Recomendação 7
Dados primários como a base para as publicações devem ser armazenados, de forma durável e segura, por dez anos em sua instituição de origem.

Recomendação 8
As universidades e os institutos de pesquisa devem estabelecer procedimentos para lidar com alegações de má conduta científica. Estes devem ser aprovados pelo órgão responsável. Levando em conta as regulamentações legais relevantes, incluindo a lei sobre ações disciplinares, eles devem incluir os seguintes elementos:

- uma definição das categorias de ação que se desviam seriamente da boa prática científica (recomendação 1) e são consideradas má conduta científica, como, por exemplo, a fabricação e falsificação de dados, o plágio ou a quebra de confiança como revisor ou superior;
- jurisdição, regras de procedimento (incluindo regras para o ônus da prova) e os limites de tempo para indagações e investigações conduzidas para apurar os fatos;
- os direitos das partes envolvidas de serem ouvidas, o critério da descrição e as regras para a exclusão de conflitos de interesse;
- sanções, dependendo da seriedade da má conduta comprovada;
- a jurisdição para a determinação de sanções.

Recomendação 11
Os autores de publicações científicas são sempre conjuntamente responsáveis por seu conteúdo. Uma chamada "autoria honorária" é inadmissível.

que para um participante em um estudo qualitativo com uma amostragem intencional e (algumas) entrevistas com especialistas. Observe, particularmente, que se você planeja realizar uma pesquisa com uma coleta de dados repetida das mesmas pessoas do primeiro momento, vai precisar armazenar os dados reais de contato dos participantes para que possa retornar a eles. Há aqui um risco de se infringir inadvertidamente os direitos de anonimato e de proteção dos dados dos participantes. Os dados de contato e as respostas dos questionários deverão ser separados.

☑ Ética da pesquisa *on-line*

Gaiser e Schreiner (2009, p. 14) listaram várias questões a considerar, de um ponto de vista ético, para o caso de você estar planejando um estudo *on-line*. São elas:

- A segurança do participante pode estar garantida? O anonimato? A proteção dos dados?
- Pode alguém realmente estar anônimo *on-line*? E, se não, como isto pode impactar a concepção geral do seu estudo?
- Alguém pode "enxergar" a informação de um participante quando ele (ela) participa?
- Alguém não associado ao estudo pode ter acesso aos seus dados em um disco rígido?
- Deve haver um consentimento informado para que alguém participe? Se houver, como os problemas de segurança *on-line* podem causar impacto no consentimento informado?
- Se uma concepção de estudo requer observações participativas, tudo bem se "infiltrar"? Nunca há problemas em relação a isso? O que fazer quando há? Quais são os fatores determinantes?
- Tudo bem fraudar *on-line*? O que constitui uma fraude *on-line*?

Esta lista mostra como as questões gerais da ética na pesquisa são relevantes tanto para a pesquisa *on-line* quanto para a pesquisa tradicional.

☑ Conclusão

Podemos terminar com dois pontos gerais relacionados aos princípios éticos na pesquisa. Primeiro, devemos nos lembrar que a pesquisa envolve questões de integridade e objetividade. Como declara a Associação Sociológica Alemã:

> Os sociólogos lutam em prol da integridade e objetividade científica no exercício da sua profissão. Eles estão comprometidos com os melhores padrões possíveis na pesquisa, no ensino e em outras práticas profissionais. Se eles fizerem julgamentos disciplinares específicos, deverão representar seu campo de trabalho, a situação do conhecimento, sua especialização disciplinar, seus métodos e a sua experiência de uma forma não ambígua e apropriada. Ao apresentar ou publicar *insights* sociológicos, os resultados são apresentados sem qualquer viés de omissão de resultados importantes. Os detalhes das teorias, métodos e concepções de pesquisa que são importantes para avaliar os resultados da pesquisa e dos limites de sua validade são relatados de forma exaustiva pelos pesquisadores. Os sociólogos devem mencionar todas as suas fontes de financiamento em suas publicações, garantindo que seus achados não são influenciados pelos interesses específicos de seus patrocinadores. (Ethik-Kodex, 1993: I a 1-3)

Esta citação se refere especificamente aos "sociólogos". Entretanto, ela pode também ser aplicada aos pesquisadores sociais em geral.

Em segundo lugar, as questões de ética na pesquisa são levantadas em *qualquer* tipo de pesquisa social e com *todos* os tipos de métodos. Nenhuma abordagem metodológica está isenta de problemas éticos, ainda que estes difiram entre os métodos:

> Os métodos de pesquisa não são eticamente neutros. Isso se aplica da mesma maneira aos métodos qualitativos, quantitativos e triangulados. Os critérios para a avaliação da qualidade da pesquisa, ao menos implicitamente, requerem também questões éticas. (Schnell e Heinritz, 2006, p. 16)

Lista de verificação para a consideração de questões éticas

Na busca de um projeto empírico em pesquisa social, você deve considerar as questões éticas no Quadro 12.4. Estas questões podem ser aplicadas ao planejamento do seu próprio estudo e de maneira similar à avaliação de estudos existentes de outros pesquisadores.

Quadro 12.4

LISTA DE VERIFICAÇÃO PARA A CONSIDERAÇÃO DE QUESTÕES ÉTICAS NA PESQUISA SOCIAL

1. Como você colocará em prática o princípio do consentimento informado?
2. Você informou a todos os participantes que eles estão participando de um estudo ou que estão nele envolvidos?
3. Como você vai garantir que os participantes não sofram quaisquer desvantagens ou danos devido ao estudo ou ao fato de participarem dele?
4. Como você vai garantir que os participantes de um grupo-controle não sofram nenhuma desvantagem devido à intervenção que não receberam?
5. Como você vai garantir a voluntariedade da participação?
6. Como você vai garantir que as crianças ou as pessoas com dano cognitivo tenham concordado em ser entrevistadas (p. ex.) – isto é, que não apenas foi obtido o consentimento dos pais ou dos cuidadores?
7. Como você vai organizar a anonimização dos dados e como irá lidar com as questões da proteção destes no estudo?
8. Como você levará estas questões em conta para a armazenagem dos dados e na apresentação dos resultados?
9. Você checou o seu método de procedimento com relação ao código(s) de ética relevante?
10. Se o fez, que problemas se tornaram evidentes?
11. Uma declaração de um comitê de ética é necessária para o seu estudo e, se for este o caso, você já a obteve?
12. Como o projeto irá se conformar às exigências formuladas neste processo?
13. Qual é o ineditismo dos resultados esperados, o que justifica a realização do seu projeto?
14. Você pode especificar os resultados esperados?

Pontos principais

✓ Todo projeto de pesquisa deve ser planejado e avaliado segundo princípios éticos.
✓ A voluntariedade da participação, o anonimato, a proteção dos dados e a evitação de dano aos participantes são precondições.
✓ O consentimento informado deve ser obtido para todo projeto de pesquisa. As exceções têm de ser rigorosamente justificadas.
✓ Os códigos de ética proporcionam uma orientação para se levar em conta os princípios éticos e a sua aplicação.
✓ Os comitês de ética procuram assegurar que os princípios éticos sejam preservados.
✓ Para as pesquisas qualitativa e quantitativa, as questões éticas podem ser levantadas de diferentes maneiras.

☑ Leituras adicionais

Os recursos que se seguem apresentam uma discussão adicional sobre a ética da pesquisa social.

Bryman, A. (2008) *Social Research Methods*, 3. ed. Oxford: Oxford University Press.

Flick U. (2009) *Introdução à Pesquisa Qualitativa*, 3. ed. Porto Alegre, Artmed. Capítulo 4.

Hopf, C. (2004) "Research Ethics and Qualitative Research: An Overview", in U. Flick, E. v. Kardorff e I. Steinke (eds.), *A Companion to Qualitative Research*. London: Sage, p. 334-9.

Mertens, D. e Ginsberg, P.E. (Eds) (2009) *Handbook of Research Ethics*. London: Sage.

13
Escrita da pesquisa e uso dos resultados

VISÃO GERAL DO CAPÍTULO

Objetivos da escrita da pesquisa social 222
Escrita da pesquisa quantitativa 223
Escrita da pesquisa qualitativa 226
Questões da escrita 230
Retorno dos resultados para os participantes 230
Uso dos dados no debate 230
Lista de verificação para a apresentação dos procedimentos empíricos 232

OBJETIVOS DO CAPÍTULO

Este capítulo destina-se a ajudá-lo a:

✓ reconhecer que a apresentação dos resultados e dos métodos é uma parte integrante dos projetos de pesquisa social;
✓ entender quais formas de apresentação são apropriadas para projetos:
   a) qualitativos e
   b) quantitativos;
✓ saber quais fatores considerar quando se apresenta os resultados a:
   a) participantes e a
   b) instituições e outras audiências interessadas.

Tabela 13.1	NAVEGADOR PARA O CAPÍTULO 13

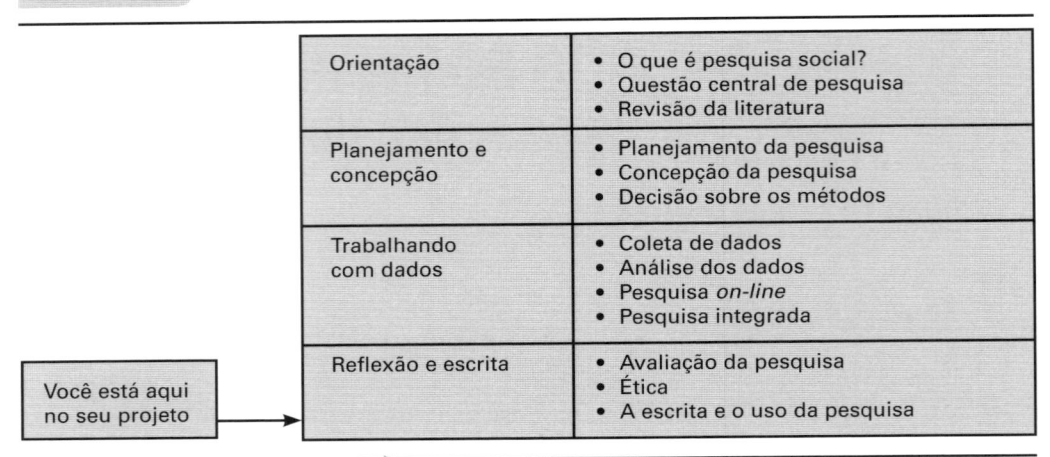

	Orientação	• O que é pesquisa social? • Questão central de pesquisa • Revisão da literatura
	Planejamento e concepção	• Planejamento da pesquisa • Concepção da pesquisa • Decisão sobre os métodos
	Trabalhando com dados	• Coleta de dados • Análise dos dados • Pesquisa *on-line* • Pesquisa integrada
Você está aqui no seu projeto →	Reflexão e escrita	• Avaliação da pesquisa • Ética • A escrita e o uso da pesquisa

Em essência, a pesquisa social consiste em três passos:

1. planejamento de um estudo;
2. trabalho com os dados; e
3. comunicação dos resultados.

Segundo Wolff, a comunicação (na forma de um "texto") é integrante da ciência social:

> Fazer ciência social significa principalmente produzir textos [...] As experiências de pesquisa têm de ser transformadas em textos e ser entendidas tendo-os por base. Um processo de pesquisa tem achados apenas quando e à medida que estes podem ser encontrados em um relatório, não importa se e quais experiências foram realizadas por aqueles que estavam envolvidos na pesquisa. A possibilidade de observação e a objetividade prática dos fenômenos das ciências sociais estão presentes nos textos e em nenhum outro lugar. (1987, p. 333)

Quando você comunica seus achados de pesquisa, deve ter por objetivo tornar o processo que o levou a eles transparente para o leitor. No processo, você deve visar à demonstração de que seus achados não são arbitrários, singulares ou questionáveis – mas sim que são baseados em evidências. Este capítulo considera a relevância da pesquisa, a utilização de seus resultados e sua elaboração e apresentação.

✓ Objetivos da escrita da pesquisa social

Quando você relata a sua pesquisa, pode ter vários objetivos. Por exemplo:

1. documentar seus resultados;
2. mostrar como você procedeu durante sua pesquisa – como chegou aos seus resultados;
3. apresentar os resultados de maneira tal que possa alcançar objetivos específicos – por exemplo, obter uma qualificação, influenciar um processo (por exemplo, mediante a formulação de política baseada em evidências) ou mostrar algo fundamentalmente novo em seu campo científico;

4. legitimar a pesquisa de algum modo – mostrando que os resultados não são arbitrários, mas rigorosamente baseados em dados.

☑ Escrita da pesquisa quantitativa

Na pesquisa quantitativa, um relatório de pesquisa normalmente incluirá os seguintes elementos:

1. o problema da pesquisa
2. a estrutura conceitual
3. a questão central da pesquisa
4. o método da coleta de dados
5. a análise dos dados
6. as conclusões
7. a discussão dos resultados

Ao apresentar sua pesquisa, você deve incluir declarações referentes a cada um destes pontos. Elas devem permitir uma avaliação da sua metodologia, a solidez dos seus resultados e o seu relacionamento com a literatura e a pesquisa anteriores à sua pesquisa.

O procedimento empírico

Ao escrever sobre o seu procedimento empírico, você deve responder às seguintes perguntas para os seus leitores (ver Neuman, 2000, p. 472):

1. Que tipo de estudo (p. ex., experimento, pesquisa de levantamento) você conduziu?
2. Exatamente como você coletou os dados (p. ex., concepção do estudo, tipo de pesquisa de levantamento, tempo e local da coleta dos dados, concepção experimental utilizada)?
3. Como as variáveis foram mensuradas? Elas são confiáveis e válidas?
4. Qual é a sua amostra? Quantos indivíduos ou respondentes estão envolvidos no seu estudo? Como você os selecionou?
5. Como você lidou com as questões éticas e com os interesses específicos da concepção?

O ponto essencial é permitir que o leitor avalie o seu estudo. Isto possibilitará avaliar a relevância e confiabilidade dos seus resultados.

Elaboração dos resultados

Com frequência os pesquisadores enfrentam o problema de que um estudo pode produzir uma multiplicidade de achados. Aqui, o primeiro passo é apresentar vários achados detalhados. Você pode então destilar, extrapolar ou construir os resultados fundamentais que emergem dos achados detalhados. Por exemplo, você pode fazer mais para classificar os dados em classes.

Talvez até os próprios pesquisadores sintam-se confusos diante da multiplicidade de achados produzidos no seu estudo. Neste caso, eles necessitam desenvolver uma estrutura para continuar a análise. Por exemplo, eles podem se concentrar na distribuição dos dados ou podem adotar uma perspectiva comparativa (concentrando-se, por exemplo, nas diferenças entre dois subgrupos na amostra). Acima de tudo, os pesquisadores vão precisar ser seletivos. Como explica Neuman:

> Os pesquisadores fazem escolhas na maneira de apresentar os dados. Ao analisar os dados, eles buscam dezenas de tabelas e estatísticas univariadas, bivariadas e multivariadas para terem uma percepção dos dados. Isto não significa que toda estatística ou tabela esteja em um relatório final. Ao invés disto, o pesquisador seleciona o número mínimo de gráficos ou tabelas que

informem plenamente o leitor e raramente apresenta ele próprio os dados brutos. As técnicas de análise dos dados devem resumir os dados e testar hipóteses (p. ex., distribuições da frequência, tabelas com médias e desvios padrão, correlações e outras estatísticas). (2000, p. 472)

Apresentação dos resultados

As frequências e os números podem ser apresentados mais claramente em gráficos do que por meio de palavras. Considere, por exemplo, a Figura 13.1, que apresenta os tamanhos das amostras em um estudo longitudinal em três momentos de mensuração (2006, 2007, 2008).

Uma alternativa é usar gráficos de pizza. A Figura 13.2 proporciona um exemplo em que a distribuição da idade das pessoas sem-teto na Alemanha está resumida em grupos etários (p. ex., 30-39 anos).

Um terceiro meio de apresentação é usar tabelas. A Tabela 13.2 proporciona um exemplo. Aqui, as frequências das respostas à pergunta de como prevenir doenças estão resumidas segundo a idade das crianças, que podiam dar mais de uma resposta.

Estes exemplos demonstram como você pode apresentar os achados visualmente de forma que eles se tornem claros para os leitores "à primeira vista". Obviamente os três métodos apresentados não são os únicos disponíveis; estão incluídos aqui apenas para ilustrar a utilidade da apresentação visual.

Evidências

Em muitas áreas de pesquisa, a noção de prática baseada em evidências tornou-se muito importante. Isto enfatiza a necessidade de distinguir resultados científicos confiáveis dos menos confiáveis. Aqui podemos considerar o exemplo da prática médica. Na medicina baseada em evidências, uma medicação é testada em uma forma de pesquisa específica antes de ela ser introduzida nas rotinas médicas regulares. Greenhalgh apresenta uma definição:

> A medicina baseada em evidências é o uso de estimativas matemáticas do

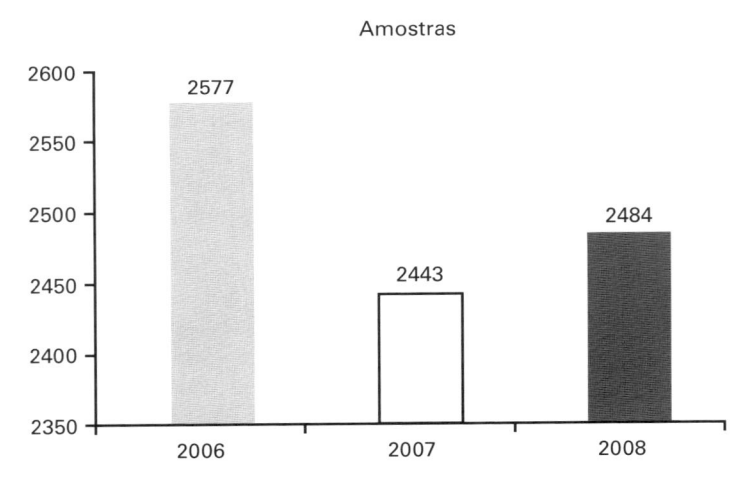

Figura 13.1
Gráfico de barras.

risco de benefício e dano, derivadas de pesquisa de alta qualidade em amostras de população para informar a tomada de decisão clínica no diagnóstico, na investigação ou no manejo dos pacientes individuais. A característica definidora da medicina baseada em evidências é, portanto, o uso de figuras derivadas de pesquisas realizadas em *populações* para informar as decisões sobre os *indivíduos*. (2006, p. 1)

Aqui são aplicados os testes duplo-cegos (ver o Capítulo 5), que são também rotulados de estudos randomizados controlados (ERCs). Os participantes de um estudo de medicação são alocados aleatoriamente ao grupo de tratamento (com a medicação) e a um grupo-controle (com um placebo) para testar o efeito da medicação comparando os dois grupos. Para a existência de evidências na área da epidemiologia das doenças (p. ex., câncer de pulmão) em relação a alguns fatores de risco (p. ex., fumar), Stark e Guggenmoos-Holzmann declaram:

> Se alguns critérios de evidências científicas forem satisfeitos, é geralmente aceita uma relação causal entre a variável influente (fator de risco) e a variável-alvo (doença). Como critérios importantes descobrimos que:
>
> - Existe uma forte correlação entre a variável influente e a variável-alvo.
> - Os resultados podem ser confirmados em vários estudos (reprodutibilidade).
> - Existe uma relação dose-efeito entre a variável influente e a variável-alvo.
> - O curso temporal de causa e efeito é lógico.
> - Os resultados são biologicamente plausíveis.
> - Se o fator de risco for eliminado, o risco de doença é reduzido. (2003, p. 417)

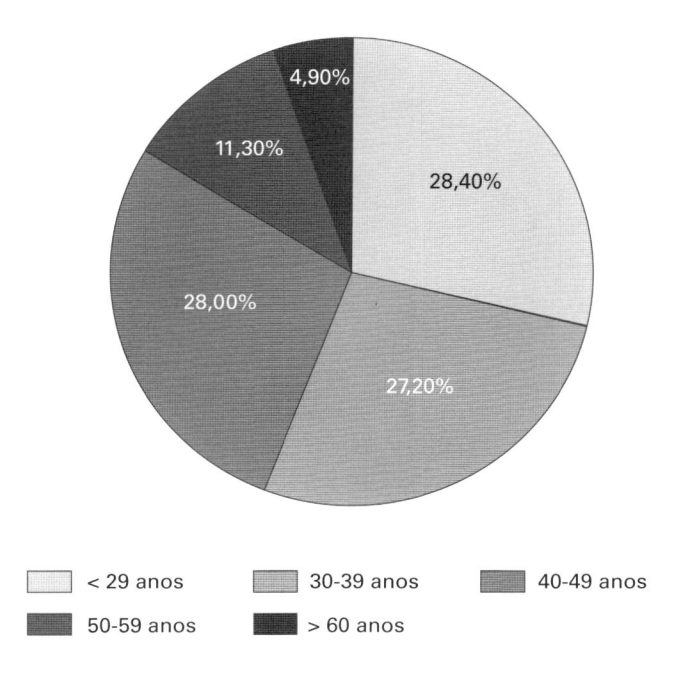

Figura 13.2
Gráfico de pizza.

| Tabela 13.2 | PREVENÇÃO COM RELAÇÃO À SAÚDE (EXTRATO DOS RESULTADOS) (%, MÚLTIPLAS RESPOSTAS POSSÍVEIS) |

Categorias	5 anos	8 anos	12 anos	16 anos
Alimentação saudável, frutas, vegetais, chás, sucos	28	56	83	88
Vitaminas, minerais	–	8	29	16
Atenção com o vestuário, roupas quentes	24	24	33	8
Movimento, esportes	20	32	38	76
Ar livre	12	20	17	16
Não fumar	–	–	25	32
Não ingerir bebidas alcoólicas	–	–	13	12
Pouco ou nenhum estresse	–	–	–	4
Relaxamento, sono	–	4	4	8
Não ficar infectado, evitar contato com pessoas doentes	–	4	4	12

Fonte: Schmidt e Fröhling, 1998, p. 39

Assim, foi desenvolvido um entendimento muito específico do que são evidências e, além disso, que tipo de pesquisa pode produzir essas evidências. De um modo mais geral, a prática baseada em evidências significa que a prática e a tomada de decisão no caso isolado devem ser baseadas na pesquisa e nos resultados, isto é, nas evidências. Esta base científica da prática profissional deve substituir a tomada de decisão baseada em relatos ("Eu soube de um caso similar...") ou no que está simplesmente em moda na imprensa.

Aqui podemos notar duas implicações do desenvolvimento antes mencionado. Em primeiro lugar, este entendimento das evidências e da pesquisa ameaça opor resistência a outras abordagens da pesquisa e desafiar sua relevância. Consequentemente, encontramos várias sugestões para classificar os tipos de evidências. Essa classificação varia desde as metanálises – baseadas em estudos randomizados – como a forma mais aceita, até os estudos de caso e as avaliações de especialistas, que são as formas com menor aceitação (ver o Capítulo 3).

Em segundo lugar, outras disciplinas – como serviço social, educação, enfermagem e outras – também têm desenvolvido em seu campo a prática baseada em evidências. A tendência para se basear em evidências ameaça questionar outras formas de pesquisa. Aqui surge um problema: o que faz muito sentido em avaliar o efeito da medicação não é necessariamente justificado para a pesquisa social em geral. Outras formas a serem substituídas pelas evidências são os conceitos de minimização dos custos, etc. (Greenhalgh, 2006, p. 9-11). O desafio é desenvolver um entendimento mais amplo do que são evidências. Por isso, a análise de histórias de vida de pacientes com câncer, por exemplo, não satisfará os critérios de base em evidências descritos anteriormente – mas produzirá evidências úteis quando se trata de entender como as pessoas vivem com câncer e como tentam enfrentá-lo.

☑ Escrita da pesquisa qualitativa

Com relação à pesquisa qualitativa, muitos analistas têm expressado dúvidas de que possamos usar a mesma abordagem usada para a pesquisa quantitativa. Lofland (1976) e Neuman (2000, p. 474) propuseram uma estrutura alternativa para relatar a pesquisa qualitativa:

1. introdução
   a) aspectos mais gerais da situação
   b) principais contornos da situação geral
   c) como os materiais foram coletados
   d) detalhes sobre o local
   e) como o relatório é organizado
2. a situação
   a) categorias analíticas
   b) contraste entre a situação e outras situações
   c) desenvolvimento da situação no decorrer do tempo
3. estratégias de interação
4. sumário e implicações

Esta estrutura proporciona um possível enquadramento para o seu relatório. A vantagem é que você então partirá dos aspectos mais gerais do seu tema de pesquisa para os procedimentos mais concretos e, finalmente, para os achados que obteve. Assim, esta estrutura contribui para conduzir os seus leitores através do seu relatório e dirigi-los para os pontos centrais que você quer ressaltar em seus achados.

O procedimento empírico

Para os projetos qualitativos, a apresentação dos procedimentos empíricos é com frequência cronológico, proporcionando *insights* do processo no campo ou na situação em estudo. Van Maanen (1988) distingue três formas de apresentação, ou seja, histórias:

a) "realistas";
b) "confessionais"; e
c) "impressionistas".

Nas *histórias realistas*, as observações são relatadas como fatos, ou documentadas usando-se citações de declarações ou entrevistas. A ênfase é colocada nas formas *típicas* do que é estudado (ver Flick et al., 2010, para um exemplo). Por isso, você vai analisar e apresentar muitos detalhes. Os pontos de vista dos membros de um campo ou dos entrevistados são enfatizados na apresentação: como eles experienciaram sua própria vida em seu curso? O que é saúde para os entrevistados? A interpretação não para nos pontos de vista subjetivos, mas vai além deles mediante interpretações várias e de longo alcance.

As *histórias confessionais* são caracterizadas pela autoria personalizada e pela autoridade do pesquisador como um especialista. Aqui, os autores expressam o papel que desempenharam no que foi observado, em suas interpretações e nas formulações usadas. Os pontos de vista dos autores são tratados como um tema na apresentação, ao longo dos problemas, das falhas, dos erros, etc. (1988, p. 79) no campo. Não obstante, os autores tentarão aqui apresentar seus achados como *fundamentados* no tema que estudaram. Esses relatos combinam descrições do objeto estudado e das experiências de estudá-lo. Um exemplo deste tipo de relato é o livro de Frank *The Wounded Storyteller* (1997).

As *histórias impressionistas* assumem a forma de uma recordação dramática. O objetivo é colocar a audiência imaginativamente na situação da pesquisa, incluindo as características específicas do campo e da coleta de dados. Um bom exemplo para este tipo de relato é a análise de Geertz (1973), acerca da briga de galos balinesa.

Resultados

Os estudos qualitativos podem produzir variadas formas de resultados. Eles podem variar desde estudos de caso detalhados até tipologias (p. ex., vários tipos de conceitos de saúde) ou a frequência e distribuição das declarações em um sistema de categorias. Na pesquisa qualitativa pode-se também conseguir condensar as informações na forma de tabelas – por exemplo, sobre a composição de uma amostra com relação

Tabela 13.3 AMOSTRA I: JOVENS DE RUA POR IDADE E GÊNERO

Idade (anos)	Gênero		
	Masculino (*N* = 12)	Feminino (*N* = 12)	Total (*N* = 24)
14	–	3	3
15	1	3	4
16	2	2	4
17	2	1	3
18	4	2	6
19	3	–	3
20	–	1	1
Média	17,5	16,0	16,75

Fonte: Flick e Röhnsch, 2008

ao gênero e à idade em anos (ver a Tabela 13.3) ou grupos etários e gênero (ver a Tabela 13.4).

Na pesquisa qualitativa, este foi principalmente o objetivo da contextualização das declarações isoladas e de suas interpretações (Ver a Tabela 13.5, que resume as definições de saúde dadas pelos adolescentes nas duas amostras exibidas nas Tabelas 13.3 e 13.4, de acordo com o gênero e subgrupos).

Uma forma específica de resultado de um estudo qualitativo pode ser o desenvolvimento de uma teoria. A apresentação de uma teoria desse tipo requer, segundo Strauss e Corbin, quatro componentes:

1. Uma história analítica clara.
2. Escrever em um nível conceitual, com a descrição sendo mantida como secundária.
3. A especificação clara dos relacionamentos entre as categorias, com níveis de conceituação também mantidos claros.
4. A especificação de variações e de suas condições, consequências, etc. relevantes, incluindo as mais amplas. (1990, p. 229)

Aqui, a apresentação da pesquisa vai destacar os conceitos e linhas básicos da teoria que foi desenvolvida. A visualização na forma de redes conceituais, trajetórias, etc. é um meio de dar mais volume à apresentação. As sugestões de Lofland (1974) para a apresentação dos achados na forma de teorias nos conduzem a uma direção similar. Ele menciona como critério para a escrita os mesmos que serão usados para avaliar esses relatórios, ou seja, assegurar que:

Tabela 13.4 AMOSTRA II: JOVENS DE RUA CRONICAMENTE DOENTES POR GRUPO ETÁRIO E GÊNERO

Idade (anos)	Gênero		
	Masculino (*N* = 6)	Feminino (*N* = 6)	Total (*N* = 12)
14-17	1	3	4
18-25	5	3	8
Média	21,5	16,8	19,2

Fonte: Flick e Röhnsch, 2008

Tabela 13.5	CONCEITOS DE SAÚDE DOS JOVENS DE RUA ENTREVISTADOS				
	Jovens de rua				
Conceito de saúde	Total	Masculino	Feminino	Geral	Cronicamente doentes
A saúde como bem-estar físico e mental	14	9	5	9	5
A saúde como ausência de doença e de queixas	11	4	7	4	7
A saúde como resultado de algumas práticas	7	2	5	7	–
A saúde como funcionalidade	4	3	1	4	–
N	36	18	18	24	12

Fonte: Flick e Röhnsch, 2008

1. O relatório foi organizado por meio de uma estrutura conceitual *genérica*;
2. a estrutura genérica empregada era *nova*;
3. a estrutura foi *elaborada* ou desenvolvida em e através do relatório;
4. a estrutura foi *movimentada* no sentido de estar abundantemente documentada com dados qualitativos;
5. a estrutura foi entrelaçada com materiais empíricos. (1974, p. 102)

Na pesquisa qualitativa, mais uma vez se enfrenta o problema de selecionar os aspectos essenciais de uma multiplicidade de dados e relacionamentos que o estudo identificou. Aqui, você tem que encontrar um equilíbrio em seu relatório entre proporcionar, de um lado, *insights* acerca das ocorrências e condições no campo e, de outro, nos dados e nas questões mais gerais que você pode derivar desses *insights* e detalhes. Isto é necessário para tornar seus resultados acessíveis e transparentes para os leitores. Uma maneira é combinar os sumários e as estruturas relacionadas ao tópico com estudos de caso, que vão além desses tópicos e mostram aspectos comuns entre eles.

Evidências na pesquisa qualitativa

O conceito de evidências segundo as abordagens baseadas nelas anteriormente descritas não pode ser transferido sem problemas para a pesquisa qualitativa. Entretanto, tem de ser formulada a questão de como definir as evidências no uso dos métodos qualitativos, e que papel a pesquisa qualitativa pode desempenhar neste desenvolvimento (ver Denzin e Lincoln, 2005; Morse et al., 2001). A discussão inclui a sugestão da vinculação de vários estudos – no sentido da metanálise – e também estendendo e transferindo os resultados para contextos práticos como uma forma de "teste" (Morse, 2001). Por exemplo, nós encontramos em um de nossos estudos (Flick et al., 2010) três tipos de conhecimento sobre o vínculo entre os problemas de sono dos residentes à noite e a falta de atividades de dia para as enfermeiras na casa de repouso. Um deles foi muito limitado; enquanto o outro foi muito mais desenvolvido. Podemos usar estes resultados para treinar as enfermeiras e depois avaliar se esta intervenção muda suas práticas e reduz as intensidades dos problemas de sono. Desta maneira, a prática proporciona uma espécie de "teste" no que diz respeito às evidências dos nossos achados.

☑ Questões da escrita

Há algumas questões gerais em relação à escrita da pesquisa, independente do tipo do projeto de pesquisa. Na produção de um texto, os pesquisadores precisam considerar seus potenciais leitores ou audiência:

> Tornar seu trabalho mais claro envolve considerações de audiência: para quem se supõe ser mais claro? Quem vai ler o que você escreve? O que eles têm de saber para não interpretarem mal ou considerarem o que você diz obscuro ou ininteligível? Você vai escrever de uma maneira para as pessoas com quem você trabalha de perto em um projeto conjunto; e de outra maneira para os colegas profissionais de outras especialidades e disciplinas; e ainda diferente para os "leigos inteligentes". (Becker 1986, p. 18)

A escolha da audiência terá implicações no estilo da apresentação. É preciso perguntar o que você supõe que já seja um conhecimento existente e terminologias disponíveis por parte dos leitores? Quão complexo e detalhado deve ser o relato? Que formas de simplificação são especificamente necessárias para a minha audiência?

☑ Retorno dos resultados para os participantes

Na pesquisa orientada para a prática, o retorno dos resultados preliminares ou finais para os participantes da pesquisa é com frequência esperado – particularmente se os resultados podem ser usados para avaliação ou tomada de decisão. Neste caso, você vai precisar considerar como vai apresentar sua pesquisa com transparência, de uma forma que os participantes considerem acessível. Além disso, você deve levar em conta a dinâmica do campo – o que os resultados podem iniciar ou mudar neste contexto. Ao descrever como ela deu o retorno dos resultados e avaliações de seus estudos no contexto da pesquisa sobre a polícia, Mensching (2006) usou o termo "trabalho de mediação": sua pesquisa tinha que ser apresentada de uma maneira muito sensível para evitar ser demasiado desafiadora ou demasiado simplista. Você também deve assegurar que protege os participantes de serem identificados pelos resultados – até mesmo por seus colegas. Ver Quadro 13.1.

☑ Uso dos dados no debate

Os problemas específicos de usar os dados nos debates foram ressaltados por Lüders (2006). Há questões relacionadas a até que ponto os dados e as conclusões deles extraídas são plausíveis e podem ser confiáveis:

> Do ponto de vista da administração política [...] a questão simplesmente é: podemos também confiar nos dados e nos resultados no entendimento clássico da confiabilidade e pelo menos da validade interna? [...] As questões de credibilidade e de confiança se referem não apenas ao problema de se os dados são confiáveis e válidos para as unidades que foram estudadas, mas principalmente para a o problema da transferência para contextos similares. (2006, p. 456)

Esta questão é aumentada quando os dados vêm de um estudo qualitativo com poucos casos e em que as iniciativas políticas podem ser baseadas nos resultados. Aqui a questão é a solidez dos resultados no processo de argumentação e as implicações que se seguem.

> Quando, em um pequeno estudo qualitativo com sete casos em duas áreas de um país, o resultado é que os jovens infratores criminosos – e nestes sete casos

o conceito é adequado – mantêm as organizações responsáveis (polícia, serviços legais, serviços para a criança e o adolescente, serviços mentais para crianças e adolescentes, escolas, etc.) tão ocupadas que ninguém mais tem uma visão geral, então este resultado, para início de conversa, é sem dúvida válido para estes sete casos. Entretanto, a questão *politicamente* relevante é: os resultados são suficientemente sólidos a ponto de inaugurar um processo usando-os para redefinir as responsabilidades institucionais no país para esse grupo – e como isto é definido? – com todo o esforço necessário, estendendo-se a ponto inclusive de mudar as leis? Isto também se refere aos riscos vinculados a essas mudanças, por exemplo, de conflito entre os grupos de interesse que estão preocupados e a possível vantagem entregue à oposição política no parlamento. (2006, p. 458-9)

Lillis (2002, p. 36) argumentou em um contexto diferente (isto é, pesquisa de mercado) que o movimento dos dados para sugestões ou implicações práticas envolve três passos:

- O primeiro passo se concentra no que os participantes (dos estudos qualitativos) pensam e pretendem. Por analogia, você pode ver o que dizem os números em um estudo quantitativo (o que se correlaciona com que, por exemplo). Isso remete ao relatório sobre a pesquisa e os resultados imediatos.
- O segundo passo nos dois casos se relaciona a quais padrões emergem e o que eles significam. Isto se baseia principalmente na interpretação dos dados e dos resultados por parte dos pesquisadores.
- O terceiro passo requer as implicações do responsável pelo estudo e, portanto,

Quadro 13.1

FEEDBACK DOS RESULTADOS PARA OS PARTICIPANTES

No nosso estudo sobre as representações sociais dos profissionais de saúde acerca da saúde e do envelhecimento (Flick et al., 2004), organizamos da seguinte maneira o retorno dos nossos resultados para nossos participantes. Depois das entrevistas episódicas com os participantes isolados sobre seus conceitos de saúde, ideias e experiências com a prevenção e a promoção da saúde, e depois de analisar os dados, realizamos grupos focais com os clínicos-gerais e as enfermeiras da casa de repouso. Os resultados do estudo foram passados para os participantes a fim de coletar seus comentários sobre os achados. Em seguida, discutimos com eles as implicações práticas relacionadas a qualquer melhora nas rotinas e nas práticas de enfermagem e medicina na casa de repouso.

Para evitar que a discussão em grupos se tornasse demasiado geral ou heterogênea, selecionamos uma parte concreta dos dados como um estímulo para abrir as discussões mais abrangentes. Para este propósito, selecionamos os resultados relacionados com as barreiras para uma orientação mais forte da sua própria prática com relação à prevenção. Foram apresentados os resultados sobre a prontidão para e sobre a resistência em praticar mais prevenção por parte dos profissionais e dos pacientes. Primeiro, oferecemos uma visão geral das barreiras que foram mencionadas. Depois, os participantes foram solicitados a classificar estas barreiras segundo a sua relevância, antes da discussão desta importância para a sua própria prática profissional e para o papel da saúde nesta prática. Quando esta discussão abrandou, pedimos aos participantes que fizessem sugestões sobre como superar as barreiras anteriormente discutidas e então que discutissem estas sugestões. No fim, tivemos não apenas as avaliações dos resultados das entrevistas iniciais, mas também uma lista de comentários e sugestões de cada grupo. Estas listas puderam ser analisadas e integradas aos resultados finais do estudo.

pela aplicabilidade dos resultados para elas.

Para a consulta baseada na pesquisa, devemos distinguir entre aquelas sugestões que:

1. estão fundamentadas apenas na pesquisa;
2. envolvem conhecimento sobre o mercado relevante além dos resultados; e
3. levam em conta o produto ou serviço específico dos responsáveis.

As sugestões serão apenas raramente baseadas apenas nos resultados empíricos: se eles tiverem que ter algum efeito, terão de levar em conta a situação política atual e o mandato específico da instituição.

Utilização dos resultados

Deve ser reconhecido que os resultados de um projeto de pesquisa não serão necessariamente assumidos nos diferentes contextos em que são lidos. Em vez disso, serão objeto de mais interpretação. Os estudos sobre a utilização dos resultados da pesquisa da ciência social (p. ex., Beck e Bonβ, 1989) mostraram que, na sua utilização, ocorrem vários processos de uso, reinterpretação, avaliação e seleção:

> Desde os resultados da pesquisa de utilização da ciência social, sabemos que a utilização do conhecimento científico ocorre em maior ou menor grau de acordo com a lógica do respectivo campo da prática – no nosso caso, a lógica da administração política de uma maneira que com frequência é mais confusa para os cientistas. (Lüders, 2006, p. 453)

Como vimos no Capítulo 11, a avaliação da pesquisa não é mais conduzida utilizando-se apenas os critérios internos das ciências. Em vez disso, fica evidente que a "os critérios de qualidade e as checagens da pesquisa [...] não são mais exclusivamente definidas pelas disciplinas e com as 'análises dos pares', mas que critérios sociais, políticos e econômicos adicionais, ou mesmo concorrentes emergem dos contextos da aplicação (dos resultados)" (Weingart, 2001, p. 15).

Se as ciências sociais e seus resultados têm a intenção de ser práticos, políticos ou terem outras formas de impacto, esses processos devem ser levados em conta. Apenas os resultados da qualidade científica da pesquisa não se comprovarão decisivos. Os resultados têm de ser elaborados e apresentados de tal maneira que se tornem relevantes e compreensíveis para o contexto específico da discussão e da aplicação.

> Tomou-se consciência de que o conhecimento científico é sempre o conhecimento científico apresentado. E a consequência disso é que uma "lógica de apresentação" tem de ser considerada, além de uma "lógica da pesquisa". A maneira como a constituição das experiências dos pesquisadores está ligada à maneira como essas experiências são resgatadas nas apresentações apenas começou a se tornar um tema para reflexão e pesquisa. (Bude, 1989, p. 527)

☑ Lista de verificação para a apresentação de procedimentos empíricos

Ao apresentar um projeto empírico na pesquisa social, você deve levar em conta os aspectos listados no Quadro 13.2. Estas questões mais uma vez são relevantes, não apenas para a escrita do seu próprio relatório, mas também para avaliar como outros pesquisadores apresentaram sua pesquisa.

Quadro 13.2

LISTA DE VERIFICAÇÃO PARA A APRESENTAÇÃO DE PROCEDIMENTOS EMPÍRICOS

1. Os objetivos do projeto foram apresentados de forma clara?
2. A questão da pesquisa foi explicitamente formulada e fundamentada?
3. Está evidente por que determinadas pessoas ou situações foram envolvidas no estudo e qual é a abordagem metodológica da amostragem?
4. Está evidente como os dados foram coletados, pelo uso, por exemplo, de uma apresentação das questões de exemplo?
5. Está transparente como ocorreu a coleta de dados e que ocorrências especiais desempenharam um papel importante – talvez para a qualidade dos dados?
6. Os leitores serão capazes de entender como os dados foram analisados?
7. As questões (critérios e estratégias) da garantia de qualidade na pesquisa foram tratadas?
8. Os resultados foram condensados de forma que seus fundamentos tenham se tornado evidentes para os leitores?
9. Foram extraídas consequências do estudo e dos resultados, e estas foram discutidas?
10. O relatório é fácil de ler e entender e o texto foi complementado por ilustrações?
11. Você apresentou evidências suficientes (p. ex., citações ou extratos dos cálculos) para permitir aos leitores avaliar seus resultados?

Pontos principais

- A pesquisa social e seus resultados tornam-se acessíveis apenas mediante a forma de escrita que você escolheu.
- O objetivo é tornar transparente para os leitores tanto a maneira como os pesquisadores procederam quanto os resultados que obtiveram.
- Há uma necessidade de escolher e pesar o que você encontrou para dirigir a atenção dos seus leitores para o que é essencial nos resultados.
- As pesquisas quantitativa e qualitativa diferem nas maneiras por meio das quais apresentam seus achados e nos processos que a eles conduziram. Entretanto, os dois tipos de pesquisa também têm alguns objetivos em comum.
- As necessidades particulares de elaborar dados e resultados dizem respeito às consultas políticas ou administrativas e ao retorno apresentado aos participantes.
- A utilização dos resultados com frequência acompanha lógicas diversas daquelas da pesquisa e dos pesquisadores.

☑ Leituras adicionais

As obras listadas a seguir proporcionam uma discussão adicional das questões da escrita, da apresentação e das evidências da pesquisa social. Os dois últimos livros da lista se concentram em como apresentar uma pesquisa quantitativa.

Becker, H.S. (1986) *Writing for Social Scientists*. Chicago: University of Chicago Press.

Flick U. (2009) *Introdução à Pesquisa Qualitativa*, 3. ed. Porto Alegre, Artmed. Capítulo 30.

Greenhalgh, T. (2006) *How to Read a Paper: The Basics of Evidence-Based Medicine*. Oxford: Blackwell-Wiley.

Matt, E. (2004) "The Presentation of Qualitative Research", in U. Flick, E. v. Kardorff e I. Steinke (eds), *A Companion to Qualitative Research*. London: Sage. p. 326-30.

Neuman, W.L. (2000) *Social Research Methods: Qualitative and Quantitative Approaches*, 4. ed. Boston: Allyn and Bacon.

Tufte, E.R. (1990) *Envisioning Information*. Cheshire: Graphics.

Tufte, E.R. (2001) *Visual Display of Quantitative Information*. Cheshire: Graphics.

Glossário

Amostra: Seleção dos participantes do estudo em uma população segundo regras específicas.

Amostra aleatória: Amostra extraída segundo um princípio aleatório de uma lista completa de todos os elementos em uma população (p. ex., cada terceira entrada em uma página da lista telefônica), para que todo elemento da população tenha a mesma chance de ser integrado ao estudo. O oposto de amostragem intencional ou teórica.

Amostra homogênea: Uma forma de amostragem em que todos os elementos da amostra têm as mesmas características (p. ex., idade e profissão).

Amostra representativa: Uma amostra que corresponde às principais características da população: por exemplo, uma amostra representativa de todos os alemães corresponde em suas características (p. ex., estrutura etária) às características da população alemã em geral.

Amostra teórica: O procedimento da amostragem na pesquisa da teoria fundamentada, onde – após um determinado número de casos ter sido coletado e analisado – os casos, grupos ou materiais são amostrados segundo sua relevância para a teoria que é desenvolvida e em contraposição à base do que já é o estado do conhecimento.

Amostragem: Seleção de casos ou materiais para o estudo a partir de uma população maior ou de uma maior variedade de possibilidades.

Análise bivariada: Cálculos mostrando a relação entre duas variáveis.

Análise da conversa: Estudo da linguagem (uso) em relação aos aspectos formais (p. ex., como uma conversa é iniciada ou terminada, como as alternações de um para outro falante são organizadas).

Análise de contingência: Análise da frequência com que alguns conceitos aparecem junto a outros no período de estudo na imprensa.

Análise de narrativa: O estudo de dados narrativos que leva em conta o contexto de toda a narrativa.

Análise dos pares: Avaliação – dos ensaios antes da publicação – por parte de colegas da mesma disciplina atuando como analistas.

Análise fatorial: Uma forma de análise estatística que se concentra em identificar e sintetizar um número limitado de fatores básicos, de modo a explicar as relações em um campo.

Análise multivariada: Cálculo das relações entre mais de duas variáveis.

Análise sequencial: Análise de um texto que procede do início ao fim ao longo da linha de desenvolvimento no texto, em vez de categorizando-o.

Análise sistemática: Uma maneira de examinar a literatura em um campo que segue regras específicas, é passível de replicação e transparente em sua abordagem, proporcionando uma visão geral abrangente da pesquisa no campo.

Anotações de campo: Anotações feitas pelo pesquisador sobre suas ideias e observações quando está no "ambiente de campo" em que está pesquisando.

Auditoria: Estratégia para avaliar um processo (na apresentação de um relatório ou na pesquisa) em todos os seus passos e componentes.

Avaliação (em contextos médicos e psicológicos): mensuração do desempenho (cognitivo) ou da saúde e doença dos pacientes, por exemplo.

Carreira dos pacientes: Os estágios de uma série de tratamentos de uma doença crônica em várias instituições.

Categorização: Alocação de alguns eventos a uma categoria. Resumo de vários eventos idênticos ou similares sob um conceito.

Checagem dos membros: Avaliação dos resultados (ou dos dados), questionando os participantes para o seu consenso.

Codificação: Desenvolvimento de conceitos no contexto da teoria fundamentada. Por exemplo, rotular fragmentos dos dados e alocar outros fragmentos de dados a eles (e ao rótulo). Na pesquisa quantitativa, codificar significa atribuir um número a uma resposta.

Codificação temática: Uma abordagem que envolve a análise dos dados de uma maneira comparativa para alguns tópicos depois que os estudos de caso (das entrevistas, por exemplo) tenham sido realizados.

Código de ética: Conjunto de regras da boa prática na pesquisa (ou nas intervenções), estabelecido por associações profissionais ou por instituições como orientação para seus membros.

Código *in vivo*: Uma forma de codificação baseada em conceitos extraídos das declarações de um entrevistado.

Coleta completa: Forma de amostragem que inclui todos os elementos de uma população definidos antecipadamente.

Comitês de ética: Comitês em universidades ou, às vezes, em associações profissionais. Avaliam as propostas da pesquisa (para dissertações ou financiamento) no que se refere à sua correção ética. Quando necessário, estes comitês buscam violações de padrões éticos.

Concepção da pesquisa: Plano sistemático para o projeto de pesquisa, especifica a quem integrar na pesquisa (amostragem), com quem ou o quê comparar para quais dimensões, etc.

Concepção de grupo-controle: Uma concepção que inclui dois grupos, dos quais um – o grupo de controle – não receberá o tratamento que é estudado a fim de constatar se os efeitos que foram observados no grupo de tratamento também ocorrem sem tratamento ou se eles realmente advêm do tratamento.

Concepção do estudo: O plano de acordo com o qual um estudo será conduzido, especificando a seleção dos participantes, o tipo e os objetivos das comparações planejadas e os critérios de qualidade para avaliação dos resultados.

Confiabilidade: Critério padrão na pesquisa padronizada/quantitativa, se baseia na aplicação repetida de um teste para avaliar se os resultados são os mesmos nos dois casos.

Confiabilidade do teste paralelo: Critério de confiabilidade de um instrumento cujo teste baseia-se em aplicar um segundo instrumento de mensuração em paralelo.

Consentimento informado: A concordância por parte dos participantes em um estudo em que serão envolvidos, baseada nas informações acerca da pesquisa.

Construção de índice: Uma combinação de vários indicadores isolados, que são coletados e analisados juntos (p. ex., as situações sociais são compostas das situações de educação, profissão e renda).

Correlação: Conceito geral para descrever as relações entre as variáveis – por exemplo, o número de divórcios e o montante de renda.

Dados secundários: Dados que não foram produzidos para o atual estudo, mas que estão disponíveis de outros estudos ou, por exemplo, da documentação de rotinas administrativas.

Dedução: A referência lógica do geral para o particular ou, dito em outras palavras, da teoria para o que pode ser observado empiricamente.

Descrição: Os estudos proporcionam (apenas) uma representação exata de uma relação ou dos fatos e circunstâncias.

Desenvolvimento da teoria: O uso de observações empíricas para a derivação de uma nova teoria.

Desvio padrão: Raiz extraída da variancia dos dados.

Dispersão: Uma medida para a variação nas mensurações.

Entendimento: Compreensão de um fenômeno de um modo mais abrangente do que reduzindo-o a uma explicação (p. ex., uma relação de causa-efeito). Por exemplo, para entender como as pessoas convivem com sua doença crônica, pode ser necessária uma descrição detalhada da sua vida cotidiana, em vez de simplesmente identificar uma variável específica (p. ex., o apoio social) para explicar o grau de sucesso em seu comportamento de enfrentamento.

Entrevista: Forma sistemática de questionar as pessoas para propósitos de pesquisa – quer de uma forma aberta com um cronograma de várias entrevistas ou de uma forma padronizada, similar a um questionário.

Entrevista narrativa: Forma específica de entrevista baseada em uma narrativa extensiva. Em vez de fazer perguntas, o entrevistador pede aos participantes que contem a história de suas vidas (ou da sua doença, por exemplo) como um todo, sem interrompê-los com perguntas.

Entrevista semiestruturada: Um conjunto de questões formuladas previamente, que podem ser indagadas em uma sequência variável e talvez levemente reformuladas na entrevista para permitir que os entrevistados desdobrem suas opiniões sobre algumas questões.

Episódio: Uma situação mais curta em que algo específico acontece – um episódio de doença, por exemplo.

Epistemologia: Teorias do conhecimento e da percepção na ciência.

Escala de Likert: Escala com três ou mais níveis de opção para a mensuração de atitudes, para a qual algumas declarações são apresentadas e a concordância com essas declarações é coletada.

Escalonamento: A alocação de valores numéricos a um objetivo ou evento.

Esgotamento: Uma síndrome de exaustão por parte da própria profissão, com frequência causada por alto estresse e ausência de retorno positivo.

Estudo longitudinal: Uma concepção em que os pesquisadores retornam repetidas vezes, após algum tempo, ao campo e aos participantes, realizando entrevistas várias vezes a fim de analisar o desenvolvimento e as mudanças.

Etnografia: Uma estratégia de pesquisa combinando métodos diferentes, mas baseada na participação, observação e escrita sobre um campo em estudo. Por exemplo, para estudar como adolescentes sem-teto lidam com questões de saúde, uma observação participante em sua comunidade pode ser combinada com entrevistas com eles. A imagem geral dos detalhes desta participação, observação e entrevista é desdobrada em um texto escrito sobre o campo. O modo da escrita dá à representação do campo uma forma específica.

Etnografia virtual: A etnografia por meio da internet – por exemplo, participação em um *blog* ou grupo de discussão.

Etnometodologia: Abordagem teórica interessada na análise dos métodos que as pessoas usam em suas vidas cotidianas para fazer comunicações e trabalhos de rotina.

Experimento: Um estudo empírico em que algumas condições são deliberadamente produzidas e observadas em seus efeitos. Os participantes são distribuídos aleatoriamente em grupos experimentais e de controle.

Explanação: Identificação de regularidades e relações na experiência e no comportamento, assumindo causas externas e testando seus efeitos.

Falsificação: Impugnação de uma hipótese.

Generalizabilidade: O grau em que os resultados derivados de uma amostra podem ser transferidos para a população em geral.

Generalização: Transferência dos resultados da pesquisa para situações e populações que não faziam parte da situação de pesquisa.

Grupos focais: Método de pesquisa usado em pesquisa de mercado e em outras formas de pesquisa, em que um grupo é convidado a discutir a questão de um estudo para propósitos de pesquisa.

Hermenêutica: O estudo de interpretações de textos nas humanidades. A interpretação hermenêutica busca chegar a interpretações válidas do significado de um texto. Há uma ênfase na multiplicidade dos seus significados e no conhecimento anterior do intérprete acerca do tema tratado por ele.

Hermenêutica objetiva: Uma maneira de realizar pesquisa através da análise dos textos, com o intuito de identificar estruturas latentes de significado subjacentes a estes textos e explicar os fenômenos que são os temas deles e da pesquisa. Por exemplo, a análise da transcrição de uma interação familiar pode conduzir à identificação e elaboração de um conflito implícito subjacente à comunicação dos membros nesta interação e em outras ocasiões. Este conflito como uma estrutura latente do significado molda a interação dos membros sem que eles estejam conscientes disso.

Heurística: Algo usado para atingir um determinado objetivo.

Hipótese: Suposição que é formulada para propósitos de estudo (principalmente originada da literatura ou de uma teoria existente) para testá-la empiricamente no decorrer do estudo. Com frequência formulada no formato de declarações "se-então".

Hipótese de trabalho: Uma suposição feita para orientar o trabalho em progresso. Diferente das hipóteses em geral, esta não é testada de maneira padronizada.

Indicação: Decisão sobre quando exatamente – sob que condições – um método específico (ou uma combinação de métodos) deve ser utilizado.

Indicador: Algo que representa um fenômeno específico que não é diretamente acessível.

Índice de resposta: O número ou a parte dos questionários que é preenchido e devolvido em um estudo.

Indução: Referência do específico para o geral ou, em outras palavras, da observação empírica à teoria.

Inquirição dos pares: Um critério de validade segundo o qual são obtidos os comentários dos colegas sobre os resultados de um estudo.

Mensuração: Atribuição de um número a determinado objeto ou evento de acordo com seu grau, seguindo regras definidas.

Método comparativo constante: Parte da metodologia da teoria fundamentada concentrando-se na comparação de todos os elementos nos dados um com o outro. Por exemplo, as declarações de uma entrevista sobre uma questão específica são comparadas com todas as declarações sobre esta questão em outras entrevistas e também com o que foi dito sobre outras questões na mesma e em outras entrevistas.

Metodologias mistas: Uma abordagem combinando métodos qualitativos e quantitativos de maneira pragmática.

Métodos de pesquisa: Técnicas cotidianas como perguntar, observar, entender, etc., mas usadas de uma maneira sistemática para a coleta e a análise dos dados.

Métodos qualitativos: Métodos de pesquisa que têm por objetivo uma descrição detalhada dos processos e das opiniões, que são por isso usados em situações com número pequeno de casos na coleta de dados.

Métodos quantitativos: Métodos de pesquisa que têm por objetivo a cobertura dos fenômenos em estudo em suas frequências e distribuição e, portanto, trabalham com grandes números na coleta de dados.

Narrativa: Uma história narrada por uma sequência de palavras, ações ou imagens, e, de forma mais geral, a organização das informações dentro dessa história.

Objetividade: Critério para avaliar se uma situação de pesquisa (a aplicação de métodos e seus resultados) é independente do pesquisador isolado.

Observação velada: Uma forma de observação em que os observadores não informam ao campo e aos seus membros sobre o fato de estarem realizando observações para propósitos de pesquisa. Isto pode, porém, ser criticado de um ponto de vista ético.

Observação participante: Uma forma específica de pesquisa, em que o pesquisador se torna um membro do campo em estudo a fim de realizar observações.

Operacionalização: Meios para cobrir empiricamente os graus de uma característica, para a qual você vai definir os métodos de coleta e mensuração dos dados.

Padronização: Controle de uma situação de pesquisa mediante a definição e a delimitação de tantas características quanto forem necessárias ou possíveis.

Paradigma de codificação: Um conjunto de relações básicas para vincular categorias e fenômenos um ao outro na pesquisa da teoria fundamentada.

Paráfrase: Reformulação do cerne da informação incluída em uma sentença ou declaração específica.

Pergunta aberta: Uma forma de fazer perguntas em um questionário para a qual não há respostas pré-formuladas e que pode ser respondida utilizando palavras-chaves ou um pequeno parágrafo escrito pelo entrevistado.

Pesquisa aplicada: Diferente da pesquisa básica, os estudos são realizados em campos de prática específicos e as teorias são testadas com relação aos contextos de uso na prática (p. ex., o hospital).

Pesquisa básica: Pesquisa que parte de uma teoria específica para testar sua validade sem restrição a um tópico ou campo específico de aplicação.

Pesquisa de ação participatória: Pesquisa que pretende produzir mudanças no campo em estudo, o que pode ser alcançado planejando as entrevistas de uma maneira específica e retornando os resultados aos participantes. Os membros do campo se transformam em participantes ativos na concepção do processo da pesquisa.

Pesquisa de avaliação: O uso de métodos de pesquisa com foco na avaliação de um tratamento ou intervenção para demonstrar o sucesso ou as razões para o fracasso no uso de um deles.

Pesquisa de campo: Estudos realizados não em um laboratório, mas em campos práticos – como um hospital – a fim de analisar os fenômenos em estudo sob condições reais.

Pesquisa de levantamento: Contagem representativa.

Pesquisa de mercado: O uso de métodos de pesquisa na análise do mercado para produtos específicos.

Pesquisa de utilização: Estudos analisando como os resultados da pesquisa são adotados em contextos práticos.

Pesquisa participativa: Forma de pesquisa em que os participantes do estudo são integrados na concepção do estudo. O objetivo é a mudança mediante a pesquisa.

População: Agregado de todos os possíveis objetos do estudo aos quais se destina uma declaração (p. ex., enfermeiras). Os estudos de pesquisa incluem principalmente seleções (amostras) desta população e os resultados são generalizados de amostras para populações.

Pessoas/grupos vulneráveis: Pessoas em uma situação específica (p. ex., discriminação social, riscos, doença) que requerem uma sensibilidade particular ao serem estudadas.

Práticas baseadas em evidências: Intervenções (na medicina, serviço social, enfermagem, etc.) que se baseiam nos resultados da pesquisa realizada segundo padrões específicos.

Pré-teste: Aplicação de um instrumento metodológico (questionário ou sistema de categorias), com o objetivo de testá-lo antes do seu uso no estudo principal.

Princípio da abertura: Um princípio na pesquisa qualitativa segundo o qual os pesquisadores vão se abster principalmente de formular hipóteses e perguntas de entrevistas, agindo da maneira mais aberta possível para se aproximar ao máximo das opiniões dos participantes.

Proteção dos dados: Conduta ou meios que garantem o anonimato dos participantes da pesquisa, a fim de se certificar de que os dados não sejam passados ou terminem nas mãos de pessoas ou instituições não autorizadas.

Protocolo: Um processo de documentação detalhado de uma observação ou de um grupo de discussão. No primeiro caso, ele se baseia nas anotações de campo dos pesquisadores; no segundo caso, as integrações no grupo são gravadas e transcritas, sendo com frequência complementadas pelas anotações dos pesquisadores sobre as características da comunicação no grupo.

Pergunta fechada: Uma série finita de respostas é apresentada, com frequência na forma de uma escala de possibilidades de resposta.

Questionário: Uma lista definida de perguntas apresentadas a cada participante de um estudo de maneira idêntica, quer por escrito ou oralmente. Os participantes são normalmente solicitados a responder a estas perguntas por meio de um número limitado de respostas alternativas.

Reatividade: Influências sobre as pessoas em um estudo devido ao conhecimento delas sobre o que está sendo estudado.

Reconstrução: Identificação de tópicos contínuos ou conflitos básicos em, por exemplo, a história de vida de um paciente.

Representatividade: Conceito que se refere à generalização da pesquisa e dos resultados. É entendida ou de uma maneira estatística (p. ex., a população está representada na amostra na distribuição de características como idade, gênero, emprego?) ou de uma maneira teórica (p. ex., o estudo e seus resultados cobrem os aspectos teoricamente relevantes da questão?).

Saturação teórica: O ponto na pesquisa da teoria fundamentada em que mais dados sobre uma categoria teórica não produzem nenhum *insight* teórico adicional.

Segmentação: Decomposição de um texto nos seus menores elementos significativos.

Tendência central: Média em uma distribuição (p. ex., média, mediana).

Teoria do cotidiano: Teorias que são desenvolvidas e usadas nas práticas do cotidiano para encontrar explicações e fazer previsões.

Teoria fundamentada: Teorias desenvolvidas a partir da análise de material empírico ou do estudo de um campo ou processo.

Teste duplo cego: Estudo empírico em que os participantes e pesquisadores não conhecem o objetivo do estudo. Um pesquisador "cego" não sabe se está em contato com um membro do grupo experimental ou do grupo-controle. Isto evita que os participantes sejam inconscientemente influenciados.

Testagem pragmática de teorias: Uma forma de avaliação da teoria na vida cotidiana, quando as pessoas testam suas teorias implícitas observando até que ponto elas podem ser usadas para explicar determinadas relações.

Tipo ideal: Casos puros que podem representar o fenômeno em estudo de uma maneira especificamente típica.

Tipologia: Uma forma de sistematização da observação empírica mediante a diferenciação de vários tipos de um fenômeno, permitindo a reunião de observações separadas.

Transcrição: A transformação dos materiais gravados (conversas, entrevistas, materiais visuais, etc.) em texto para análise.

Triangulação: A combinação de diferentes métodos, teorias, dados e/ou pesquisadores no estudo de uma questão.

Validação comunicativa: Critérios para a validade por meio dos quais o consentimento dos participantes do estudo é obtido para os dados que foram coletados, para as interpretações ou para os resultados.

Validade: Um critério padrão na pesquisa padronizada/quantitativa, para o qual você checará, por exemplo, se influências confundidoras afetaram as relações em estudo – validade interna – ou até que ponto os resultados podem ser transferidos para situações além da atual situação da pesquisa – validade externa.

Validade externa: Um critério de validade que se concentra na possibilidade de transferência dos resultados a outras situações além da situação específica da pesquisa.

Validade interna: A forma de validade que define como uma relação não ambígua que foi mensurada pode ser captada (até que ponto os vieses provocados por variáveis externas podem ser excluídos).

Variância: A soma dos desvios padrão dos valores da média.

Variáveis externas: Outras influências além daquelas a serem estudadas.

Variável dependente: Variável que pertence à parte do "então" de uma hipótese (se-então) e que mostra os efeitos da variável independente (causas, efeitos).

Variável independente: Variável que pertence à parte "se" de uma hipótese (se-então).

Variável interveniente: Uma terceira variável, influencia a relação entre as variáveis independentes e as variáveis dependentes.

Referências

ADM (2001) Standards for Quality Assurance for Online Surveys, http://www.adm-ev.de/index.php?id=2&L=1 (acessado em 2 de julho de 2010).

Allmark, P. (2002) "The Ethics of Research with Children", *Nurse Researcher*, 10: 7-19.

Anderson, P. (2007) What is Web 2.0? Ideas, technologies and implications for education. JISC Technology and Standards Watch, February, 2007. Bristol: JISC. www.jisc.ac.uk/media/documents/techwatch/tsw0701b.pdf (acessado em 29 de outubro de 2010).

Bampton, R. & Cowton, C.J. (2002) "The E-Interview", *Forum Qualitative Social Research*, 3 (2), www.qualitative-research.net/fqs/fqs-eng.htm (acessado em 22 de fevereiro de 2005).

Banks, M. (2008) *Using Visual Data in Qualitative Research*. London: Sage.

Barton, A.H. & Lazarsfeld, P.F. (1955) "Some Functions of Qualitative Analysis in Social Research", *Frankfurter Beltrãge zur Soziologie*. I. Frankfurt a. M.: Europäische Verlagsanstalt, p. 321-61.

Baur, N. & Florian M. (2009) "Stichprobenprobleme bei Online-Umfragen", in N. Jackob, H. Schoen & T. Zerback (eds), *Sozialforschung im Internet: Methodologie und Praxis der Online-Befragung*. Wiesbaden: VS-Verlag, p. 109-28.

Baym, N.K. (1995). "The Emergence of Community in Computer-Mediated Communication", in S. Jones (ed.), *Cybersociety: Computer-Mediated Communication and Community*. London: Sage, p. 138-63.

Beck, U. & Bon, W. (eds) (1989) *Weder Sozialtechnologie noch Aufklärung Analysen zur Verwendung sozialwissenschaftlichen Wissens*. Frankfurt: Suhrkamp.

Becker, H.S. (1986). *Writing for Social Scientists*. Chicago: University of Chicago Press.

Becker, H.S. (1996) "The Epistemology of Qualitative Research", in R. Jessor, A. Colby & R.A. Shweder (eds), *Ethnography and Human Development*. Chicago: University of Chicago Press, p. 53-72.

Bergmann, J. (2004) "Conversation Analysis", in U. Flick, E. v. Kardorff & I. Steinke (eds), *A Companion to Qualitative Research*. London: Sage, p. 296-302.

Bergmann, J. & Meier, C. (2004) "Electronic Process Data and Their Analysis", in U. Flick, E. v. Kardorff & I. Steinke (eds), A Companion to Qualitative Research. London: Sage, p. 243-7.

Birnbaum, D. & Goscillo, H. (2009) "Avoiding Plagiarism", http://clover.slavic.pitt.edu/~tales/plagiarism.html.

Black, A. (2006) "Fraud in Medical Research: A Frightening, All-Too-Common Trend on the Rise", *Natural News*, http://www.naturalnews.com/019353.html (acessado em 1 de setembro de 2010).

Bogner, A., Littig, B. & Menz, W. (eds) (2009) *Intervieweing Experts*. Basingstoke: Palgrave Macmillan.

Bortz, J. & Döring, N. (2006) *Forschungsmethoden und Evaluation für Sozialwissenschaftler*, 3. ed. Berlin: Springer.

Bryman, A. (1988) *Quantity and Quality in Social Research*. London: Unwin Hyman.

Bryman, A. (1992) "Quantitative and Qualitative Research: Further Reflections on Their Integration", in J. Brannen (ed.), *Mixing Methods: Quantitative and Qualitative Research*. Aldershot: Avebury. p. 57-80.

Bryman, A. (2008) *Social Research Methods*, 3. ed. Oxford: Oxford University Press.

Bude, H. (1989) "Der Essay als Form der Darstellung sozialwissenschaftlicher Erkenntnisse", *Kölner Zeitschrift für Soziologie und Sozialpsychologie*, 41: 526-39.

Burra, T.A., Stergiopoulos, V. & Rourke, S.B. (2009) "A Systematic Review of Cognitive Deficits in Homeless Adults: Implications for Service Delivery", *Canadian Journal of Psychiatry*, 54: 123-33.

Campbell, D. (1986) "Relabeling Internal and External Validity for Applied Social Sciences", in W.M.K. Trochin (ed.), *Advances in Quasiexperimental Design Analysis*, p. 67-77.

Campbell, D.T. & Jean Russo, M. (2001) *Social Measurement*. London: Sage.

Charmaz, K. (2006) *Constructing Grounded Theory: A Practical Guide through Qualitative Analysis*. London. Sage.

Coldwell, C.M. & Bender, W.S. (2007) "The Effectiveness of Assertive Community Treatment for Homeless Populations with Severe Mental Illness: A Meta-Analysis", *American Journal of Psychiatry*, 164: 393-9.

Creswell, J.W. (1998) *Qualitative Inquiry and Research Design: Choosing among Five Traditions*. Thousand Oaks, CA: Sage.

Creswell, J.W. (2003) *Research Design: Qualitative, Quantitative, and Mixed Methods Approaches*. Thousand Oaks, CA: Sage.

Creswell, J.W., Plano Clark, Vicki, L., Gutman, Michelle, L. & Hanson, W.E. (2003) "Advanced Mixed Methods Research Design", in A. Tashakkori & C. Teddlie (eds.), *Handbook of Mixed Methods in Social and Behavioral Research*. Thousand Oaks, CA: Sage. p. 209-40.

Denscombe, M. (2007) *The Good Research Guide: For Small-Scale Social Research Projects*, 3. ed. Maidenhead: McGraw Hill.

Denzin, N.K. (1970/1989) *The Research Act*, 3. ed. Englewood Cliffs, NJ: Prentice Hall.

Denzin, N.K. (1988) *Interpretive Biography*. London: Sage.

Denzin, N.K. (2004) "Reading Film: Using Photos and Video as Social Science Material", in U. Flick, E. v. Kardorff & I. Steinke (eds), *A Companion to Qualitative Research*. London: Sage. p. 234-47.

Denzin, N. & Lincoln, Y.S. (2005) " Introduction: The Discipline and Practice of Qualitative Research", in N. Denzin & Y.S. Lincoln (eds), *Handbook of Qualitative Research*, 3. ed. London: Sage. p. 1-32.

Department of Health (2001) *Research Governance Framework for Health and Social Care*. London: Department of Health.

Deutsche Forschungsgemeinschaft (DFG) (1998) *Vorschläge zur Sicherung gutter wissenschaflicher Praxis: Empfehlungen der Kommission "Selbstkontrolle in der Wissenschaft"*. Denkschrift. Weinheim: Wiley-VCH.

Diekmann, A. (2007) *Empirische Sozialforschung*. Reinbek: Rowohlt.

Drew, P. (1995) "Conversation Analysis", in J.A. Smith, R. Harré & L. v. Langenhove (eds), *Rethinking Methods in Psychology*. London: Sage, p. 64-79.

Edwards, D. & Potter, J. (1992) *Discursive Psychology*. London: Sage.

Ethik-Kodex (1993) "Ethik-Kodex der Deutschen Gesellschaft für Soziologie und des Berufsverbandes Deutscher Soziologen", *DGS-Informationen*, 1/93: 13-19.

Evans, J.R. & Mathur, A. (2005) "The Value of Online Surveys", *Internet Research*, 15: 195-219.

Fleck, C. (2004) "Marie Jahoda", in U. Flick, E. v. Kardorff & I. Steinke (eds.), *A Companion to Qualitative Research*. London: Sage, p. 58-62.

Flick, U. (1992) "Knowledge in the Definition of Social Situations: Actualization of Subjective Theories about Trust in Counseling", in M. v. Cranach, W. Doise & G. Mugny (eds), *Social Representations and the Social Bases of Knowledge*. Bern: Huber, p. 64-8.

Flick, U. (ed.) (1998a) *Psychology of the Social: Representations in Knowledge and Language*. Cambridge: Cambridge University Press.

Flick, U. (1998b) "The Social Construction of Individual and Public Health: Contributions of Social Representations Theory to a Social Science of Health", *Social Science Information*, 37: 639-62.

Flick, U. (2000a) "Episodic interviewing", in M. Bauer & G. Gaskell (eds), Qualitative Researching with *Text, Image and Sound: A Practical Handbook*. London: Sage. p. 75-92.

Flick, U. (2000b) "Qualitative Inquiries into Social Representations of Health", *Journal of Health Psychology*, 5: 309-18.

Flick, U. (2004) "Design and Process in Qualitative Research", in U. Flick, E. v. Kardorff & I. Steinke (eds), *A Companion to Qualitative Research*. London: Sage, p. 146-152.

Flick, U. (ed.) (2006) *Qualitative Evaluationsforschung: Konzepte, Methoden, Anwendungen*. Reinbek: Rowohlt.

Flick, U. (ed.) (2007) *The Sage Qualitative Research Kit*, 8 vols. London: Sage.

Flick, U. (2008a) *Managing Quality in Qualitative Research*. London: Sage.

Flick, U. (2008b) *Designing Qualitative Research*. London: Sage.

Flick, U. (2009) *An Introduction to Qualitative Research*, 4. ed. London: Sage.

Flick, U. & Röhnsch, G. (2007) "Idealization and Neglect: Health Concepts of Homeless Adolescents", *Journal of Health Psychology, 12*: 737-50.

Flick U. & Röhnsch, G. (2008) *Gesundheit und Krankheit auf der Straβe: Vorstellungen und Erfahrungsweisen obdachloser Jugendlicher*. Weinheim: Juventa.

Flick, U., Kardorff, E. v. & Steinke, I. (eds.) (2004) *A Companion to Qualitative Research*. London: Sage.

Flick, U. Garms-Homolová, V. & Röhnsch, G. (2010) "'When They Sleep, They Sleep': Daytime Activities and Sleep Disorders in Nursing Homes", *Journal of Health Psychology, 15*: 755-64.

Frank, A. (1997) *The Wounded Storyteller: Body, Illness, and Ethics*. Chicago: University of Chicago Press.

Früh, W. (1991) *Inhaltsanalyse: Theorie und Praxis*, 3. ed. München: Ölschläger.

Gaiser, T.J. & Schreiner, A.E. (2009) *A Guide to Conducting Online Research*. London: Sage.

Garms-Homolová, V., Flick, U & Röhnsch, G. (2010) "Sleep Disorders and Activities in Long Term Care Facilities: A Vicious Cycle?", *Journal of Health Psychology, 15*: 744-54.

Geertz, C. (1973) *The Interpretation of Cultures: Selected Essays*. New York: Basic.

Gerhartdt, U. (1988) "Qualitative Sociology in the Federal Republic of Germany", *Qualitative Sociology*, 11: 29-43.

Glaser, B.G. (1969) "The Constant Comparative Method of Qualitative Analysis", in G.J. McCall & J.L. Simmons (eds), *Issues in Participant Observation*. Reading, MA: Addison-Wesley.

Glaser, B.G. (1978) *Theoretical Sensitivity*. Mill Valley, CA: University of California.

Glaser, B.G. & Strauss, A.L. (1965) *Awareness of Dying*. Chicago: Aldine.

Glaser, B.G. & Strauss, A.L. (1967) *The Discovery of Grounded Theory: Strategies for Qualitative Research*. New York: Aldine.

Greenhalgh, T. (2006) *How to Read a Paper: The Basics of Evidence-Based Medicine*. Oxford: Blackwell-Wiley.

Guba, E.G. & Lincoln, Y.S. (1989) *Fourth Generation Evaluation*. Newbury Park, CA: Sage.

Guggenmoos-Holzmann, I., Bloomfield, K., Brenner, H. & Flick, U. (eds) (1995) *Quality of Life and Health: Concepts, Methods and Applications*. Berlin: Blackwell Science.

Hammersley, M. & Atkinson, P. (1995) *Ethnography: Principles in Practice*, 2. ed. London: Routledge.

Harré, R. (1998) "The Epistemology of Social Representations", in U. Flick (ed.), *Psychology of the Social: Representations in Knowledge and Language*. Cambridge: Cambridge University Press. p. 129-37.

Hart, C. (1998) *Doing a Literature Review*. London: Sage.

Hart, C. (2001) *Doing a Literature Search*. London: Sage.

Hermanns, H. (1995) "Narratives Interview", in U. Flick, E. v. Kardorff, H. Keupp, L. v. Rosenstiel & S. Wolff (eds), *Handbuch Qualitative Sozialforschung*, 2. ed. Munich: Psychologie Verlags Union. p. 182-5.

Hewson, C., Yule, P., Laurent, D. & Vogel, C. (2003) *Internet Research Methods: A Practical Guide for the Social and Behavioural Sciences*. London: Sage.

Hine, C. (2000) *Virtual Ethnography*. London: Sage.

Hochschild, A.R. (1983) *The Managed Heart*. Berkeley, CA: University of California Press.

Hoinville, G. et al. (1985) *Survey Research Practice*. Aldershot: Gower.

Hollingshead, A.B. & Redlich, F.C. (1958) *Social Class and Mental Illness: A Community Sample*. Wiley.

Hopf, C. (2004) "Research Ethics and Qualitative Research: An Overview", in U. Flick, E. v. Kardorff & I. Steinke (eds.), *A Companion to Qualitative Research*. London: Sage. p. 334-9.

Hurrelmann, K., Klocke, A., Melzer, W. & Ravens-Sieberer, U. (2003) *Konzept und ausgewähite*

Ergebnisse der Studie, http://www.hbsc-germany.de/pdf/artikel_hurrelmann_klocke_melzer_urs.pdf (acessado em 30 de junho de 2008).

Jahoda, M. (1995) "Jahoda, M., Lazarsfeld, P. & Zeisel, H. (1993): Die Arbeitslosen Von Marienthal", in U. Flick, E. v. Kardorff, H. Keupp, L. v. Rosenstiel & S. Wolff (eds), *Handbuch Qualitative Sozialforschung*, 2. ed. München: Psychologie Verlags Union. p. 119-22.

Jahoda, M., Lazarsfeld, P.F. & Zeisel, H. (1944/1971) *Marienthal: The Sociology of an Unemployed Community*. Chicago: Aldine-Atherton.

Jörgensen, D.L. (1989) *Participant Observation: A Methodology for Human Studies*. London: Sage.

Kelle, U. & Erzberger, C. (2004) "Quantitative and Qualitative Methods: No Confrontation", in U. Flick, E. v. Kardorff & I. Steinke (eds), *A Companion to Qualitative Research*. London: Sage, p. 172-7.

Kelle, U. & Kluge, S. (2010) *Vom Einzelfall zum Typus: Fallvergleich und Fallkontrastierung in der qualitative Sozialforschung*. Wiesbaden: VS-Verlag.

Kelly, K. & Caputo, T. (2007) "Health and Street/Homeless Youth", *Journal of Health Psychology*, 12: 726-36.

Kendall, L. (1999) "Recontextualising Cyberspace: Methodological Considerations for On-Line Research", in S. Jones (ed.), *Doing Internet Research: Critical Issues and Methods for Examining the Net*. London: Sage. p. 57-74.

Kirk, J.L. & Miller, M. (1986) *Reliability and Validity in Qualitative Research*. Beverly Hills, CA: Sage.

Knoblauch, H., Schnettler, B., Raab, J. & Soeffner, H.-G. (eds) (2006) *Video Analysis: Methodology and Methods*, Frankfurt: Lang.

Kozinets, R.V. (2010) *Netography: Doing Ethnographic Research Online*. London: Sage.

Kromrey, H. (2006) *Empirische Sozialforschung: Modelle und Methoden der standardisierten Datenerhebung und Datenauswertung*. Opladen: Leske and Budrich/UTB.

Laswell, H.D. (1938) "A Provisional Classification of Symbol Data", *Psychiatry*, 1: 197-204.

Legewie, H. (1987) "Interpretation und Validierung biographischer Interviews", in G. Jüttemann and H. Thomas (eds), *Biographie und Psychologie*. Berlin: Springer. p. 138-50.

Liamputtong, P. (2007) *Researching the Vulnerable: A Guide to Sensitive Research Methods*. Thousand Oaks, CA: Sage.

Lillis, G. (2002) *Delivering Results in Qualitative Market Research*, vol. 7 of the *Qualitative Market Research Kit*. London: Sage.

Lincoln, Y.S. & Guba, E.G. (1985) *Naturalistic Inquiry*. London: Sage.

Lofland, J.H. (1974) "Styles of Reporting Qualitative Field Research". *American Sociologist*, 9: 101-11.

Lofland, J. (1976) *Doing Social Life: The Qualitative Study of Human Interaction in Natural Settings*. New York: Wiley.

Lofland, J. & Lofland, L.H. (1984) *Analyzing Social Settings*, 2. ed. Belmont, CA: Wadsworth.

Lucius-Hoene, G. & Deppermann, A. (2002) *Rekonstruktion narrative identität: Ein Arbeitsbuch zur Analyse narrative Interviews*. Opladen: Leske and Budrich.

Lüders, C. (1995) "Von der Tellnehmenden Beobachtung zur ethnographischen Beschreiibung: Ein Literaturbericht", in E. König & P. Zedler (eds). *Bilanz qualitativer Forschung*, vol. 1. Weinheim: Deutscher Studienverlag. p. 311-42.

Lüders, C. (2004a) "Field Observation and Ethnography", in U. Flick, E. v. Kardorff & I. Steinke (eds), *A Companion to Qualitative Research*. London: Sage. p. 222-30.

Lüders, C. (2004b) "The Challenges of Qualitative Research", in U. Flick, E. v. Kardorff & I. Steinke (eds.) *A Companion to Qualitative Research*. London: Sage, p. 359-64.

Lüders, C. (2006) "Qualitative Daten als Grundlage der Politikberatung", in U. Flick (ed.), *Qualitative Evaluationsforschung: Konzepte, Methoden, Umsetzungen*. Reinbek: Rowohlt. p. 444-62.

Mallinson, S. (2002) "Listening to Respondents: A Qualitative Assessment of the Short-Form 36 Health Status Questionnaire", *Social Science and Medicine*, 54: 11-21.

Mann, C. & Stewart, F. (2000) *Internet Communication and Qualitative Research: A Handbook for Researching Online*. London: Sage.

Markham, A.M. (2004) "The Internet as Research Context Research", in C. Seale, G. Gobo, J. Gubrium & D. Silverman (eds), *Qualitative Research Practice*. London: Sage, p. 358-74.

Marshall, C. & Rossman, G.B. (2006) *Designing Qualitative Research*, 4. ed. Thousand Oaks, CA: Sage.

Maxwell, J.A. (2005) *Qualitative Research Design: An Interactive Approach*, 2. ed. Thousand Oaks, CA: Sage.

May, T. (2001) *Social Research: Issues, Methods and Process*. Maidenhead: Open University Press.

Mayring, P. (1983) *Qualitative Inhaltsanalyse: Grundlagen und Techniken*. Weinheim: Deutscher Studien Verlag.

Mensching, A. (2006) "Zwischen Überforderung und Banalisierung: Zu den Schwierigkeiten der Vermittlungsarbeit im Rahmen qualitative Evaluationsforschung", in U. Flick (ed.), *Qualitative Evaluationsforschung: Konzepte, Methoden, Umsetzungen*. Reinbek: Rowohlt. p. 339-60.

Mertens, D. & Ginsberg, P.E. (eds) (2009) *Handbook of Research Ethics*. London. Sage.

Merton, R.K. & Kendall, P.L. (1946) "The Focused Interview", *American Journal of Sociology*, 51: 541-57.

Miles, M.B. & Huberman, A.M. (1994) *Qualitative Data Analysis: A Sourcebook of New Methods*, 2. ed. Newbury Park, CA: Sage.

Mishler, E.G. (1990) "Validation in Inquiry-Guided Research: The Role of Exemplars in Narrative Studies", *Harvard Educational Review*, 60: 415-42.

Morse, J.M. (1998) "Designing Funded Qualitative Research", in N. Denzin & Y.S. Lincoln (eds), *Strategies of Qualitative Research*. London: Sage, p. 56-85.

Morse, J.M. (2001) "Qualitative Verification: Strategies for Extending the Findings of a Research Project", in J.M. Morse, J.Swanson & A. Kuzel (eds), *The Nature of Evidence in Qualitative Inquiry*. Newbury Park, CA: Sage. p. 203-21.

Morse, J.M., Swanson, J. & Kuzel, A.J. (eds) (2001) *The Nature of Qualitative Evidence*. Thousand Oaks, CA: Sage.

Murphy, E. & Dingwall, R. (2001) "The Ethics of Ethnography", in P. Atkinson, A. Coffey, S. Delamont, J. Lofland & L. Lofland (eds), *Handbook of Ethnography*. London: Sage. p. 339-51.

Neuman, W.L. (2000) *Social Research Methods: Qualitative and Quantitative Approaches*, 4. ed. Boston: Allyn and Bacon.

Neville, C. (2010) *Complete Guide to Referencing and Avoiding Plagiarism*. Maidenhead: Open University Press.

Oevermann, U., Allert, T., Konau, E. & Krambeck, J. (1979) "Die Methodologie einer 'objektiven Hemeneutik' und ihre allgemeine forschungslogische Bedeutung in den Sozialwissenschaften", in H. Soeffner (ed). *Interpretative Verfahren in den Sozial- und Textwissenschaften*. Stuttgart: Metzler. p. 352-433.

Patton, M.Q. (2002) *Qualitative Evaluation and Research Methods*, 3. ed. London: Sage.

Pohlenz, P., Hagenmüller, J.-P. & Niedermeier, F. (2009) "Ein Online-Panel zur Analyse von Studienbiographien: Qualitätissicherung von Lehre und Studium durch webbasierte Sozialforschung", in N. Jackob, H. Schoen & T. Zerback (eds), *Sozialforschung im Internet: Methodologie und Praxis der Online-Befragung*. Wiesbaden: VS-Verlag. p. 233-44.

Porst, R. (2000) "Question Wording: Zur Formulierung von Fragebogen-Fragen", *ZUMA How-to-Reihe*, no. 2, http://www.gesis.org/fileadmin/upload/forschung/publikationen/gesis_reihen/howto/how-to2rp.pdf (acessado em 17 de março de 2009).

Potter, J. & Wetherell, M. (1998) "Social Representations, Discourse Analysisk and Racism", in U. Flick (ed.), *Psychology of the Social: Representations in Knowledge and Language*. Cambridge University Press. p. 177-200.

Punch, K. (1998) *Introduction to Social Research*. London: Sage.

Ragin, C.C. (1994) *Constructing Social Research*. Thousand Oaks. CA: Pine Forge.

Ragin, C.C. & Becker, H.S. (eds) (1992) *What Is a Case? Exploring the Foundations of Social Inquiry*. Cambridge: Cambridge University Press.

Rapley, T. (2008) Doing Conversation, Discourse and Document Analysis. London: Sage.

Richter, M. (2003) "Anlage und Methode des Jugendgesundheitssurveys", in K. Hurrelmann, A. Klocke, W. Melzer & U. Ravens-Sieberer (eds), *Jugendsesundheitssurvey: Internationale Vergleichsstudie im Auftrag der Weltgesundheitsorganisation WHO*. Weinheim: Juventa, p. 9-18.

Richter, M., Hurrelmann, K., Klocke, A., Melzer, W. & Ravens-Sieberer, U. (eds) (2008) *Gesundheit,*

Ungleichheit und jugendliche Lebenswelten: Ergebnisse der zweiten internationalen Vergleichsstudie im Auftrag der Weltgesundheitsorganisation WHO. Weinheim: Juventa.

Riemann, G. & Schütze, F. (1987) "Trajectory as a Basic Theoretical Concept for Analyzing Suffering and Disorderly Social Processes", in D. Maines (ed.), *Social Organization and Social Process: Essays in Honor of Anselm Strauss*. New York: Aldine de Gruyter. p. 333-57.

RIN (2010) "If You Build It, Will They Come? How Researchers Perceive and Use Web 2.0", http://www.rin.ac.uk/our-work/communicating-and-disseminating-research/use-and-relevance-web-20-researchers (acessado em 21 de agosto de 2010).

Rosenberg, M. (1968) *The Logic of Survey Analysis*. New York: Basic.

Rosenthal, G. & Fischer-Rosenthal, W. (2004) "The Analysis of Biographical-Narrative Interviews", in U. Flick, E. v. Kardoff & I. Steinke (eds). *A Companion to Qualitative Research*. London: Sage, p. 259-65.

Sahle, R. (1987) *Gabe. Almosen, Hilfe*. Opladen: Westdeutscher Verlag.

Salmons, J. (2010) *Online Interviews in Real Time*. London: Sage.

Schmidt, L. & Fröhling, H. (1998) "Gesundhelts- und Krankheitsvorstellungen von Kindern und Judendlichen", in U. Flick (ed.) *Wann fühlen wir uns gesund? Subjektive Vorstellungen von Gesundheit und Krankheit*. Weinheim: Juventa. p. 33-44.

Schneider, G. (1988) "Hermeneutische Strukturanalyse von qualitative interviews", *Kölner Zeitschrift für Soziologie und Sozialpsychologie*, 40: 223-44.

Schnell, M.W. & Heinritz, C. (2006) *Forschungsethik: Ein Grundlagen- und Arbeitsbuch mit Beispielen aus der Gesundheits- und Pflegewissenschaft*. Bern: Huber.

Schnell, R., Hill, P.B. & Esser, E. (2008) *Methoden der empirischen Sozialforschung*. München: Oldenbourg.

Schütze, F. (1983) "Biographieforschung und Narratives Interview", *Neue Praxis*, 3: 283-93.

Schwandt, T.A. (2002) *Evaluation Practice Reconsidered*. New York: Lang.

Silverman, D. (2001) *Interpreting Qualitative Data: Methods for Analysing Talk, Text and Interaction*, 2. ed. London: Sage.

Spradley, J.P. (1980) *Participant Observation*. New York: Rinehart and Winston.

Sprenger, A. (1989) "Teilnehmende Beobachtung in prekären Handlungssituationen: Das Beispiel Intensivstation", in R. Aster, H. Merkens & M. Repp (eds), *Teeilnehmende Beobachtung: Werkstattberichte und methodologische Reflexionen*. Frankfurt: Campus. p. 35-56.

Stark, K. & Guggenmoos-Holzmann, I. (2003) "Wissenschaftliche Ergebnisse deuten und nutzen", in F.W. Schwartz (ed.), *Das Public Health Buch*. Heidelbert: Elsevier, Urban and Fischer, p. 393-418.

Strauss, A.L. (1987) *Qualitative Analysis for Social Scientists*. Cambridge: Cambridge University Press.

Strauss, A.L. & Corbin, J. (1990/1998/2008) *Basics of Qualitative Research*, 2. ed. 1998, 3. ed. 2008. London: Sage.

Sue, V.M. (2007) *Conducting Online Surveys*. London: Sage.

Tashakkori, A. & Teddlie, Ch. (eds) (2003a) *Handbook of Mixed Methods in Social and Behavioral Research*. Thousand Oaks, CA: Sage.

Tashakkori, A. & Teddlie, Ch. (2003b) "Major Issues and Controversies in the Use of Mixed Methods in Social and Behavioral Research", in A. Tashakkori & Ch. Teddlie (eds), *Handbook of Mixed Methods in Social and Behavioral Research*. Thousand Oaks, CA: Sage. p. 3-50.

Thomson, H., Hoskins, R., Petticrew, M., Ogilvie, D., Craig, N., Quinn, T. & Lindsay, G. (2004) "Evaluating the Health Effects of Social Interventions", *BMJ*, 328: 282-5.

Tufte, E.R. (1990) *Envisioning Information*. Cheshire: Graphics.

Tufte, E.R. (2001) *Visual Display of Quantitative Information*. Cheshire: Graphics.

University Library (2009) "Gray Literature", California State University, Long Beach, www.cshulb.edu/library/subj/gray_literature (acessado em 17 de agosto de 2010).

Von Maanen, J. (1988) *Tales of the Field: On Writing Ethnography*. Chicago: University of Chicago Press.

Walter, U., Flick, U., Fischer, C., Neuber, A. & Schwartz, F.W. (2006) *Alt und gesund? Altersbilder und Präventionskonzepte in der ärztlichen und pflegerischen Praxis*. Wiesbaden: VS-Verlag.

Weingart, P. (2001) *Die Stunde der Wahrheit? Zum Verhältnis der Wissenschaft zu Politik, Wirtschaft und Medien in der Wissensgesellschaft*. Weilerswist: Velbrück.

Weischer, C. (2007) *Sozialforschung: Theorie und Praxis. Konstanz*: UVK-UTB.

Wernet, A. (2006) *Einführung in die Interpretationspraxis der Objektiven Hermeneutik*, 2. ed. Wiesbaden: VS-Verlag.

Wiedemann, P.M. (1995) "Gegenstandsnahe Theoriebildung", in U. Flick, E. v. Kardorff, H. Keupp, L. v. Rosenstiel & S. Wolff (eds), *Handbuch Qualitative Sozialfoschung*, 2. ed. Munich: Psychologie Verlags Union, p. 440-5.

Willig, C. (2003) *Introducing Qualitative Research in Psychology: Adventures in Theory and Method*. Buckinghamshire: Open University.

Wilson, T.P. (1982) "Quantitative 'oder' qualitative Methoden in der Sozialforschung", *Kölner Zeitschrift für Soziologie und Sozialpsychologie*, 34: 487-508.

Wolff, S. (1987) "Rapport und Report: Über einige Probleme bei der Erstellung plausible ethnographischer Texte", in W. v. d. Ohe (ed.), *Kulturanthropologie: Belträge zum Neubeginn einer Disziplin*. Berlin: Reimer, p. 333-64.

Wolff, S. (2004) "Analysis of Documents and Records", in U. Flick, E. v. Kardorff & I. Steinke (eds), *A Companion to Qualitative Research*. London: Sage, p. 284-90.

World Health Organization (1986) Ottawa Charta for Health Promotion. First International Conference on Health Promotion. Ottawa. www.who.int/hpr/docs/ottawa.html.

Índice onomástico

A
Allmark, P. 209-210, 214-215
Anderson, P., 173

B
Bampton, R. e Cowton, C.J., 169-170
Banks, M., 126-127
Barton, A.H. e Lazarsfeld, P.F., 185-186
Bauer, O., 30
Baur, N. e Florian, M., 165
Baym, N.K., 168-169
Beck, U. e Bonß, W., 231-232
Becker, H.S., 185-186, 229-230
Bergman, J. e Meier, G., 171-172
Bergmann, J., 157-158
Birmaum, D. e Goscillo, H., 49-51
Black, A., 215-216
Bogner, A. et al., 115-116
Bortz, J. e Döring, N., 86, 88, 111-112, 121, 135-136, 195-197, 199-200, 202-203
Bryman, A., 21-23, 146-147, 166-167, 171-172, 178-179, 182-183, 185-186, 188-189
Burra, T.A. et al., 43

C
Campbell, D., 202-203
Charmaz, K., 147-148
Coldwell, C.M. e Bender, W.S., 43-44
Cressell, J.W. et al., 185-186
Creswell, J.W., 75, 185-186

D
Denscombe, M., 89-90
Denzin, N. e Lincoln, Y.S., 228-229
Denzin, N.K., 126-127, 156-157, 183
Diekmann, A., 72-73, 111-112
Drew, P., 157-158

E
Edwards, D. e Potter, J., 158-159
Evans, J.R. e Mathur, A., 167

F
Flick, U. e Röhnsch, G., 32-33, 43, 69-71, 159, 184
Flick, U. et al., 28, 187-188, 227, 230-231

Flick, U., 19-24, 33-35, 45-46, 75, 95-96, 117-119, 129, 147-148, 189, 201
Frank, A. 227
Früh, W., 134

G
Gaiser, T.J. e Schreiner, A.E., 166, 216-217
Garms-Homolová, V. et al., 187-188
Geertz, C., 227.
Gerhardt, U., 160
Glaser, B.G. e Strauss, A.L., 31, 62, 80-81, 93-94, 147-148, 152, 159, 200-203
Glaser, B.G., 147-148, 203-204
Greenhalgh, T., 226-227
Guggenboos-Hozmann, I. et al., 129

H
Hammersley, M. e Atkinson, P., 123-124
Harré, R., 158-159
Hart, C., 46-47
Hermanns, H., 115-117
Hewson, C. et al., 166-167
Hine, C., 170-172
Hochschild, 31-32
Hoinville, A.R. et al., 89-90
Hollingshead, A.B. e Redlich, F.C., 30-31, 37
Hopf, C., 214-215
Hurrelmann, K. et al., 19-21, 32-33

J
Jahoda, M. et al., 30
Jörgensen, D.L., 123

K
Kelle, U. e Erzberger, C., 184-185
Kelle, U. e Kluge, 2., 160
Kelly, K. e Caputo, T., 43
Kendall, L., 170-171
Kirk, J.L. e Miller, M., 200-201
Knoblauch, H. et al., 125-126
Kromrey, H., 22-23, 76-77

L
Laswell, H.D., 135-136
Lazarsfeld, P., 30

Legewie, H., 201
Liamputtong, P., 210-212
Lillis, G., 231-232
Lincoln, Y.S. e Guba, E.G., 202
Lofland, J. e Lofland, F.H., 35
Lofland, J., 226-229
Lucius-Hoene, G. e Deppermann, A., 153
Lüders, C., 123-124, 211-213, 230-232

M

Mallinson, S., 101
Mann, C. e Stewart, F., 168-170
Markham, A.M., 166, 170-171
Marshall, C. e Rossmann, G.B., 95
Maxwell, J.A., 93-94
Mayring, P., 137-140
Merton, R.K. e Kendall, P.L., 114-115
Mesching, A., 229-230
Miles, M.B. e Huberman, A.M., 96-97, 186-188
Mishler, E.G., 201
Morse, J.M. et al., 228-229
Morse, J.M., 95, 229-230
Murphy, E. e Dingwall, R., 208-209, 214-215

N

Neuman, W.L., 28, 36, 110-111, 145-147, 223-224, 226-227
Neville, C., 49-50

O

Oevermann, U. et al., 155

P

Patton, M.Q., 81-82
Pohlenz, P. et al., 167-168
Porst, R., 113
Potter, J. e Wetherell, M., 158-159

R

Ragin, C.C., 70-72
Rapley, T., 125-126
Richter, M. et al. 32-34
Rosenberg, M., 144-145
Rosenthal, G. e Fischer-Rosenthal, W., 153

S

Sahle, R., 156-157
Salmons, J., 169-170
Schneider, G., 156-157
Schnell, M.W. e Heinritz, C., 208-210, 214, 217-218
Schnell, R. et al., 135-136, 144-145
Schütze, F., 152, 154
Silverman, D., 156-157
Spradley, J.P., 123
Sprenger, A., 180-181
Stark, K. e Guggenmoos-Holzmann, I., 225-226
Strauss, A.L. e Corbin, J., 62, 147-149, 228-229
Strauss, A.L., 62, 94, 147-148

T

Tashakkori, A. e Teddlie, Ch., 185-186
Thomson, H. et al., 211-215

V

Van Maanen, J., 227

W

Walter, U. et al., 140-141
Weingart, P., 232-233
Weischer, C., 145-146
Wernet, A., 155-156
Willig, C., 158-159
Wolff, S., 125-126, 222
Woodward, L., 170-171

Z

Zeisel, H., 30

Índice remissivo

As Tabelas e Figuras estão indicadas pelos números de página em **negrito**.

A

acesso ao local da pesquisa, 57-59
Alemanha: projetos de pesquisa
   pesquisa da saúde nos jovens, 32-33
   Saúde na rua: adolescentes sem-teto, 32-34
American Sociological Association, 214
amostras/amostragem, 57-58, 76-83, 89-91, 96
   aleatória, 22-23, 77-79
     simples, 77-78
     sistemática, 77-79
   coleta completa, 76-77
   e representatividade, 178-179
   elementos e unidades empíricas, 76-77
   estatística, **81-82**
   na pesquisa *on-line*, 165-167
   na pesquisa qualitativa, 80-82, 179-181
   na pesquisa quantitativa, 76-81, 178-179
   não aleatória, 79-81
     bola de neve, 80-81
     casual, 79-80
     intencional, 79-82
     por cota, 79-81
   por aglomeração, 79
   teórica, 80-**82**
análise
   bivariada, 144-145
   da conversa, 157-159
   on-line, 171-172
   do discurso, 158-159
   do tipo ideal, 203-205
   dos dados, 59-60, 134-161
     análise de conteúdo, 134-141
     lista de verificação, 161
     na pesquisa qualitativa (não padronizada), 146-159
       análise da conversa, 157-159
       análise do discurso, 158-159
       análise narrativa, 152-154
       codificação, 147-152
       estudos de caso, 159-161
       hermenêutica objetiva, 154-158
     na pesquisa quantitativa, 140-147
       análise bivariada, 144-145
       análises multivariadas, **144**-146
       análises univariadas, 140-144
       associações da testagem, 145-147
       dados de esclarecimento, **140, 142**, 140-143
       elaboração dos dados, **140**-143
       esclarecimento dos dados, **140, 142**, 140-143
   objetividade, 199-200
   estatística, 59-60
   de conteúdo, 134-141
     exemplo, 140-141
     modelo de processo geral, **138-139**
     pesquisa qualitativa, 137-140
       estruturação, 139-140
       explicativa, 138-139
       limites da, 181-182
       problemas, 139-140
       procedimento, 137-139
       resumo, 138-139
       técnicas, 138-139
     pesquisa quantitativa, 134-137
       análise da publicação, 134-136, **135-136**
       estratégias, 135-136
       limites da, 178-179
       passos, 135-137
       problemas, 137
análises
   multivariadas, **144**-146
     testagem das relações, 145-146
   univariadas, 140-144
     dispersão, 143-144
     frequências, 140-143
     tendência central, 143
apresentação, 60, 92-93, 97-99
   Ver também escrita da pesquisa
artigos
   de periódicos, como encontrar, 44-45
   de revisão, 43-44
Associação da Pesquisa Social, 214
Associação Sociológica Alemã, 209-210, 214, 217-218

"Atenas", 44-45
avaliação, 18-21, 46-47, 59-60, 82-84
   auto- e externa, 83-84
   da pesquisa quantitativa, 194-201
     confiabilidade, 194-195
     objetividade, 199-201
     validade, 195-200
   generalização, 202-205
   lista de verificação, 204-206
   na pesquisa qualitativa, 200-202
     critérios apropriados ao método, 201-202
     generalização, 202-205
     reformulação dos critérios, 200-201
   pesquisa *on-line*, 204-205

B

bibliotecas, 43-44
Bristol Online Surveys, 167
British Psychological Society, 214
British Sociological Association, 214

C

casos contrastantes, 203-205
categorias, 129
causalidades, 22-23, 87
clareza, **102-103**
codificação, 59-60, 147-152
   aberta, 147-149
   axial, 148-150
   rótulos, 157-158
   seletiva, 149-150
   temática, 150-152
   tipos de, 147-148
códigos
   construídos, 148-149
   in vivo, 148-149
coleta de dados, 17, 58-59, 90-91
   consistência, 70-72
   dados secundários, 123-127
   entrevistas, 114-121
   escolha do instrumento para, 90-91
   lista de verificação, 130-131
   na pesquisa qualitativa, 23-24, 126-127
   na pesquisa quantitativa, 58-59, 90-92
   objetividade, 199-200
   observação, 121-124
   obtenção e documentação das informações, 126-131
   padronização, 21-23, 58-59
   questionários, 108-114
concepções de grupo-controle, **72-73**
confiabilidade, 194-195
   do reteste, 195
   do teste paralelo, 195
   entre codificadores, 195
   na pesquisa qualitativa, 200-201
concepção pré-pós, 73, **74**
confidencialidade, 211-213, 216-217
conhecimento
   básico, **102-103**
   científico, 17-**18**
   cotidiano e científico, 16-**18**
   descrição, entendimento, explicação, 18-19
   e práticas, 189
   e rotinas, 189
   empírico, 17
Conselho Alemão de Pesquisa, 215-216
consentimento informado, 209-212
   e grupos vulneráveis, 209-212
contagem, 128-129
controle, 91-92, 96-97
   dos procedimentos, 70-72
   em observação, 123-124
correlações, 144
cronograma, 69-72, **70**

D

dados
   de esclarecimento, **140, 142,** 140-143
   em debate, 230-232
   visuais, 125-127
dados secundários, 123-127
   limites dos, 179-180
   na pesquisa qualitativa (não padronizada), 125-126
   seleção, 124-125
   tipos de, 124-125
dano aos participantes, 211-213
"descoberta" de teorias, 62
desvio padrão, 174-175
diálogos em vídeo, 168-169
discussão dos achados, 59-60
dispersão, 143-144
divisão pela metade, 195
documentação, 130
   dos dados, 58-59
documentos,
   definição, 125-126
   na pesquisa qualitativa, 125-126, 181-182

E

Eduserv, 44-45
elaboração dos dados, **140, 142**-143
entrevistas, 114-121
   com a pesquisa *on-line*, 188-189
   e confidencialidade, 211-213

episódicas, 117-120
grupos focais, 119-121, 169-171
limites das, 178-181
na pesquisa qualitativa, 62
narrativas, 115-117
on-line, 25, 168-170
por *e-mail*. *Ver* pesquisa *on-line*
preparação, 95, 115-118
questões abertas, 115-116
semiestruturadas, 114-116
   quatro critérios, 115
escala de Likert, **21-23**
escalas
   de proporção, 128
   intervalares, 127, 128
   nominais, 127-128, 147-148
   ordinais, 127-128, 147-148
escalonamento, 127-**128**
escopo, **102-103**
escrita da pesquisa, 222-230
   audiência, 229-230
   objetivos da escrita, 222-223
   pesquisa qualitativa, 226-230
     desenvolvimento da teoria, 228-229
     evidências, 228-230
     procedimento empírico, 227
     resultados, 227-229
     tabelas, **228-229**
   pesquisa quantitativa, 223-227
     amostras, 223, **223-224**
     apresentação, 223-225
     elaboração, 223-224
     evidências, 224-227
     procedimento empírico, 223
     quadros e tabelas, 223-**225**
   retorno para os participantes, 229-231
estado e processo, 189
estruturas teóricas, 33-34, 88-89, 94
estudo HBSC, 19-21
estudos
   comparativos, 75
   de caso, 19-21, 75, 159-161
     e tipologias, 160-161
   do Pisa, 19-21
   empíricos, 46-47
   longitudinais, 74, 76-77
   retrospectivos, 74-77
ética, 87, **102-103**, 208-219
   códigos de, 213-214
   comitês de, 214-215
   confidencialidade, 211-213, 216-217
   consentimento informado, 209-212
   dano aos participantes, 211-213

definições de ética da pesquisa, 208
e a qualidade da pesquisa, 214-215
exigências aos participantes, 213
lista de verificação, 217-219
pesquisa *on-line*, 216-217
prática de massa, 216-217
princípios, 208-209
proteção dos dados, 210-212, 216-217
regras da boa prática científica, 215-217
etnografia, 123-124
   virtual, 170-172
exigências aos participantes, 213
experiência de realização de pesquisa social, 26
extensão dos valores, 143-144

F

filme como dado, 126-127
foco das questões de pesquisa, 34-35
fontes primárias e secundárias, 43
fotos como dados, 125-127
Frank, A.: *The Wounded Storyteller*, 227
frequências, 140-143

G

GALLUP, 124-125
generalização, 17, 22-24, 92-93, 96-98
   avaliação, 202-205
GESIS, 124-125
gráficos de pizza, 224-**225**
gravação
   em áudio, 130
   em vídeo, 62
grupos
   focais, 119-121
     formas de grupos, 119-121
     na pesquisa *on-line*, 23-25
   seleção dos, 89-91, 96
   vulneráveis, consentimento de, 209-212

H

hermenêutica
   estrutural. *Ver* hermenêutica objetiva
   objetiva, 154-158
     cinco princípios (Wernet), 155-156
     exemplo, 156-158
     procedimento, 154-155
hipóteses, 36-38
   características das, 37-38
   das questões, 31, 36-38, 56-57
   operacionalização, 56-57
   testagem, 57-58

I

índices, 129
   validade dos, 198-200

instantâneos, 76-77
Internet 2.0, 25-26, 155-156
internet. *Ver* pesquisa *on-line*

L

literatura, 42-47
    análise e listagem, 46-47
    áreas de, 44-47
    cinzenta, 43-44
    conteúdos da análise, 46-48
    documentação, 47-48
    empírica, 46-47
    encontro da literatura, 43-45
    estudos empíricos, 46-47
    fontes primárias e secundárias, 43
    lista de verificação da análise, 50-51
    metodológica, 45-47
    obras originais e análises, 43-44
    on-line, 174-175
    referenciamento, 47-49
    teórica, 44-46
    tipos de, 42-44
Lotus Screen-Cam, 172-173

M

matrizes dos dados, **142**
média, 143
mediana, 143
MEDLINE, 44-45
mensuração, 22-23, 127
    confiabilidade, 194-195
    validade, 196-199
metanálise, 43-44
métodos
    combinados, 182-190
      lista de verificação, 189-190
    mistos, 184-186
    seleção de, 57-58, 90-92, 96-97, 99-101
      lista de verificação para, 102-104
moda, 143

N

narrativas, 117-118, 180-181
    análise, 152-154
    histórias "realistas", "confessionais", "impressionistas" (Van Manen), 227
neutralidade, **102-103**

O

objetividade, 199-201
objetivos, 87-88, 93-94
observação, 96-97, 121-124, 178-179
    etnografia, 123-124
    na pesquisa experimental, 122
    padronizada, 121-122
    papel do pesquisador, 121
    por parte dos participantes, 122-123, 180-181
operacionalização, **21-23**, 56-57
Organização Mundial da Saúde (OMS):
    "Comportamento da Saúde no Contexto Social", 32-33
origens dos projetos de pesquisa, 30-31

P

padronização, 91-92, 96-97, 130-131
pesquisa aplicada, 18-21
pesquisa bibliográfica, 75-77, 115-116
pesquisa de ação participatória, 18-19
pesquisa dialógica, 18-19
pesquisa experimental, 72-73, 122
pesquisa integrada, 185-188, **185-187**
    limites, 189-190
    procedimentos, 186-188
pesquisa *on-line*, 164-175
    amostras/amostragem, 165-167
    análise da conversa, 171-172
    análise das páginas de internet, 172-173
    avaliação, 204-205
    com pesquisas de levantamento no papel, 187-189
    e a pesquisa no local, 25, 99-100
    encontrar bancos de dados, 44-45
    entrevistas, 25, 168-170
    ética, 216-217
    etnografia, 170-172
    formas de acesso, 165
    grupos focais, 169-171
    Internet 2.0, 172-175
    lista de verificação, 119-120
    pesquisas de levantamento, 165, 167-169
      anonimato dos respondentes, 168
      vantagens/desvantagens, 167-168
    população, 165-166
    software, 167, 169-170, 172-175
pesquisa orientada para a prática, 18-21
pesquisa quantitativa e qualitativa, 21-23, **24-25**
    coleta de dados, 126-127, 129-131
    decisões da pesquisa, 98-**100**
    entre a pesquisa qualitativa e a quantitativa, 99-100
    métodos, 99-104
    métodos mistos, 184-186
    pesquisa integrada, 186-188, **187**
pesquisa qualitativa (não padronizada), 23-24
    amostras/amostragem, 80-82, 96

análise de conteúdo, 137-140, 181-182
análise dos dados, 146-159
apresentação, 97-99
avaliação, 200-205
concepções da pesquisa, 74-77, **76-77**
dados secundários, 125-126
des/vantagens, 25
e a pesquisa quantitativa, 21-23, **24-25**
estrutura teórica, 94
generalização, 96-98, 202-205
limites da, 179-182
métodos, 96-97
objetivos, 93-94
padronização e controle, 96-97
problema da pesquisa, 93-94
questão da pesquisa, 94-95
recursos, 95
triangulação, 184
pesquisa quantitativa (padronizada), 21-24
amostras/amostragem, 80-81, 90-91
análise de conteúdo, 134-137, 178-179
análise dos dados, 140-147
apresentação, 92-93
avaliação, 194-201
concepções da pesquisa, 72-74
definição, 22-23
des/vantagens, 24-25
escrita, 223-227
estrutura teórica, 88-89
generalização, 92-93
limites da, 178-180
métodos da, 90-92
objetivos, 87-88
padronização e controle, 91-92
problema da pesquisa, 86-87
processo, 56-**61**
questão da pesquisa, 88-90
recursos, 89-90
triangulação, 184
questões da pesquisa, 35
triangulação, 182-185
pesquisa social
base para as decisões, 19-21
características, 17-18
definição, 17-18
limites, 101
questões norteadoras para, 27-28
satisfação pessoal na, 26
tarefas, 17-21, **20-21**
pesquisas de levantamento do governo, 19-21
plágio, 49-50
evitação do, 49-51
planos do projeto, 57-58, 63, 65-66

população, 76-77, 92-93
na pesquisa *on-line*, 165-166
Potsdam University, 167-168
problemas da pesquisa, 56, 61, **63, 65**, 86-87, 93-94
procedimentos empíricos
lista de verificação, 232-233
processo da pesquisa, 56-66
comparação quantitativa/qualitativa, 63, **64, 65**
passos
acesso ao *site*, 57-59, 61, **63, 65**
amostragem, 57-58, **63, 65**
análise dos dados, 59-60, 62, **63, 65**
apresentação, 60, 62-63, **63, 65**
avaliação e generalização, 60, 62-63, **64, 65**
busca na literatura, 56-57, 61, **63, 65**
coleta dos dados, 58-59, 62, **63, 65**
desenvolvimento de novas questões, 60, 62-63, **63, 65**
discussão dos achados, 59-60, 62-63, **63, 65**
documentação dos dados, 58-60, **63, 65**
hipótese, 56-57, 61, **63, 65**
interpretação, 59-60, **63, 65**
novo estudo, 60, 62-63, **63, 65**
operacionalização, 56-57, **63, 65**
plano do projeto ou concepção da pesquisa, 57-58, 61, **63, 65**
questões da pesquisa, 56-57, 61, **63, 65**
seleção do problema da pesquisa, 56, 61, **63, 65**, 86-87
seleção dos métodos, 57-58, 61, **63, 65**
uso dos resultados, 60, 62-63, **63, 65**
pesquisa qualitativa (não padronizada), 60-63, **63, 65**
pesquisa quantitativa (padronizada), 56-**61**, **63, 65**
planejamento da lista de verificação, 63, 65-67
reflexão a meio caminho, 101-**103**
progresso decorrente da pesquisa, 33-34
projetos de pesquisa, 57-58, 61, **63, 65**, 68-84
amostragem, 76-83
cronograma, 69-72, **70-71**
definição e objetivos, 70-73
escrita de uma proposta, 68-**71**
modelo para a proposta, **69-71**
na pesquisa qualitativa (não padronizada), 74-77, **76-77**
na pesquisa quantitativa (padronizada), 72-74
rígidos e flexíveis, 96-97
validade dos, 195-196
propostas, 68-**71**
proteção
da identidade (confidencialidade), 211
dos dados, 58-59, 210-212, 216-217
protocolos, 129-130

psicologia discursiva, 158-159
publicações, 43
 análise, 134-136, **135-136**
PubMed, 44-45

Q

qualidade, **102-103**
questionários, 58-59, 108-114
 distribuição, 114
 divididos ao meio, 195
 e confidencialidade, 211-213
 escala de resposta de cinco níveis, **111-112**
 estilos de questionamento, 108-110
 expressão dos, 109-113
 índice de resposta, 113
  on-line, 165-169
 limites dos, 178-179
 padronização, 109-110
 posicionamento das questões, 112-113
 tipos de questões, 111-113
questões da pesquisa, 17, 138-139
 adequação para a pesquisa, 34-35
 boas e ruins, 35-36
 características das, 33-35
 desenvolvimento das, 33-35
 e a pesquisa quantitativa/qualitativa, 35
 e hipóteses, 36-38, 56-57
 especificidade, 34-35
 estados e processos, 35
 formulação das, 56-57, 60, 88-90, 94-95
 generalização e particularização, 94
 geradoras, 94
 lista de verificação para, 38-39
 origens das, 30-**34**

R

reconstrução, 130
recursos, 89-90, 95
referências, 47-49
referenciamento, 47-49
reflexão sobre o processo da pesquisa, 101-**103**
regras da boa prática científica, 215-217
regressão múltipla, 145-146
relação entre os pesquisadores e os
 participantes, 18-19
relações da testagem, 145-147
relatos da prática, 43-44
relevância, 33-34, **102-103**
representatividade, 178
revistas, 43

S

saturação teórica, 150
saúde: conhecimento cotidiano/científico, 16-17
significado subjetivo, 188-189
Skype, 168-169
SlideShare, 174-175
Social Science Open Access Repository, 44-45,
 174-175
Social Sciences Citation Index de Thomson
 Reuters, 44-45
SPSS, 91-92, 145-146
Survey Monkey, 167

T

tendência central, 143
teoria fundamentada, 62
teorias
 "descoberta das", 62
 desenvolvimento das, 228-229
 na pesquisa qualitativa, 62, 228-229
teste
 de Mann-Whitney, 146-147
 t, 146-147
testes
 cegos, 73
 duplo-cegos, 73
tipologias, 160-161
tipos de variáveis, **147-148**
triangulação, 182-185
 definição, 183

V

validade, 195-200
 convergente, 198-199
 das concepções da pesquisa, 195-196
 discriminante, 198-199
 do constructo, 197-199
 do conteúdo, 197-198
 do critério, 73-74
 dos índices, 198-200
 externa e interna, **196-197**
 instrumentos de mensuração, 196-199
 na pesquisa qualitativa, 201
variância, 144
variáveis
 externas, controle das, 70-72
 independentes e dependentes, 72-73, **73**, 87-88
viabilidade, **102-103**
vídeos, 130
visualização, 228-229